微米纳米技术丛书·MEMS 与微系统系列

微型惯性器件及系统技术

Micro Inertial Devices and System Technologies

丁衡高　朱荣　张嵘　董景新　杨拥军　郭美凤　等著

国防工业出版社

·北京·

图书在版编目(CIP)数据

微型惯性器件及系统技术/丁衡高等著.—北京:国防
工业出版社,2014.2
(微米纳米技术丛书·MEMS 与微系统系列)
ISBN 978-7-118-09082-6

Ⅰ.①微... Ⅱ.①丁... Ⅲ.①微电子技术 – 惯性
元件 – 研究 Ⅳ.①TN965

中国版本图书馆 CIP 数据核字(2014)第 018350 号

※

*国防工业出版社*出版发行

(北京市海淀区紫竹院南路 23 号 邮政编码 100048)
三河市腾飞印务有限公司印刷
新华书店经售

*

开本 787 × 1092 1/16 印张 13¾ 字数 235 千字
2014 年 2 月第 1 版第 1 次印刷 印数 1—3000 册 定价 76.00 元

(本书如有印装错误,我社负责调换)

国防书店:(010)88540777 发行邮购:(010)88540776
发行传真:(010)88540755 发行业务:(010)88540717

致　读　者

本书由国防科技图书出版基金资助出版。

国防科技图书出版工作是国防科技事业的一个重要方面。优秀的国防科技图书既是国防科技成果的一部分,又是国防科技水平的重要标志。为了促进国防科技和武器装备建设事业的发展,加强社会主义物质文明和精神文明建设,培养优秀科技人才,确保国防科技优秀图书的出版,原国防科工委于1988年初决定每年拨出专款,设立国防科技图书出版基金,成立评审委员会,扶持、审定出版国防科技优秀图书。

国防科技图书出版基金资助的对象是:

1. 在国防科学技术领域中,学术水平高,内容有创见,在学科上居领先地位的基础科学理论图书;在工程技术理论方面有突破的应用科学专著。

2. 学术思想新颖,内容具体、实用,对国防科技和武器装备发展具有较大推动作用的专著;密切结合国防现代化和武器装备现代化需要的高新技术内容的专著。

3. 有重要发展前景和有重大开拓使用价值,密切结合国防现代化和武器装备现代化需要的新工艺、新材料内容的专著。

4. 填补目前我国科技领域空白并具有军事应用前景的薄弱学科和边缘学科的科技图书。

国防科技图书出版基金评审委员会在总装备部的领导下开展工作,负责掌握出版基金的使用方向,评审受理的图书选题,决定资助的图书选题和资助金额,以及决定中断或取消资助等。经评审给予资助的图书,由总装备部国防工业出版社列选出版。

国防科技事业已经取得了举世瞩目的成就。国防科技图书承担着记载和弘扬这些成就,积累和传播科技知识的使命。在改革开放的新形势下,原国防科工委率先设立出版基金,扶持出版科技图书,这是一项具有深远意义的创举。此举势必促使国防科技图书的出版随着国防科技事业的发展更加兴旺。

设立出版基金是一件新生事物,是对出版工作的一项改革。因而,评审工作需要不断地摸索、认真地总结和及时地改进,这样,才能使有限的基金发挥出巨大的效能。评审工作更需要国防科技和武器装备建设战线广大科技工作者、专家、教授,以及社会各界朋友的热情支持。

　　让我们携起手来,为祖国昌盛、科技腾飞、出版繁荣而共同奋斗!

国防科技图书出版基金

评审委员会

序

1994 年 11 月 2 日，我给中央领导同志写信并呈送所著《面向 21 世纪的军民两用技术——微米纳米技术》的论文，提出微米纳米技术是一项面向 21 世纪的重要的军民两用技术，它的出现将对未来国民经济和国家安全的建设产生重大影响，应大力倡导在我国及早开展这方面的研究工作。建议得到了当时中央领导同志的高度重视，李鹏总理和李岚清副总理均在批示中表示支持开展微米纳米技术的跟踪和研究工作。

国防科工委（现总装备部）非常重视微米纳米技术研究，成立国防科工委微米纳米技术专家咨询组，1995 年批准成立国防科技微米纳米重点实验室，从"九五"开始设立微米纳米技术国防预研计划，并将支持一直延续到"十二五"。

2000 年的时候，我又给中央领导写信，阐明加速开展我国微机电系统技术的研究和开发的重要意义。国家科技部于当年成立了"863"计划微机电系统技术发展战略研究专家组，我担任组长。专家组全体同志用一年时间圆满完成了发展战略的研究工作，这些工作极大地推动了我国的微米纳米技术的研发和产业化进程。从"十五"到现在，"863"计划一直对微机电系统技术给以重点支持。

2005 年，中国微米纳米技术学会经民政部审批成立。中国微米纳米学术协会经过十几年的发展，也已经成为国内学术交流的重要平台。

在总装备部微米纳米技术专家组、"863"专家组和中国微米纳米技术学会各位同仁的持续努力和相关计划的支持下，我国的微米纳米技术已经得到了长足的发展，建立了北京大学、上海交通大学、中国科学院上海微系统与信息技术研究所、中国电子科技集团公司第十三研究所等加工平台，形成了以清华大学、北京大学等高校和科研院所为主的优势研究单位。

十几年来，经过国防预研、重大专项、国防"973"、国防基金等项目的支持，我国已经在微惯性器件、RF MEMS、微能源、微生化等器件研究，以及微纳加工技术、ASIC 技术等领域取得了诸多突破性的进展，我国的微米纳米技术研究平台已经形成,许多成果获得了国家级的科技奖励。同时,已经形成了一支年富力强、结构合理、有影响力的科技队伍。

现在,为了更有效、有针对性地实现微米纳米技术的突破,有必要对过去的研究工作做一阶段性的总结,把这些经验和知识加以提炼,形成体系传承下去。为此,在国防工业出版社的支持下,以总装备部微米纳米技术专家组为主体,同时吸收国内同行专家的智慧,组织编写一套微米纳米技术专著系列丛书。希望通过系统地总结、提炼、升华我国"九五"以来微米纳米技术领域所做出的研究工作,展示我国在该技术领域的研究水平,并指导"十二五"及以后的科技工作。

丁衡高

2011 年 11 月 30 日

前　言

　　微(型)惯性器件和系统技术是微机电系统技术的重要组成部分,在工业、军事等领域被广泛应用,发展迅速,正形成新的产业、新的技术平台和新的方法学。

　　《微型惯性器件及系统技术》汇集了近年来国内微惯性器件和系统技术方面的最新科研成果,主要阐述微型惯性器件和系统的发展状况、典型器件和系统的基本工作原理、实现方法和测试技术等,分章重点介绍微惯性器件技术发展现状、硅微机械陀螺、硅微机械加速度计、微型气流式陀螺仪、微型热对流加速度计和微惯性系统技术。本书由国内专家学者分章撰写,参与编写各章内容的作者均是相关领域的知名专家,主要内容为撰稿作者及研究团队的研究成果,所包含的技术内容多为最新前沿技术。

　　本书共分6章,各章题目、作者和作者所在单位如下:第1章:绪论(清华大学,丁衡高、朱荣、蔡嵩林);第2章:振动式硅微机械陀螺(清华大学,张嵘、周斌、陈志勇);第3章:硅微机械加速度计(清华大学,董景新);第4章:微型气流式陀螺(清华大学,朱荣);第5章:MEMS热对流加速度传感器(中国电子科技集团公司第十三研究所,杨拥军);第6章:微惯性系统技术(清华大学,郭美凤、朱荣、刘云峰)。本书撰写工作由丁衡高院士总体指导,丁院士仔细审阅了全书内容,并提出了宝贵的修改意见。

　　本书可作为相关领域本科生、研究生学习和教师教学的参考书,并可供相关的科技人员参考。由于作者能力有限,书中不当之处及尚未认识的错误之处,敬请读者们批评指正。

目　录

Contents

XIV

第1章　绪　　论

1.1　微惯性器件发展历史及技术现状

传统的惯性传感器成本高、体积大,主要应用在军事和航空领域。随着微惯性传感器技术的发展,利用微机电系统(Microelectromechanical System, MEMS)技术,使得惯性传感器成本大幅下降,体积、重量和功耗也显著减小。微惯性器件是采用硅、石英或金属材料、利用微机械加工工艺制作而成的可以用来测量运动载体加速度或角速度的传感器。微惯性器件包括加速度计和角速度传感器(陀螺)以及它们的单、双、三轴组合 MIMU(微惯性测量单元)。微惯性器件技术研究开始于 20世纪 90 年代初,它的出现使得惯性技术产生了一次新的飞跃。与传统惯性器件相比,微惯性器件具有可大批量生产、可靠性高、电路可单片集成等优点。随着应用领域不断扩大,出现了大批不同类型的微惯性器件,其性能也在不断提高。

微加速度计是利用微机械加工工艺制作而成的、可以测量加速度的传感器,一般由悬挂系统及一个固体质量块和检测电路组成,通过检测质量块的位移获得加速度信息。根据传感原理不同,主要有压阻式、电容式、压电式、隧道电流式、谐振式、热电耦合式和电磁式等。其中最为成功的检测方式为电容式,所需检测结构简单、功耗低、稳定性较好,虽然电容式加速度计存在非线性问题,但通过反馈控制可以大幅降低非线性度。一种典型的微加速度传感器结构[1]如图 1.1 所示,包括一

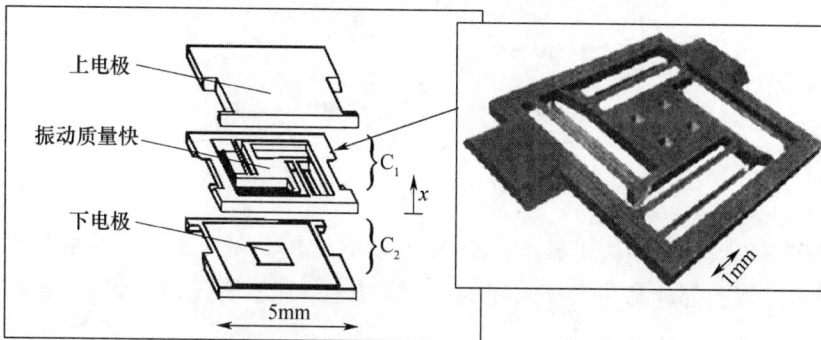

图 1.1　一种体硅加工的三明治结构

1

个三明治质量块结构,常采用体加工工艺实现。这种结构不适合于单片集成,因而常常需要另配置检测电路,并与芯片结构单体封装。可实现单片集成结构的加工技术为表面工艺,它采用如氧化硅薄膜为牺牲层,并采用如湿法腐蚀技术形成悬梁和质量块结构。表面工艺实现的传感器灵敏度往往低于体硅工艺实现的传感器,但表面工艺与标准的 CMOS 工艺相兼容,可以实现器件的单片集成。图 1.2 为由 Analog Devices Inc. (ADI,美国)公司采用表面工艺制作的一款商用双轴加速度计 ADXL202[2],采用多晶硅为主体结构材料,具有 $\pm 2g$ 工作量程,可以检测动态和静态加速度。除传统的加速度计外,还有一些特种加速度计,如高 g 值加速度计、角加速度计、地震传感器等,以满足不同的应用需要。高 g 值加速度计可以检测如 $100000g$ 的加速度;角加速度计常用于补偿角度冲击和振动,Delphi(德尔福,美国)和 ST Microelectronics(意法半导体,意大利和法国)公司制作的角加速度计采用电容检测和 CMOS ASICs 进行了单片集成,传感器可检测 $200\text{r}/\text{s}^2 \sim 400\text{r}/\text{s}^2$ 的角加速度;地震传感器为一种高灵敏度加速度传感器,常采用电容和压电检测方式,可以实现数字输出,一种由美国 Applied MEMS Inc. 公司生产的商用地震传感器[3]如图 1.3 所示,这种传感器采用了单片集成,并通过力反馈实现了高灵敏度测量,最小检测阈值可达 $30\text{ng}/\sqrt{\text{Hz}}$。

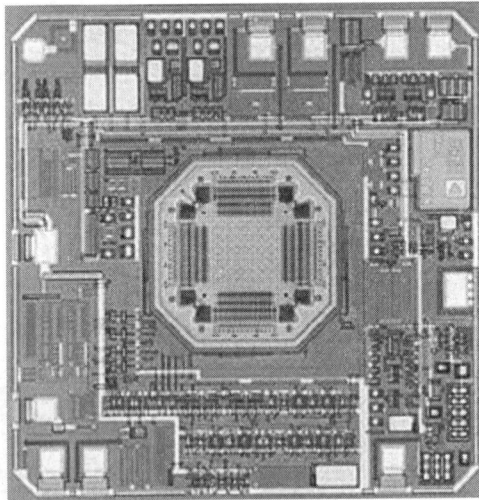

图 1.2 Analog Devices 公司的双轴加速度计 ADXL202

微机械陀螺是利用微机械工艺制作而成的、可以测量角速度的传感器。常规的微机械陀螺大部分都是振动式陀螺,工作原理是基于科氏(Coriolis)效应,按振动质量块运动方式区分,有振动式和旋转式,其中振动式又分为线振动音叉、角振动轮、半球谐振环等,旋转式又分为磁悬浮和静电悬浮;按驱动方式来区分,有静电

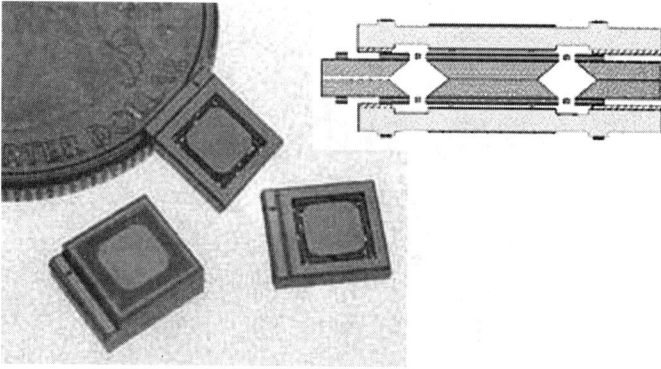

图 1.3　Applied MEMS Inc. 公司生产的商用地震传感器

驱动、电磁驱动、压电驱动和热驱动等;从检测方式来区分,有压阻检测、电容检测、压电检测和光学检测等。自 1991 年美国 Draper 实验室成功研制了第一个体硅微机械陀螺[4](图 1.4)之后,微机械陀螺的研究一直是微机电系统(MEMS)技术领域的热点。1996 年美国加州大学 Berkeley 分校成功研制出第一个表面微机械 z 轴振动速率陀螺[5],如图 1.5 所示。这种陀螺包括一个检测质量,通过梳状驱动器以静电力方式驱动到共振状态,因科氏加速度引起的振动通过交叉梳状齿在感应模态中进行差分检测。德国 Robert Bosch 公司 1997 年开发了一种类似于音叉结构的 MEMS 陀螺[6],如图 1.6 所示。它的振子系统包括两个完全相同的质量块,这两个质量块之间用弹簧耦合,振子系统再用两个弹簧连接到外框上。美国 Michigan 大学 1995 年研制了一种振动环式微机械陀螺[7],如图 1.7 所示。该陀螺由一个圆环、八个半圆形的弹性支撑梁以及均分布在圆环周围的驱动、检测和平衡电极构成,圆环通过中间的连接点固定于衬底上,圆环在静电驱动力的作用下在驱动模态产生椭圆振动,由分布于其周围的检测电极检测角速度信号。美国 ADI 公司

图 1.4　体硅微机械陀螺(Draper)

3

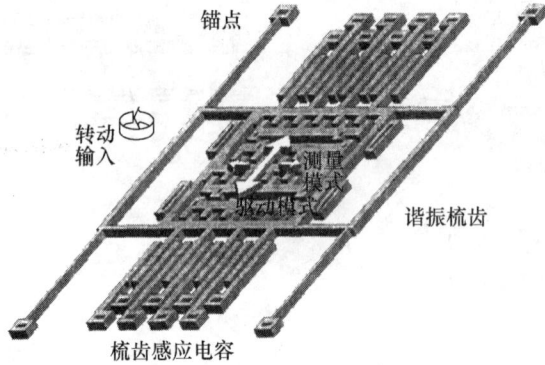

锚点

转动输入

测量模式

驱动模式

谐振梳齿

梳齿感应电容

图 1.5　加州大学 Berkeley 分校采用表面工艺制作的 z 轴微机械陀螺

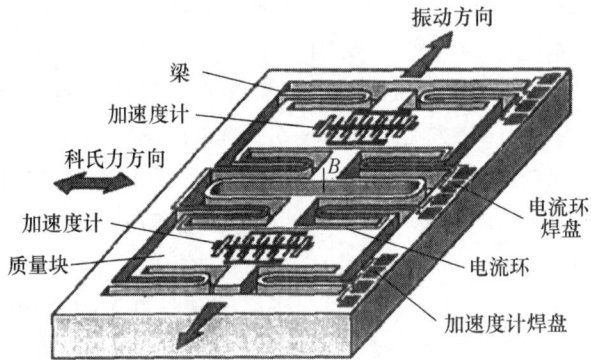

振动方向

梁

加速度计

科氏力方向

加速度计

质量块

电流环焊盘

电流环

加速度计焊盘

图 1.6　Bosch 公司的类音叉电容式陀螺

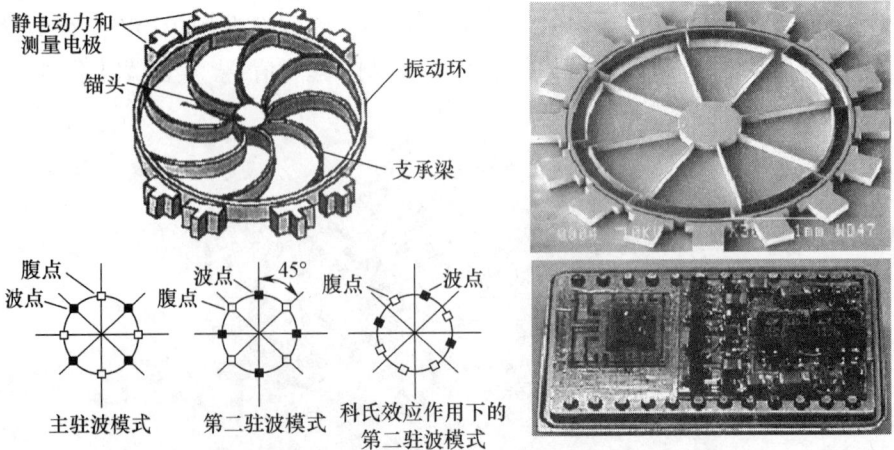

静电动力和测量电极

锚头

振动环

支承梁

腹点

波点

波点

腹点

腹点

波点

波点

45°

主驻波模式

第二驻波模式

科氏效应作用下的第二驻波模式

图 1.7　振动环式微机械陀螺

于 2002 年研制成功世界上第一个单片集成的商用陀螺仪产品,主要采用音叉式结构和电容检测,传感器芯片与调理电路实现了单片集成,陆续推出了单轴、双轴及惯性测量组合(IMUs)产品,应用于车辆的翻车保护系统、车辆的动态平衡控制系统、导航系统、机器人技术和航空电子设备等,图 1.8 为 ADI 公司生产的一款双轴陀螺[8]。

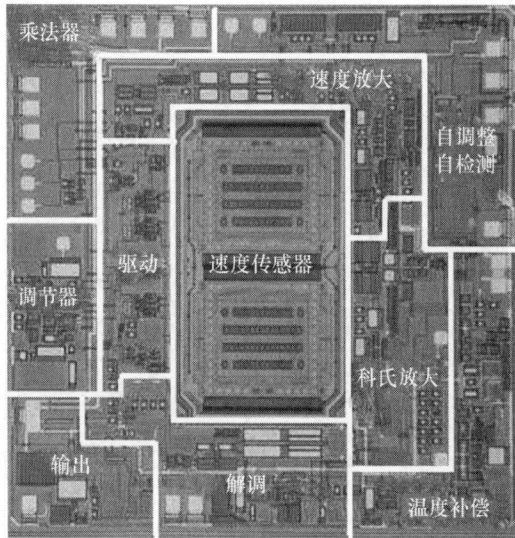

图 1.8　ADI 公司的电容式双轴微机电单片陀螺仪

　　传统的微惯性传感器都是以固态物质为敏感体,需要采用质量块和悬梁等复杂结构,加工难度大,制造成本高,抗振动和冲击能力有限。而以流体作为检测质量的气流式惯性传感器相对传统的惯性传感器来说结构大大简化,无高速转子或固态敏感质量块,制作难度下降,由于气体的质量较小,从而可以避免敏感质量体引入过大的惯性力,所以采用气体作为敏感质量体的气流式惯性传感器具有较好的抗振动和抗冲击性能。气流式惯性传感器主要包括热对流式加速度计和气流式陀螺仪。

　　微热对流加速度计最早由加拿大的 AM Leung 等人于 1998 年提出[9]。它的原理是微腔中气体的自然对流受到加速度信号而产生对流形变,从而产生温度差,由热敏检测单元感应温度差的变化从而感应出加速度。该种加速度传感器结构十分简单,可以采用表面工艺实现传感器芯片与信号检测电路的单片集成。由于是以气体作为敏感体,因此它同传统基于质量块的加速度计相比具有很大的优势,不存在电容式传感器所可能存在的粘连等问题,还能抵抗 $50000g$ 以上的冲击。热对流加速度传感器在精度等性能上不如传统的微机械加速度传感器,但由于其结构

5

简单、加工成本低、操作简单,因而非常适用于价格低廉的日用消费领域。美新半导体有限公司(MEMS IC 公司,中国)是全球第一家基于热对流技术的 MEMS 厂商,用标准 CMOS 工艺开发 MEMS 产品,已经将热对流加速度计产品化,先后推出了单轴和双轴系列产品,广泛用于汽车、手机、游戏等消费市场。图 1.9 为美新公司的热对流式 MEMS 加速度计的结构示意图[10],如图所示,传感器和信号处理电路构建在同一片 CMOS 工艺的晶片上。

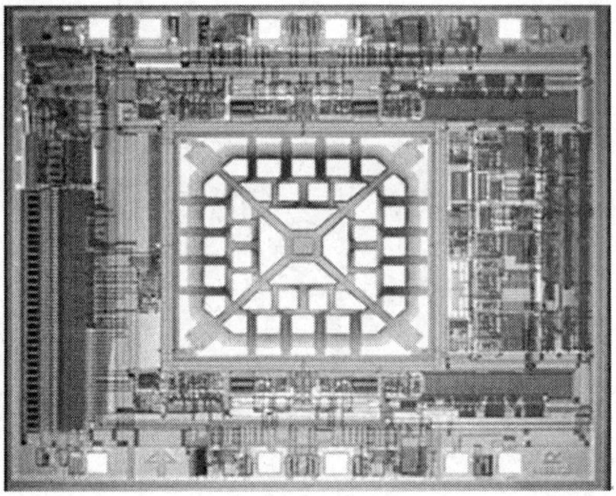

图 1.9　美新公司热对流式 MEMS 加速度计的结构原理示意图

微型气流式陀螺仪与传统的微机械陀螺仪亦有很大的区别,类似于气流式加速度计,气流式陀螺也是利用气体运动代替传统的固体运动,来感应惯性科氏力,气体运动分别有基于自然对流和强迫对流(射流)两种,基于自然对流的陀螺为热对流陀螺,基于强迫射流的陀螺为射流陀螺。射流陀螺最早始于 20 世纪 60 年代,1966 年美国 Hercules 公司在研究滑翔机试验中使用了压电射流角速度传感器。1980 年该陀螺在实验室完成了模拟铜斑蛇末制导炮弹耐 9000g 的飞行实验。最早的激光末制导炮弹是美国 20 世纪 70 年代研制、20 世纪 80 年代装备部队的“铜斑蛇”激光末制导炮弹,美国 Martin Marietta 公司在 1986—1991 年间生产了 35000 发应用压电射流陀螺制导的炮弹[11]。另外,日本在 1981 年报导了多摩川精机株式会社研究的压电射流角速度传感器,1985 年本田技研开发的压电射流角速度传感器用于汽车惯导系统,2004 年日本多摩川精机株式会社的 Tatsuo Shiozawa 设计了一种敏感元件用 MEMS 工艺加工而成的射流角速度传感器[12],其结构如图 1.10 所示。我国的射流陀螺研究工作开始于 20 世纪 80 年代,例如,北京信息工程学院从 1985 年开始研制压电射流角速度传感器,1991 年完成了炮弹末制导用压电射流角速度传感器部级技术鉴定,目前已有一些产品,可以用于导弹、舰船等领域。这些早期的射流陀螺尺寸较大,采用传统的加工工艺,难于实现批量生产。因而基于微机械加工工艺制作的微射流陀螺成为了研究的热点。另一种气流式陀螺仪是热对流陀螺,工作原理与热对流加速度计类似,利用自然对流感应惯性力,其结构相比于射流陀螺更为简单,采用微加工工艺制作,制造容易、成本低廉。热对流陀螺最早由我国的研究工作者于 2001 年提出,目前已经完成了试验样机研制和性能初步测试。

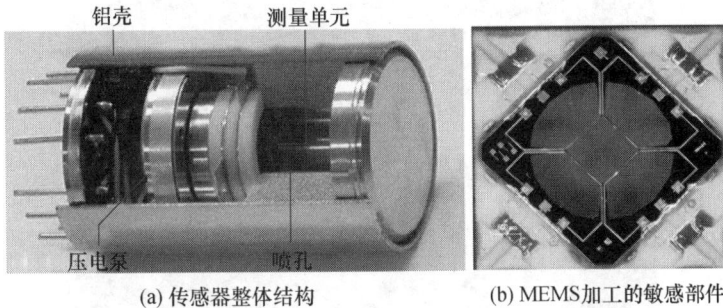

(a) 传感器整体结构   (b) MEMS 加工的敏感部件

图 1.10 日本多摩川精机株式会社的射流角速度传感器

随着系统集成技术的发展,单个微惯性传感器在越做越小、越做越精的同时,也出现了将多种传感器和处理芯片集成到一起的传感器系统。面向不同的应用需求先后产生了不同的微惯性导航系统,如微惯性测量单元(MIMU)、航向测量系统(AHRS)等。传统的微惯性导航系统由多轴加速度计和角速率陀螺等组成,采用加速度计测量线加速度、陀螺仪测量角速度。由于加速度计相对于陀螺仪在价格、重量、体积、能耗、可靠性以及动态性能等方面具有明显优势,在 20 世纪 60 年代,由国外学者首先提出采用加速度计取代陀螺仪作为测角惯性元件,形成全加速度计的无陀螺惯导系统的思想。无陀螺惯性测量组合是指系统不用陀螺测量角速度,而在利用线加速度计测量线加速度的同时,根据线加速度计的空间位置组合解算出加速度,从而得到惯性测量的全部参数,达到惯性导航的目的。无陀螺惯性测量组合系统具有抗高 g 值冲击、低功耗、小体积和低成本的特点。对于多轴陀螺,当前多数传感器采用集成多个单轴感应单元的方法,造成轴与轴之间信号有干扰,输出信号也易受干扰信号的影响。ST 公司(意法半导体)于 2010 年推出采用一个感应结构检测三条正交轴向运动的 3 轴数字陀螺仪 L3G4200D,测量范围 250/500/2000°/s,系统可配置低通和高通滤波器等嵌入式功能,随着时间推移或温度变化,这款器件仍然保持连续稳定的输出(温漂 ± 0.03°/s/℃ @250°/s, ± 0.04°/s/℃ @2000°/s),大幅提升了运动控制式消费电子应用的控制精度和可靠性,该传感器封装在 4 ×4 ×1mm 超小封装内,解决了现在和未来消费电子应用的空间限制问题。目前该传感器已用于 2010 年生产的 iPhone 4 产品中。图 1.11 为 L3G4200D 中的 GK10A MEMS 内核照[13]，它以一个金属片作为检测质量，在驱动电容作用下发生振动，当旋转时，在科氏力作用下在 x、y 和 z 轴发生偏移，再通过专用集成电路(ASIC)处理检测电容信号得到角速度信号。

图 1.11　L3G4200D 中 GK10A MEMS 内核照

2009 年 11 月 HP 公司(惠普,美国)推出一种惯性探测技术(Inertial Sensing Technology)，能够用来开发数字 MEMS 加速度计。HP 预计该技术将使加速度计的灵敏度比今天市场上的批量产品提高 1000 倍,同时大大提高动态响应范围。采用硅质量块作为检测质量的传感器受限于热机械噪声的限制难以提高灵敏度,该技术将检测质量块尺寸提高了 1000 倍,质量接近毫克(其他一般为微克级),减小了噪声,提高了灵敏度,但封装尺寸仅仅为 5mm × 5mm × 2mm;同时通过采用独特的电极布局扩大了动态范围。该技术用于惠普的另一个产品——地球中枢神经系统(CeNSE)中,通过在 CeNSE 这个传感器网络中配置许多基于该技术的加速度传感器,可以实时搜集桥梁、建筑物数据以及用于地震检测和矿产探测。

除了将多个惯性传感器集成起来以外,为满足一些特殊的应用要求,有的还将多种传感器集成到一起构成复杂的系统,如 ST(意法半导体)2010 年推出的 iNEMO v2,其集成了双轴滚转—俯仰陀螺仪(LPR430AL)、单轴偏航陀螺仪(LY330ALH)、六轴地磁测量模块(LSM303DLH)、压力传感器(LPS001DL)和温度传感器(STLM75),其 STM32 微控制器负责控制所有的传感器和 AHRS 算法,具有提供载体静动态方位和惯性测量功能,可应用于游戏机、机器人、便携导航设备和病患监测设备等。ADI 公司 2011 年推出第三代 iSensor® MEMS IMU(惯性测量单元)ADIS16488,这是一款战术级 10 自由度传感器,在单封装中集成一个三轴微陀螺仪、一个三轴微加速度计、一个三轴微磁强计和一个微压力传感器,支持高性能导航和平台稳定控制应用的严格要求,可用于工业、军用和医疗设备。

纵观微惯性技术的发展历程,其关键技术主要围绕着以下四个方面:①器件和系统设计,建模和仿真是设计的主要手段,由于器件和关键结构的微型化,需要找到适用于微小结构和系统设计的建模和仿真技术,还需要考虑器件和系统中的多物理场耦合等关键问题;②微器件加工,图形制造、特种加工和封装是保证微惯性器件实现的关键技术,也是决定器件可靠性的主要环节;③电路设计,微小信号的有效提取、器件在线检测和标定是保证器件正常工作的前提,此外为使器件实现真正的低功耗和小体积,需要引入 ASIC 技术以进一步提高系统的集成度,并可有效降低噪声,提高检测信号质量;④在 MIMU 方面,需要解决系统集成技术和环境适应性等问题。

1.2　微惯性器件应用及发展方向

微惯性器件是微机电器件的重要成员,图 1.12 为微机电器件的产品分布(Source:Yole Developpement, Emerging MEMS:Technologies & Markets report, 2010)。由于微惯性传感器在体积、重量、成本等方面的巨大优势,使它近几年得到了迅速的发展,特别是在中低端的消费类市场。据全球领先的针对电子制造领域的市场研究公司 iSuppli 公司研究分析[14],单就 MEMS 加速度计来说,2010 年销售预计为 5.571 亿美元,而随着 iPhone 4 手机将陀螺仪内置入智能手机,加上竞争对手的效仿,预计手机用陀螺仪市场将出现爆炸式增长,其市场规模到 2014 年将扩大至 2.2 亿美元。相对新兴的智能手机市场,游戏用市场仍然是 MEMS 陀螺主要市场,据 Yole Developpement 公司统计,2010 年消费类陀螺市场销售 4.18 亿美元,其中游戏用市场就占据了 1.62 亿美元[15]。表 1.1 为 MEMS 陀螺和加速度计的商业应用情况。

表 1.1　MEMS 陀螺和加速度计的商业应用情况举例

微机械加速度计	微机械陀螺
MacBook 笔记本、iPhone 手机、汽车安全气囊、机器人、硬盘保护器、计步器、防盗系统等	任天堂 Wii 遥控器动作识别精度的附件"WiiMotion-Plus"、iPhone 4、GPS 辅助导航系统等

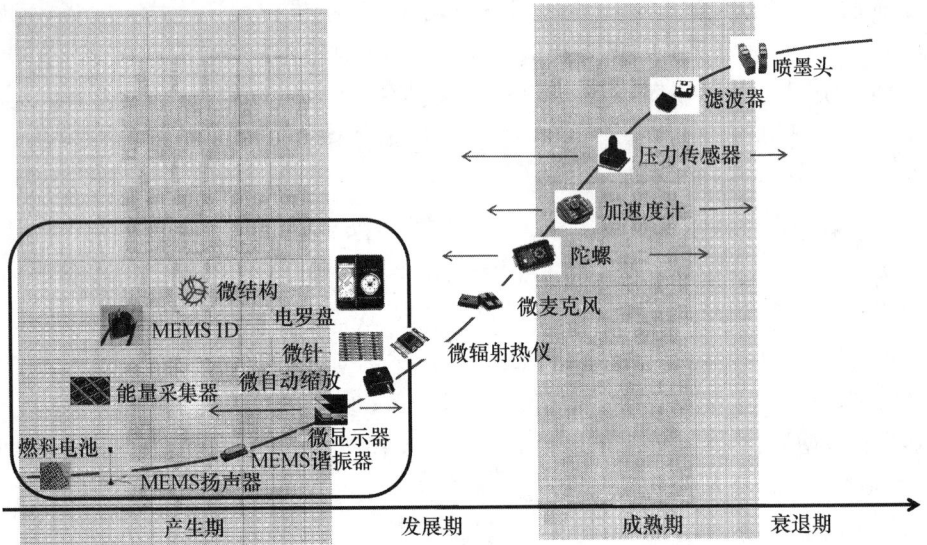

图 1.12　微机电器件的产品分布

根据不同性能的要求,惯性器件一般可划分成三类:惯性级、战术级和速率级[16,17]。表 1.2 为各级别陀螺的性能要求和应用领域。近几年微惯性传感器的发展趋势向着两极发展:

表 1.2[19]　各级别陀螺的性能要求和应用领域

性能要求	速率级	战术级	惯性级
偏差漂移/(°/h)	10 ~ 1000	0.1 ~ 10	< 0.01
随机游走/(°/√h)	> 0.5	0.5 ~ 0.05	< 0.001
刻度因子精度/%FS①	0.1 ~ 1	0.01 ~ 0.1	< 0.001
满量程范围/(°/s)	50 ~ 1000	> 500	> 400
1ms 内承受最大冲击/g	10^3	$10^3 ~ 10^4$	10^3
带宽/Hz	> 70	~ 100	~ 100
应用	照相机,医学仪器,游戏,汽车,专用航空等	商业姿态航向参考系统,制导弹药等	商用/军用飞机,船舶,航天器等
① 满量程			

(1) 消费电子等应用,消费类产品应用领域向大规模生产发展,需求急剧增加,各制造商不断竞争,单价下降,量产后,有的售价仅不足 1 美元。

(2) 军用与宇航级应用,要求性能好、精度高,单价也在上升,有的一个单轴陀螺售价可在 3000 ~ 4000 美元。而对于一般的工业级、汽车级产品,则追求高可靠

10

性和高品质,同时兼顾售价。目前,微机械加速度计在精度方面已能满足惯性级的应用要求,微陀螺性能也已接近或达到战术级导航的水平[18]。图 1.13 为微惯性器件的应用领域分布。

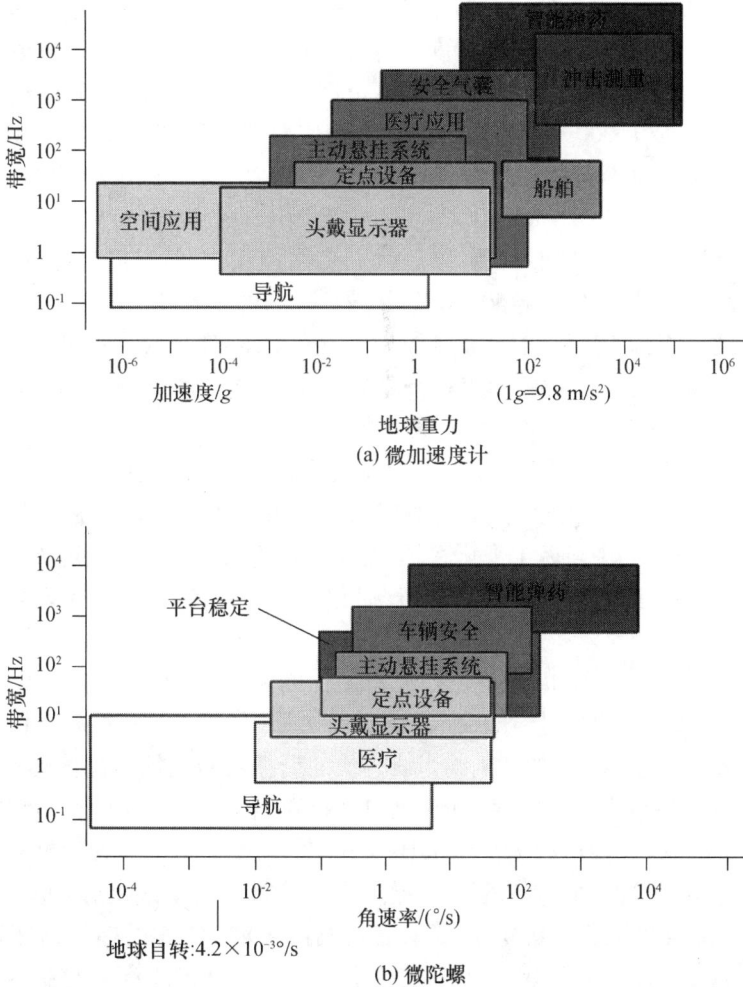

图 1.13 微加速度计和微陀螺的应用领域分布[2]

低精度 MEMS 惯性传感器作为消费电子类产品主要用在手机、游戏机、音乐播放器、无线鼠标、数码相机、PD、硬盘保护器、智能玩具、计步器、防盗系统、GPS 导航等便携式产品中。低精度 MEMS 惯性传感器多采用表面工艺加工及常规封装技术,以期达到单片集成、体积小、价格低廉等目的。用作消费电子类的 MEMS 惯性传感器,主要特点是单价低、尺寸小、温度范围窄。加速度传感器质量轻、功耗小、一般测量范围 $1 \sim (10g \sim 50g)$，分辨率 $2mg \sim 10mg$；陀螺一般量程在 $\pm 300°/s$，零偏在 $500°/h \sim 1000°/h$。由于具有加速度测量、倾斜测量、振动测量和转动测量等基本测量功能，有待挖掘的消费电子应用会不断出现。

高精度的 MEMS 惯性传感器作为军用级和宇航级产品，多采用了体硅加工工艺及真空封装技术，主要要求高精度、全温区、抗冲击等指数。军工级或宇航级的 MEMS 惯性传感器精度要求高、工作温度范围宽（$-45° \sim 125°$），某些兵器产品要求抗冲击能力强（$10000g \sim 20000g$）。加速度传感器量程范围宽 $1g \sim 5000g$，分辨率 $0.1mg \sim 1mg$，甚至更高。陀螺量程要求范围宽 $20°/s \sim 1000°/s$，频响高 $50Hz \sim 1000Hz$，零偏稳定性为 $1°/h \sim 50°/h$[20]。主要用于通信卫星天线、导弹导引头、光学瞄准器等稳定系统，飞机/导弹飞行控制、姿态控制、偏航阻尼等控制系统，以及中程导弹制导、惯性 - GPS 导航、远程飞行器、战场机器人等。

微惯性传感器芯片级产品，主要应用于汽车电子、便携式计算机、消费类电子，几乎全部由国际大公司占据，如 ADI、ST、VTI（芬兰）等品牌。成品级则由美国 BEI 公司、CROSSBOW 公司、日本 SSS 公司占据了 80% ~ 90% 的市场份额。中国研究芯片级惯性传感器产品的单位主要集中在大学的相关机构，包括清华大学、北京大学、哈尔滨工业大学、东南大学等 16 所高校。研究开发并有产品提供的还有七所国家级的研究所，如中科院上海微系统所、电子集团第 13 研究所、重庆 26 所等。

纵贯 MEMS 惯性传感器现有发展规律和未来发展趋势，主要体现以下几方面特点：

（1）技术方面：①新机理、新材料、新工艺的探索正在加速进行，以突破常规 MEMS 器件的极限，纳米材料如纳米颗粒、纳米线和纳米片的机械、电气、光学等传感效应正逐渐被应用[21]，如利用纳米线构成的谐振式新型纳惯性传感器[22]，可实现比 MEMS 器件更高的灵敏度（加速度灵敏度可达 kHz/g 及以上，而常规谐振式 MEMS 加速度只能达到 $10Hz/g \sim 100Hz/g$）。将传感单元和 IC 处理电路集成到同一芯片上（iMEMS）有助于减少干扰，提高惯性传感器精度，这也体现了 MEMS 技术的优势。以陀螺为例，MEMS 陀螺有替代低精度光纤陀螺的趋势，如挪威 Sensonor Technologies 公司于 2010 年 1 月发布了一款具有里程碑意义的业界已知最高精度多轴 MEMS 陀螺 STIM202，其零偏稳定性（Bias Stability）仅为 $0.5°/h$，性价比优于同精度等级 FOG 光纤陀螺[23]。图 1.14 为美国 Draper 实验室对陀螺技术发展的预测，预计 2020 年前，在导航及战术级领域，MEMS/微光机电（MOEMS）陀螺将占据主导地位[24]。对消费类应用，更寻求进一步简化制造工艺，降低成本的趋势。②集成化是发展的另一个趋势，不仅模块制造商走软件、硬件集成的路子，越来越多的上游芯片厂家也走集成化的技术路线。因而不断有双轴、三轴加速度计和陀螺芯片问世，图 1.15 为德国 Bosch 公司于 2010 年推出的三轴加速度计。

③除了将多惯性传感器集成起来外,为满足一些特定要求,有的将多种传感器集成到一起而构成更多功能的组合系统。例如 ST 公司新近推出的能测运动、磁性、压力和温度的 iNEMO 系列产品。

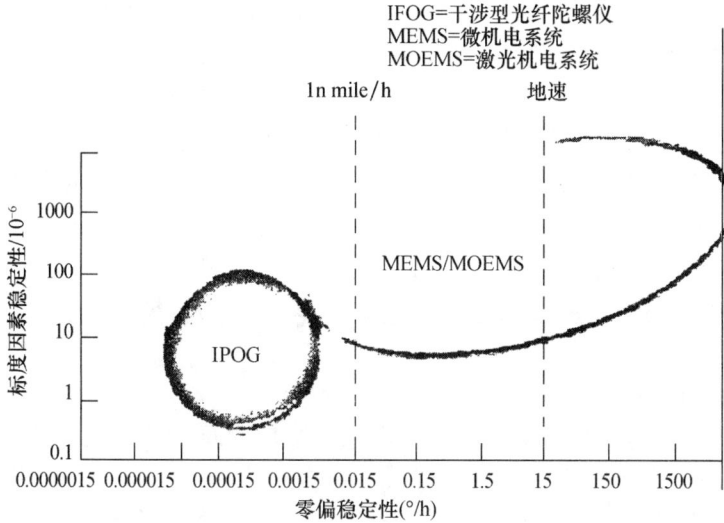

图 1.14 Draper 实验室对陀螺技术发展的预测[24]

图 1.15 德国 Bosch 公司的三轴加速度计 BMA220(2mm×2mm)

(2)性价比方面:比性能、比价格,竞争激烈,大量的市场需求促使新产品、新厂家不断涌现,如 ST 公司推出的 3 轴数字 MEMS 陀螺仪应用于手机市场,HP 公司推出的采用最新惯性测量技术开发的数字 MEMS 加速度计。消费类微惯性传感器向着微型化、低功耗、智能化方向发展,通过采用新工艺和技术使传感器越来越小,功耗越来越低,为进一步降低功耗,有些产品还提供了电源管理,通过休眠来减小功耗等以争夺市场。

（3）特殊条件下应用方面：是一个值得注意的发展方向，如在深空、深海、高山、深井等，以及某些极端条件下的应用，微惯性传感器具有很大的优势。高抗震性、抗冲击性、宽工作温度范围也是微惯性传感器的发展方向，目前的微惯性传感器能承受 $2000g \sim 10000g$ 的冲击，而微气流式惯性传感器则能承受 $20000g \sim 50000g$ 的抗冲击性。微惯性传感器工作温度范围一般要达到 $-45\text{℃} \sim 85\text{℃}$，有的甚至能达到 $-45\text{℃} \sim 105\text{℃}$，能适应许多特殊工作条件需要。2010 年 ADI 公司推出第四代高性能、低功耗、数字输出，目前业界最稳定的抗振动陀螺仪系列新品 ADXRS453 iMEMS（R），能够强烈抑制冲击和振动对线性加速度的影响，功耗仅 6mA，能在 $-45\text{℃} \sim 125\text{℃}$ 宽温度范围内工作，非常适合一些特殊条件和防务应用。

1.3　微惯性传感器主要厂商及其特点

ADI（Analog Devices Inc. ,美国）：

ADI 是全球领先的高性能信号处理解决方案供应商。20 世纪 90 年代扩大业务至微机电系统（MEMS）领域，是最早用半导体平面工艺将 MEMS 加速度计（包括结构与电路）集成在一芯片上的公司。1993 年生产第一只 iMEMS 加速度计，2003 年推出 ADXRS 系列 MEMS 陀螺芯片，此后通过近十年的时间使 MEMS 惯性市场增长到上亿只。ADI 结合其在模拟、数字和混合信号处理方面的优势，开发出了高性能的 MEMS 惯性芯片，其产品包括微机械加速度计、微机械陀螺、四自由度陀螺（2008 年）以及惯性测量单元（2007 年）等。ADI 公司在速率级、战术级以及惯性级微惯性传感器中都占有重要地位。ADI 未来 MEMS 高性能产品的应用重点不再在消费电子领域，该公司目前已经将其 iMEMS 和 iSensor 高性能器件的未来重心转向汽车、工业和医疗等领域。针对这些应用的不同设计需求，ADI 提供多种高性能 MEMS 器件选择，如高精度的小尺寸单芯片、低功耗的双芯片和多芯片模块方案。而 ADI 同时提供不同层次的封装集成，比如 SiP、多 die 堆叠封装、倒装等，以满足不同成本、占位面积、厚度等需求。ADI 对"高性能惯性 MEMS"定义的诠释是：旨在解决重要系统性能参数、安全或可靠性增长，或高精度的测量/诊断，能够在不同的撞击、震动和温度情况下保持诸如灵敏度、噪声等关键性能，能够提供有价值的系统性能扩展以提高系统效率、减少故障。

ST（意法半导体公司,意大利和法国）：

ST 公司成立于 1987 年，由意大利 SGS 半导体公司和法国汤姆逊半导体公司合并而成，至今已发展成为业内半导体产品线最广的厂商之一，为世界第五大半导体厂商。ST 也是最大的 MEMS 制造商之一，是全球首家拥有专属 8 英寸 MEMS 晶圆厂的主要制造商，采用低成本、高产量的基板栅格阵列封装。ST 提供单轴和多轴加速度计、陀螺仪和 IMU 的广泛选择,有各种量程器件,适用于数码相机和数码录像机的影像稳定,以及提高游戏机使用性能等。在过去的五年内,意法半导体把 MEMS 加速度计和陀螺仪的尺寸从 500mm³ 缩减到 10mm³ 以下,同时提高测量的分辨率、准确度以及温度稳定性,并将功耗降低到原来的 1/10。ST 公司的 MEMS 惯性传感器的优势在于:采用了专门的厚外延层(THELMA)制造工艺和低成本封装方法,使其拥有极具诱惑力的价格配合卓越的产品性能。ST 是消费电子和手机用 MEMS 传感器的市场龙头,市场占有率约 50%。过去几年,采用多轴加速度计的手持设备和游戏机受追捧,消费电子正卷起一股 MEMS 热潮,而首款(2010 年 6 月 7 日面市)采用陀螺仪的手机——苹果 iPhone 4 采用的就是 ST 的 3 轴产品。ST 正引领 MEMS 传感器迈入量产游戏系统和移动应用的消费市场化风潮。目前 ST 的 MEMS 运动传感器的每月产能约 5000 万只,2010 年 11 月 25 日 ST 宣布其 MEMS 传感器全球出货量已突破 10 亿只大关。

Freescale(飞思卡尔,美国):

Freescale 公司生产的微惯性传感器主要是微机械加速度传感器,其主要面向中低端应用,主要应用在汽车、工业控制以及消费电子领域,传感器件和处理电路未集成在同一芯片上。其器件的主要特点是传感器芯片内部集成滤波电路和温度补偿电路,功耗低,启动快,体积小。

Crossbow(美国):

美国知名的无线传感器网络和惯性传感器系统终端解决方案供应商。其惯性传感器主要包括加速计、倾角计、AHRS、NAV、VG 和惯性测量单元(IMU)。Crossbow 加速度计应用 MEMS 和 DSP 技术从而提供了应用范围广泛的解决方案。其加速度计主要分为 GP(通用目的)系列和 TG(高性能)系列。而 AHRS、NAV、VG 和 IMU 等系列产品则是将 MEMS 陀螺和加速度计与增强卡尔曼滤波算法相结合,为陆海空等领域提供了理想的解决方案。

Honeywell(霍尼维尔,美国):

Honeywell 公司集中在 MEMS 惯性器件的应用上,主要是航空航天产品,具体来说就是惯性测量系统和惯性基准系统。Honeywell 在 20 世纪 70 年代末和 80 年代初开发激光陀螺,现在这种技术在航空航天类产品市场上占据了统治地位。现在他们用 MEMS 陀螺来取代部分的环形激光陀螺,减小了尺寸和重量,提高了坚固性和性能,而且价格更低。

Inven Sense(应美盛,美国):

Inven Sense 是可携式产品运动感测方案的领先供货商,也是消费电子市场 MEMS 传感器的主要供应商之一,拥有运动感测技术专利和原创的制造平台 Nasiri – Fabrication(通过晶圆片尺度上的粘合把 MEMS 晶圆片跟 CMOS 电路晶圆片集成在一起),迎合了智能手机、数码相机、3D 摇杆等可携式产品中应用,包含运动感测游戏、影像防手震等需求。其产品主要包括单轴和多轴 MEMS 陀螺,主要应用于游戏、3D 遥控器等消费电子市场。

MEMSIC(美新,中国):

MEMSIC 公司是 1999 年从 ADI 分离出的新兴公司,主营 CMOS MEMS。公司利用台积电作为代工厂生产 0.6μm 逻辑电路,然后将 6 英寸晶圆拿回公司进一步制作 MEMS 结构,这是 MEMSIC 开发的技术。其主要产品是单轴和三轴微机械加速度计(GP,TG 系列),单轴和双轴微倾斜传感器(CXTA,CXTLA,CXTILT)和微惯性系统。MEMSIC 加速度计主要是微机械热对流式加速度计,抗冲击性好(> 50000g),成本低。MEMSIC 惯性系统集成了微机械加速度传感器、微机械陀螺、磁力计、GPS 技术、高速 DSP 和卡尔曼滤波算法。MEMSIC 公司推出的数百万个 MEMSIC 加速度传感器已经被部署在带有车辆稳定控制系统(Vehicle Stability Control,VSC)的汽车和卡车上。美国国家高速公路交通安全局(NHTSA)要求,到 2012 年时,美国市场上的所有汽车、卡车和大巴士都要用 VSC 系统,欧盟确认将实施类似的要求。

从以上各公司 MEMS 产品研发经历中,可以看出拥有 MEMS 产品的公司主要有两类。一类是如 ADI、ST 等大型公司,这些公司主要是半导体公司,其 MEMS 产品主要依赖于大公司主营产品的生产线,具有大批量生产能力和规模,因而产品成本更低,竞争力更强。对于这些从事 CMOS 工艺技术研究的大型芯片制造商来说,MEMS 的吸引力在于能使旧的工艺技术和晶圆厂获得更多利润,但实现 MEMS 结构并不容易,需要非常专业的知识,开发特殊的工艺技术,这些主要在大学和专业人士手里。另一类公司是如 MEMSIC 等新兴公司,这些公司的规模相对较小,但他们更加敏捷、更加灵活并完全专注在 MEMS 上。新兴公司大多采用代工贸易模式,其 CMOS 加工依赖于代加工,自己做 MEMS 设计和工艺。新兴公司和老牌芯片及整机公司都在运输、医疗、电信和消费类电子等领域竞争,其中新兴公司往往只专注于一种应用,而大公司则注意较广泛的需求。总之,在 MEMS 领域取得成功的关键在于专业技术能力、独特设计以及敏锐的市场嗅觉,需求牵引、技术推动、基础研究与应用研究紧密结合、发挥特长和优势等是不可缺少的要素。

当前 MEMS 惯性传感器市场几乎被北美与欧洲公司所垄断。在国内,由于微电子技术水平较差、MEMS 惯性传感器技术门槛高、投资力度大、产业化难度大。有些厂家刚刚起步,95% 的市场掌握在国外品牌手中,国内微惯性器件研究大都集中在大学和相关科研院所。纵观国际各大 MEMS 惯性传感器公司的发展经验,我们可以看到以下几点:

(1) 抓住机遇,迎头而上。各大微惯性传感器厂商的成功之道都离不开对机

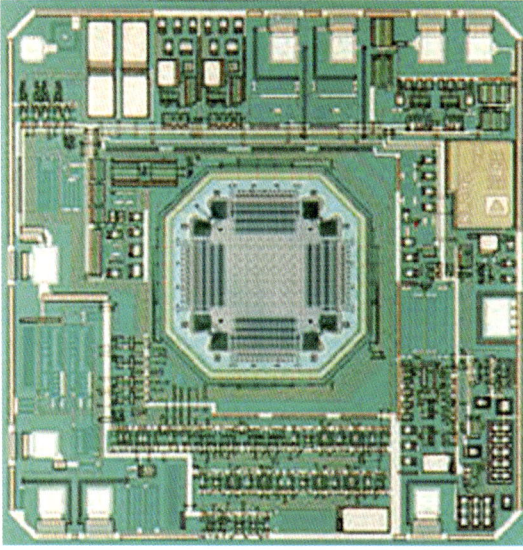

图 1.2　Analog Devices 公司的双轴加速度计 ADXL202

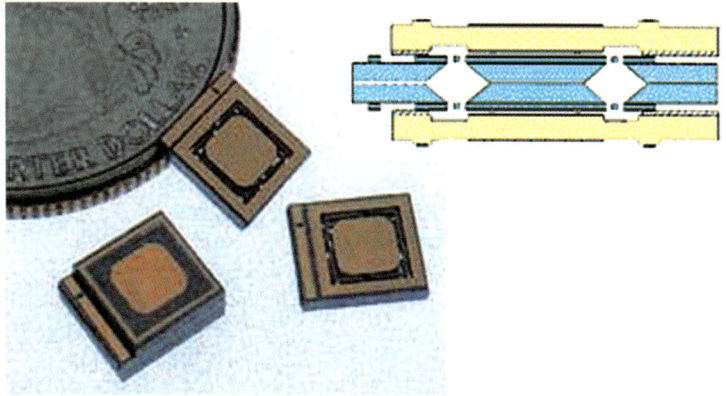

图 1.3　Applied MEMS Inc. 公司生产的商用地震传感器

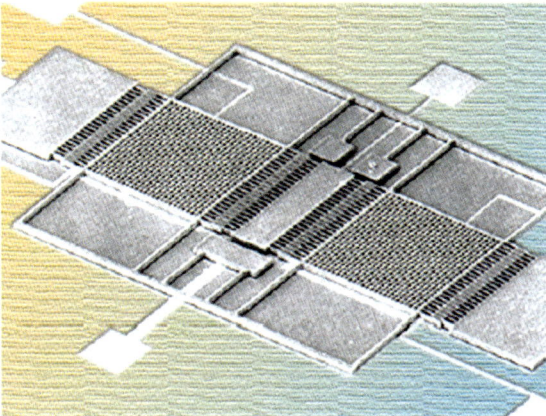

图 1.4　体硅微机械陀螺（Draper）

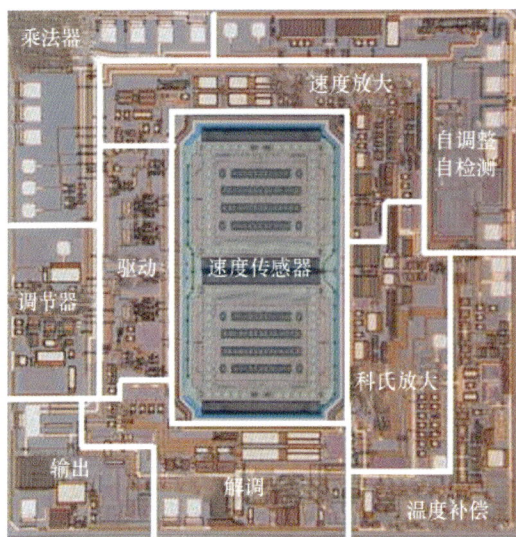

图 1.8　ADI 公司的电容式双轴微机电单片陀螺仪

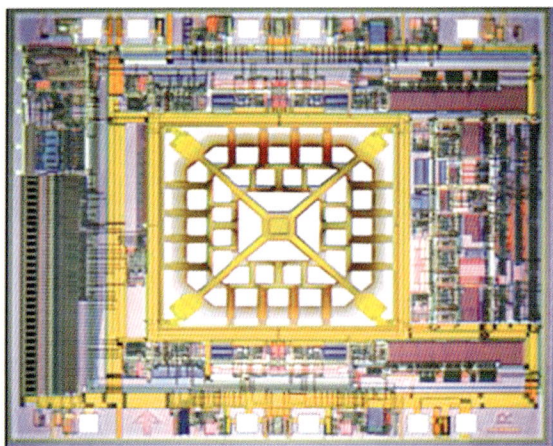

图 1.9　美新公司热对流式 MEMS 加速度计的结构原理示意图

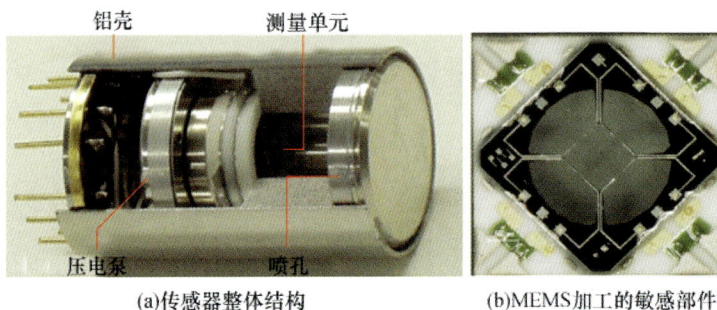

(a)传感器整体结构　　　　　(b)MEMS加工的敏感部件

图 1.10　日本多摩川精机株式会社的射流角速度传感器

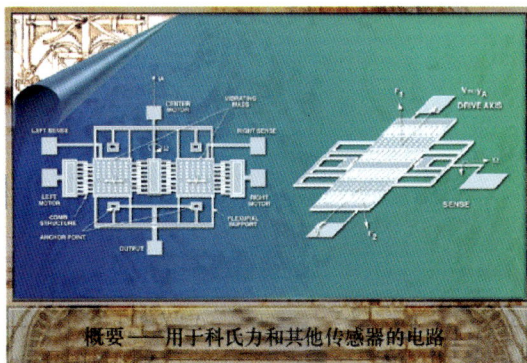

概要——用于科氏力和其他传感器的电路

图 2.2　线振动式硅微机械陀螺

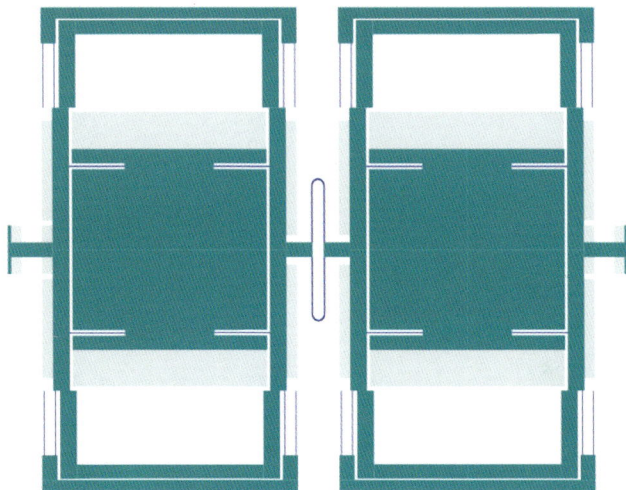

图 2.9　微机械陀螺敏感结构示意图

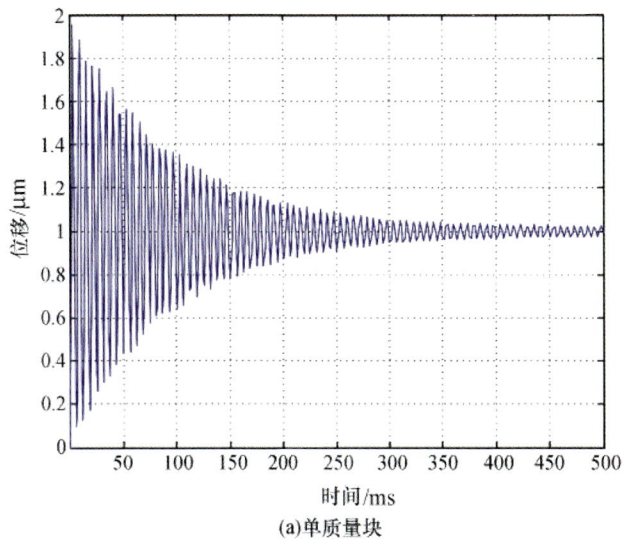

(a)单质量块

(b)单质量块

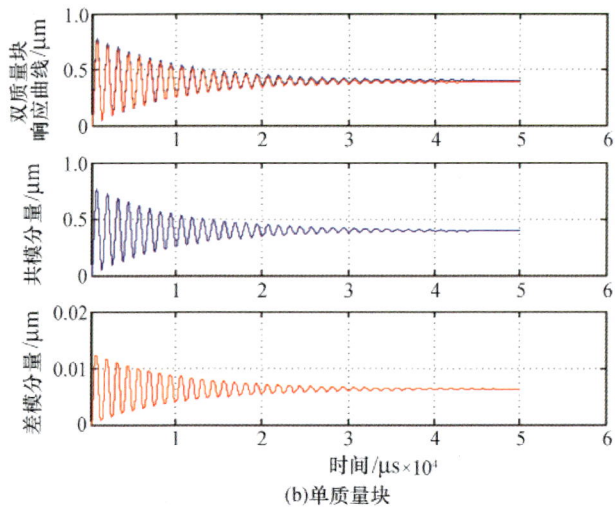

图 2.10 单质量和双质量结构的加速度阶跃响应

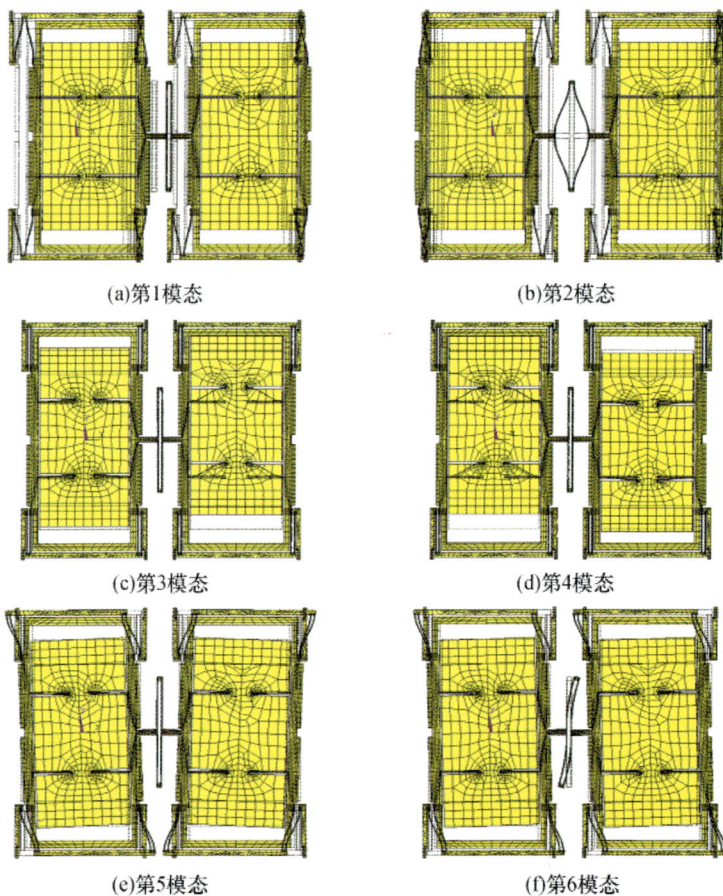

(a)第1模态

(b)第2模态

(c)第3模态

(d)第4模态

(e)第5模态

(f)第6模态

图 2.11 双质量敏感结构的振动模态

(a)光刻、刻蚀，在硅表面形成浅槽定义键合区域

(b)扩散掺杂，形成接触区

(c)光刻、溅射Ti/Pt/Au金属；剥离形成金属电极

(d)硅/玻璃键合

(e)化学减薄划片

(f)AES工艺(先进硅刻蚀)；ICU刻蚀释放结构

Si　　玻璃　　Au　　光刻胶

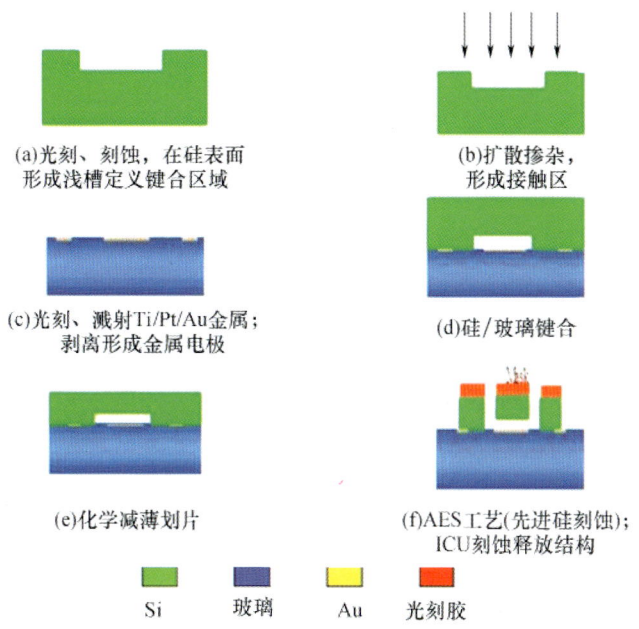

图 3.9　A 单位主要工艺流程

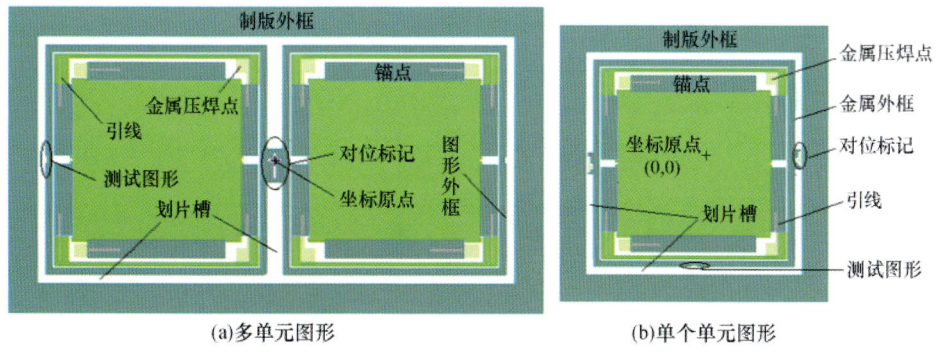

制版外框

金属压焊点
引线
测试图形
锚点
对位标记
坐标原点
图形外框
划片槽

(a)多单元图形

制版外框

锚点
坐标原点
(0,0)
划片槽

金属压焊点
金属外框
对位标记
引线
测试图形

(b)单个单元图形

图 3.13　体硅溶片工艺版图示意图

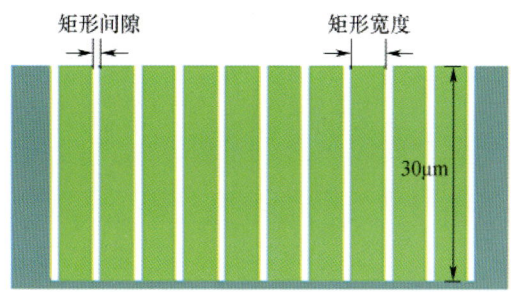

矩形间隙　　　矩形宽度

30μm

图 3.14　测试图形示意图

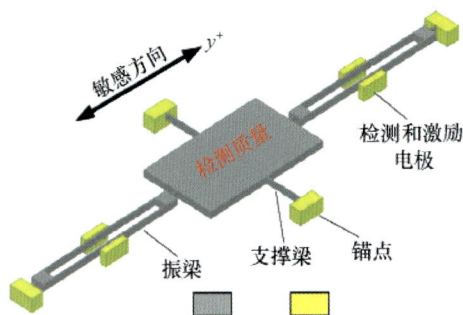

図 3.35 硅微谐振式加速度计原理框图

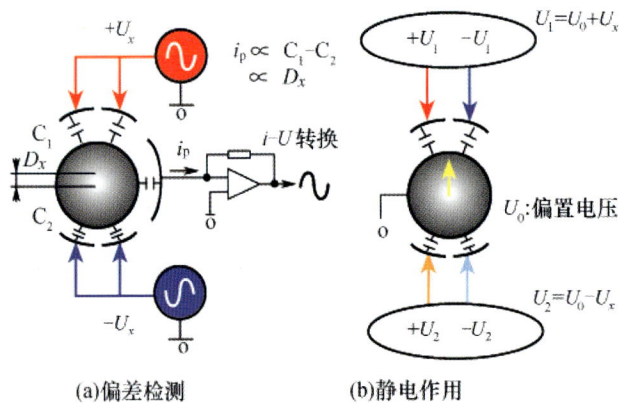

(a)偏差检测   (b)静电作用

图 3.42 静电悬浮原理

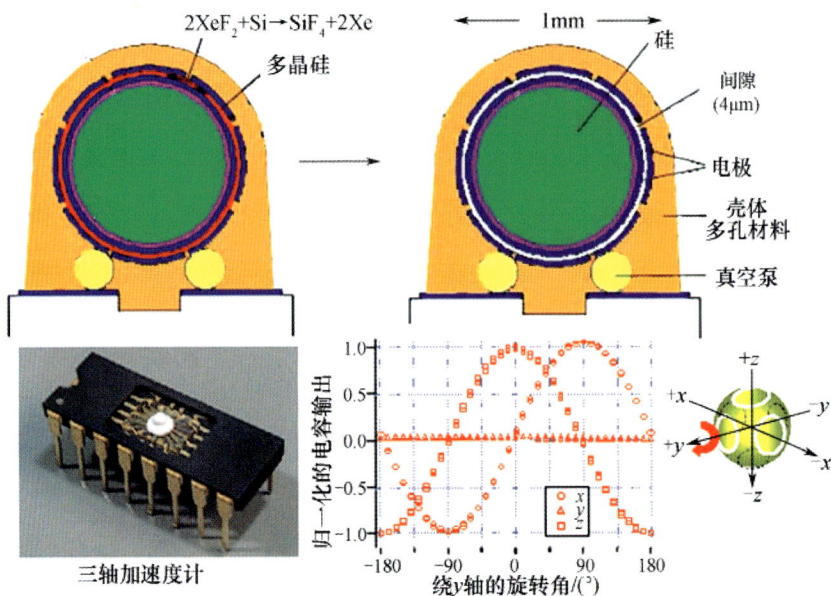

图 3.43 三轴静电悬浮加速度计

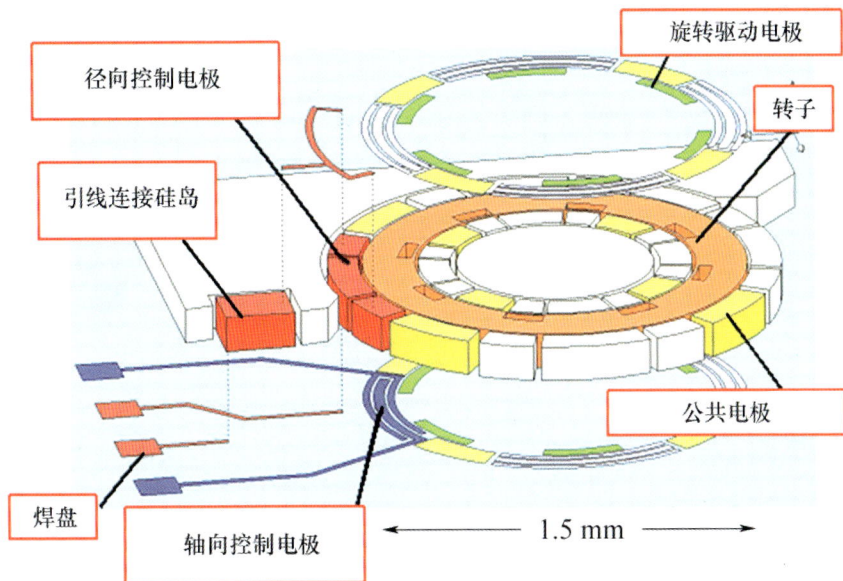

図 3.44 环形转子式微陀螺/加速度计表头结构示意图

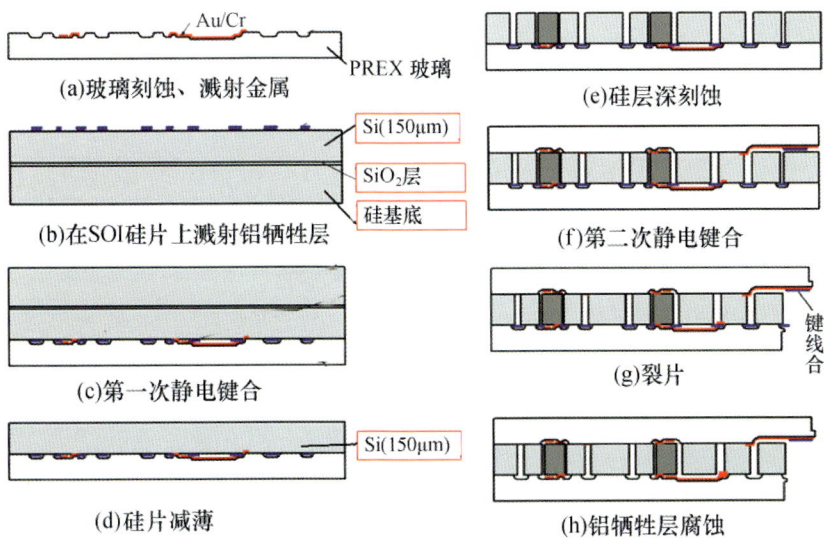

図 3.45 悬浮表头工艺流程图

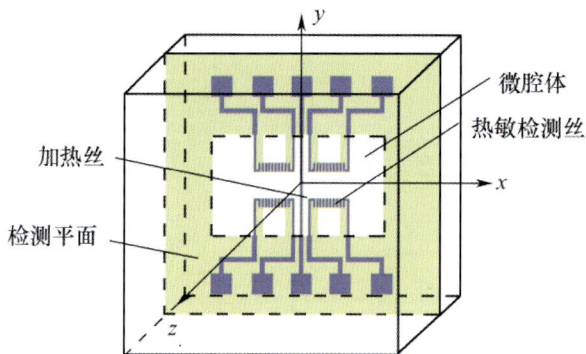

图 4.10　热对流式陀螺仪结构示意图

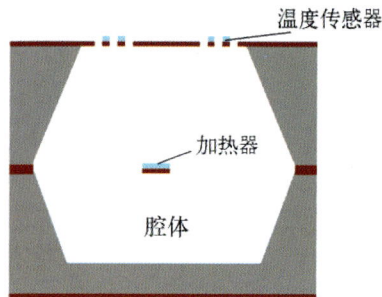

图 4.17　双层结构的热对流陀螺仪

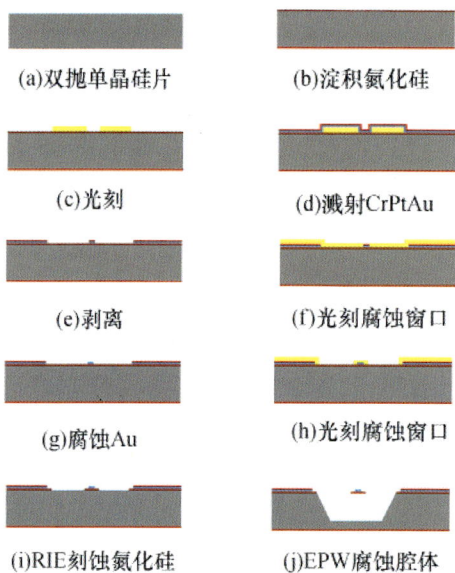

图 4.18　热对流陀螺仪加热丝工艺流程图

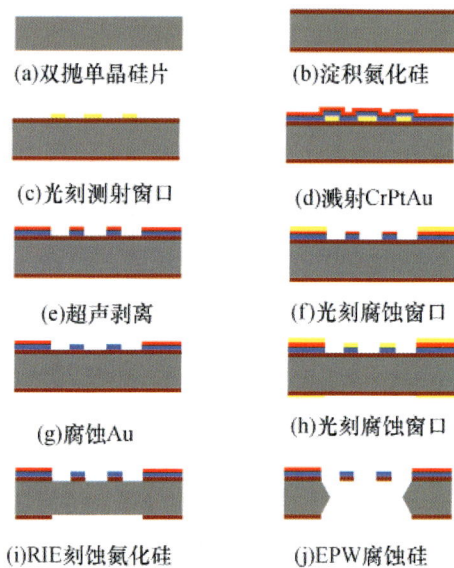

图 4.19　热对流陀螺仪热敏检测丝工艺流程图

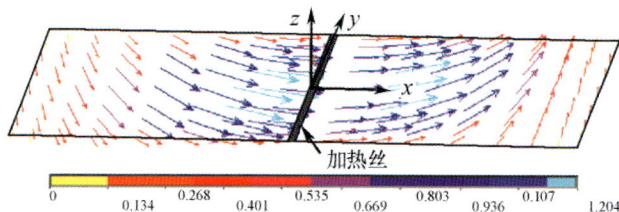

图 4.24　x 轴加速度（1g）作用下气体对流运动在工作平面上的表现

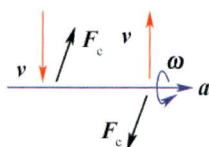

微型惯性器件及系统技术｜彩八

$v/(\text{m/s})$
-1.5×10^{-5}
−0.0001
−0.0002
−0.0003
−0.0004
−0.0005
−0.0006
−0.0007
−0.0008
−0.0009
−0.001
−0.001

图 4.34　射流流速分布云图

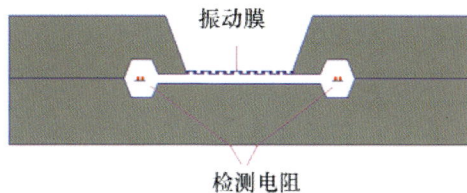

振动膜

检测电阻

图 4.40　微射流陀螺的结构模型

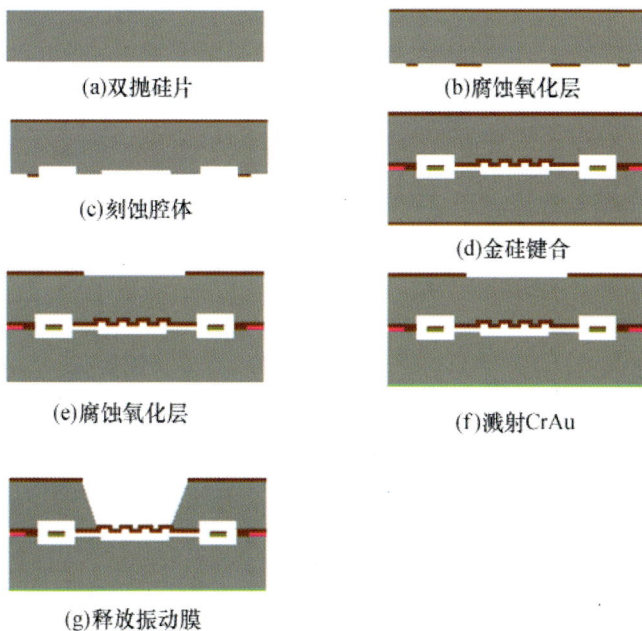

(a)双抛硅片

(b)腐蚀氧化层

(c)刻蚀腔体

(d)金硅键合

(e)腐蚀氧化层

(f)溅射CrAu

(g)释放振动膜

图 4.42　射流陀螺衬底层以及键合工艺流程图

图 4.43　射流陀螺未加载振动膜

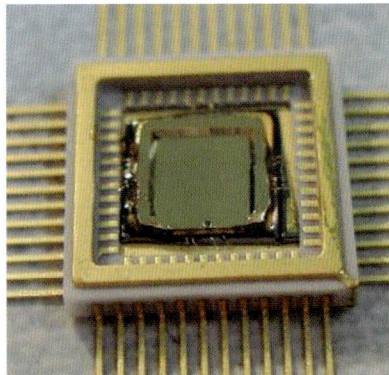

图 4.44　射流陀螺加载振动膜

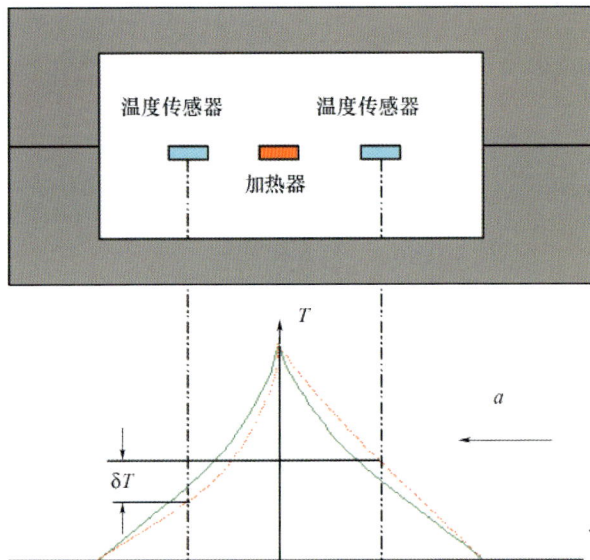

图 5.3　热对流加速度传感器工作原理图

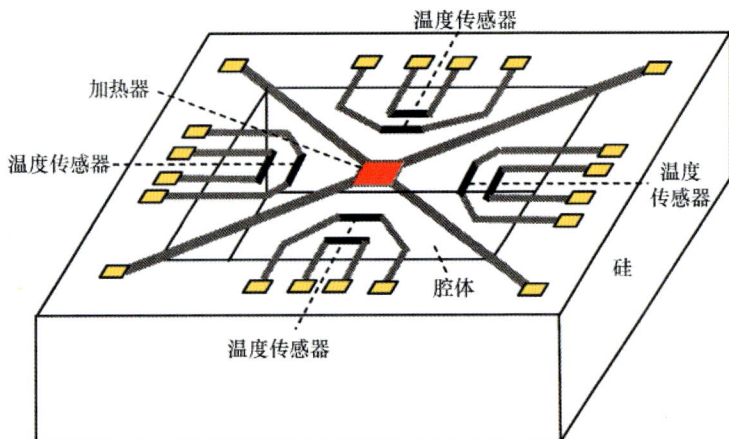

图 5.14　双轴全桥温敏电阻热对流加速度传感器结构示意图

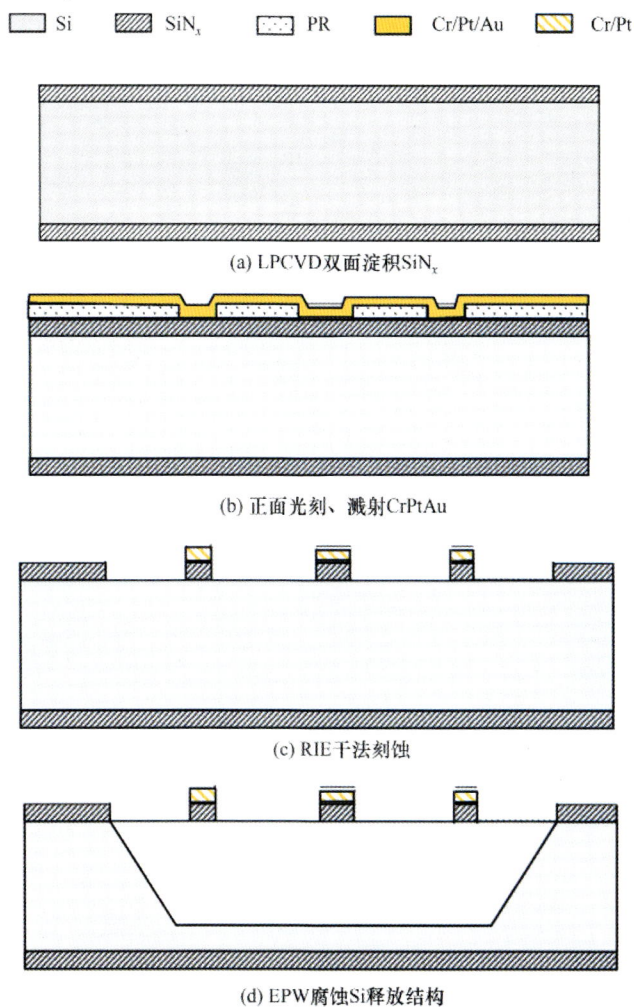

Si | SiN$_x$ | PR | Cr/Pt/Au | Cr/Pt

(a) LPCVD双面淀积SiN$_x$

(b) 正面光刻、溅射CrPtAu

(c) RIE干法刻蚀

(d) EPW腐蚀Si释放结构

图 5.15　微机械热对流加速度传感器工艺流程图

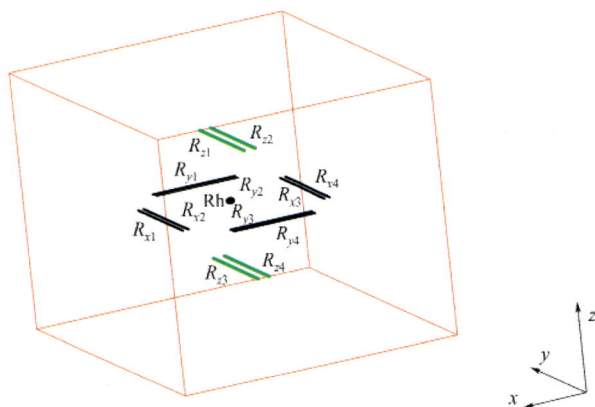

图 5.20　三轴热对流加速度传感器结构模型图

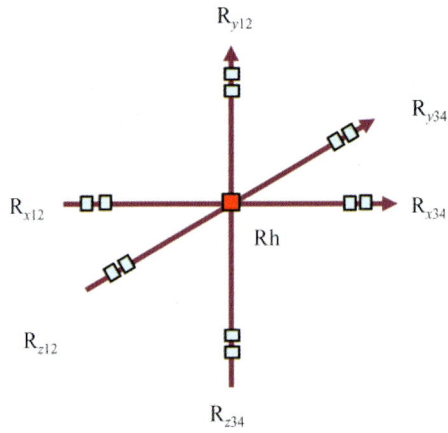

图 5.21　温度传感器和加热器的空间分布示意图

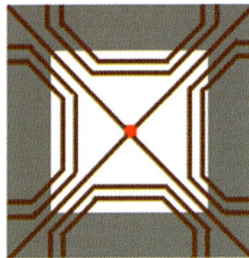

(a) 第2层结构平面图　　　　　(b) 第1、3层结构平面图

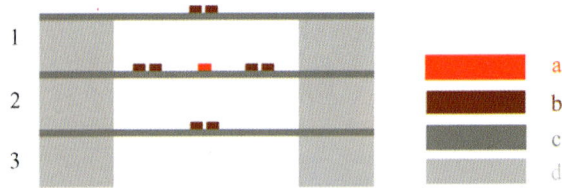

a—加热电阻；　b—检测电阻；　c—氮化硅；　d—硅基体。

(c) 整体结构剖面示意图

图 5.22　三轴 MEMS 热对流加速度传感器结构示意图

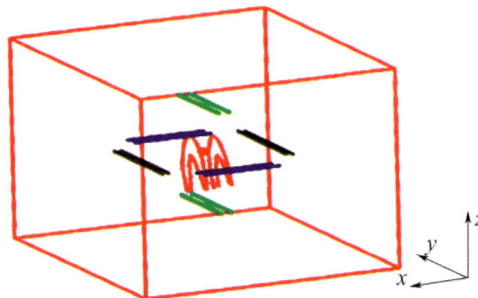

图 5.23　结构模型

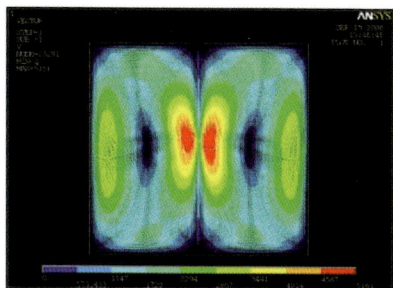

(a) 无横向加速度时对流分布

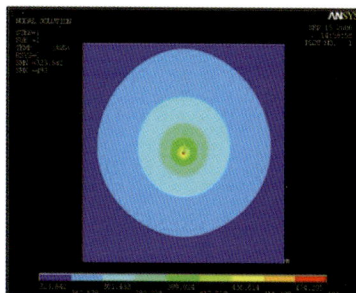

(b) 无横向加速度时温度场分布

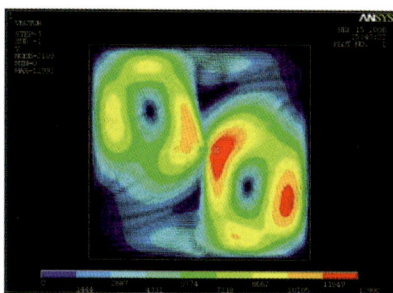

(c) 横向1g时对流分布

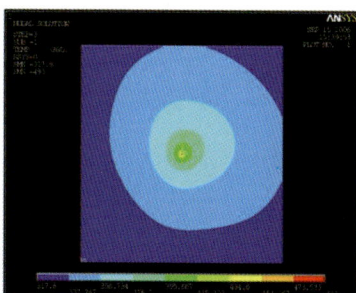

(d) 横向1g时温度场分布

图 5.24　三轴 MEMS 热对流加速度传感器热场仿真图

(a) 双抛(100)单晶硅片

(b) 双面淀积氮化硅

(c) 光刻溅射窗口

(d) 溅射

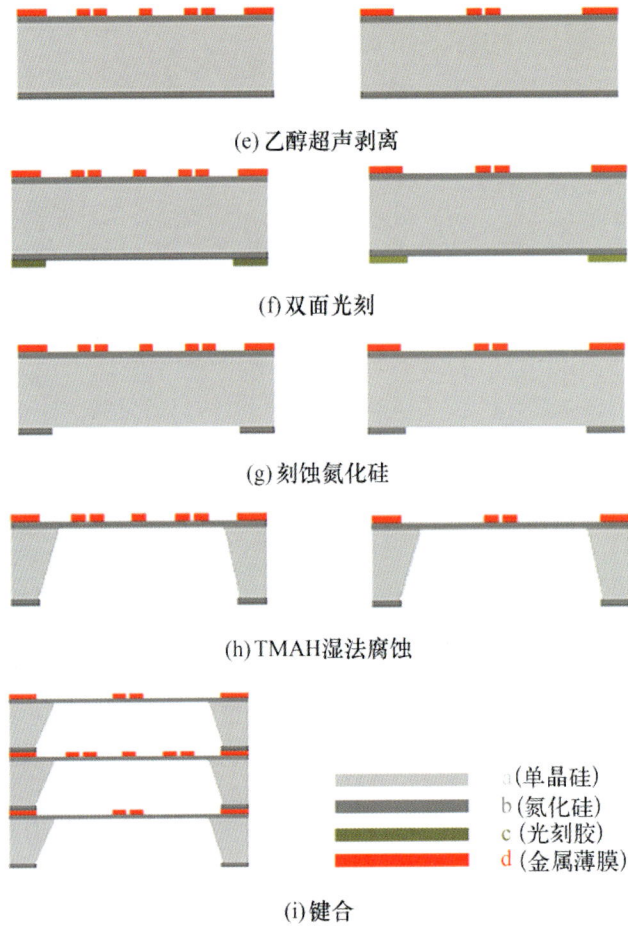

(e) 乙醇超声剥离

(f) 双面光刻

(g) 刻蚀氮化硅

(h)TMAH湿法腐蚀

a(单晶硅)
b(氮化硅)
c(光刻胶)
d(金属薄膜)

(i) 键合

图 5.26　热对流加速度传感器工艺流程

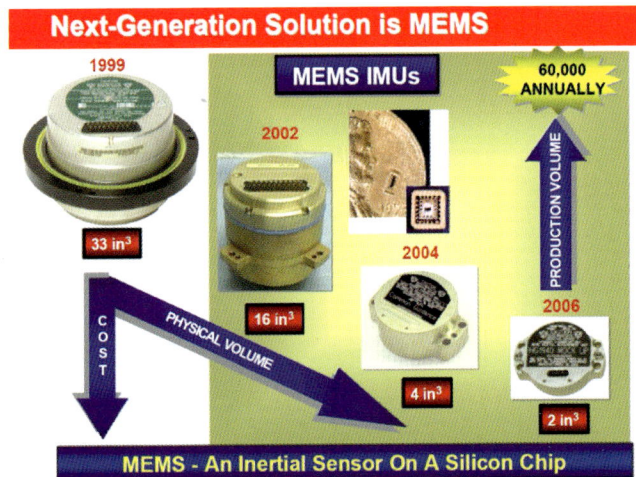

图 6.1　Honeywell 公司的 MIMU 及其发展规划

(a)高过载封装外形

(b)内部电路

图 6.2　BAE System 公司的 SiIMU02 型 MIMU

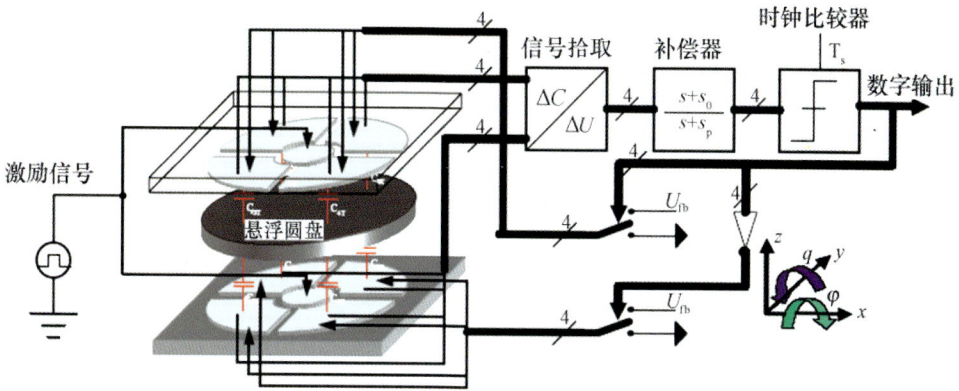

图 6.21　南安普顿大学静电悬浮加速度计模型

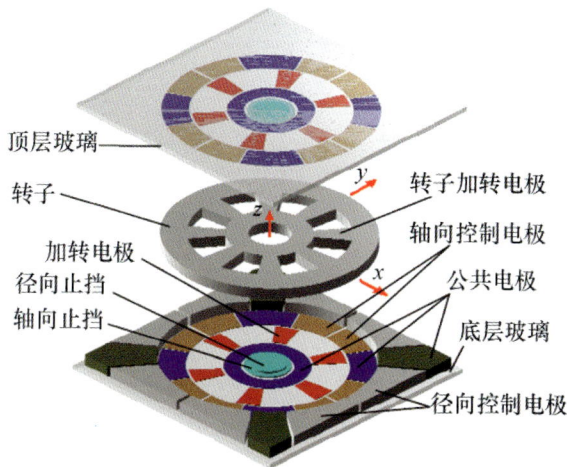

图 6.22　上海交大转子式静电微陀螺结构示意图

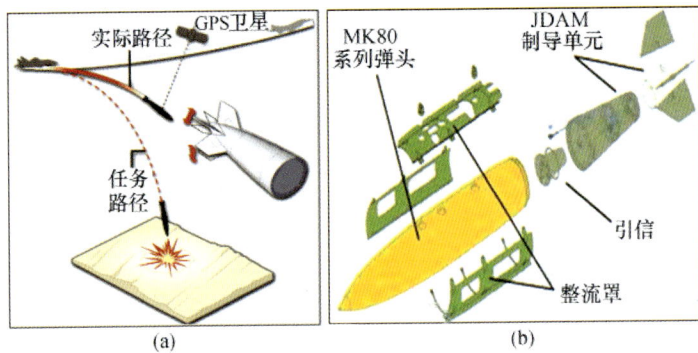

图 6.25 JDAM

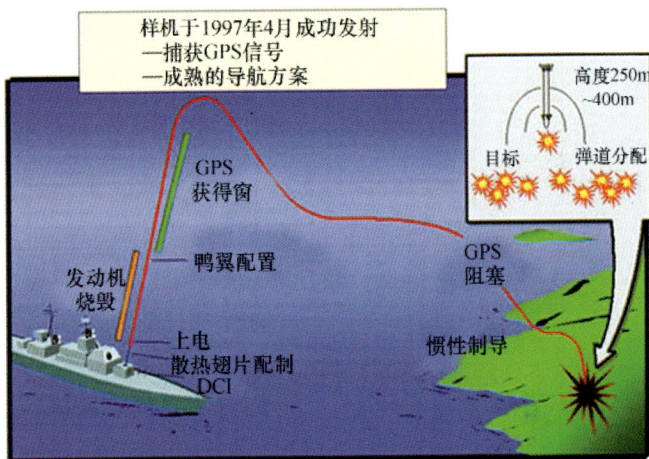

图 6.26 ERGM 发射过程

ERGM Specifications

Length:	5.1ft	1.55m
Diametr:	5.0in	127mm
Range Max:	41nm	76km
Weight:	110lb	50kg

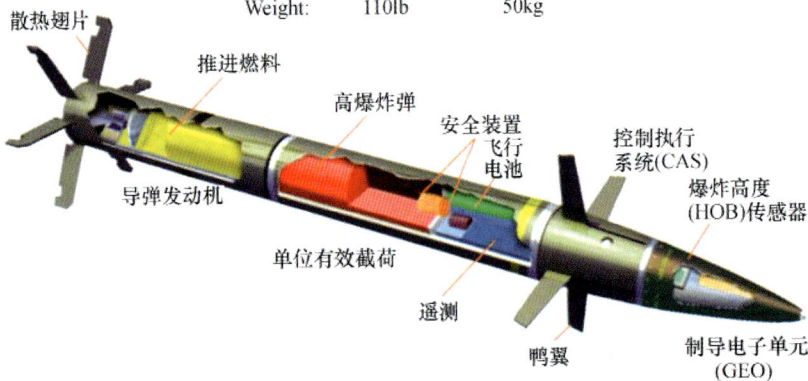

图 6.27 ERGM 结构图

遇的把握,如 ST 迎合了惯性器件在消费电子方面应用的浪潮,推出一系列惯性传感器,通过极具诱惑力的价格配合卓越的产品性能扩大了在消费电子 MEMS 传感器市场的份额,ST 也因此而迅速崛起,成为世界最大 MEMS 器件制造商。当前消费类 MEMS 惯性器件竞争激烈,但是消费类陀螺仪市场才刚起飞,成长潜力十足,因此国内企业仍有机会大有可为。

（2）重视人才,敢于创新。各大公司竞争力取决于人才,而公司进步的源泉则是创新。各大著名厂商之所以能脱颖而出,重视人才乃是根本。如 ADI 公司每年从世界各著名高校中招收优秀毕业生,每年投入大量资金用于研究、创新。同时,各大公司都结合自身的特点研究开发了一些新的技术,例如,ST 公司开发的低成本封装方法(使用一个玻璃粉低温晶圆级键合工艺,把惯性传感器封装在两片晶圆之间的密闭空腔内,然后再使用一个格栅阵列封装平台技术)和厚外延层工艺(THELMA)。

（3）强强联合,优势互补。微惯性传感器的研制和生产门槛较高,通过产学研结合,强强联合,优势互补可提高研制效率,降低企业成本。如 1999 年 ADI 公司与 Intel 公司合作开发出 Micro Signal Architecture。在自身研发的同时,各大企业还注重利用高校研究资源,通过对高校研究机构的资助(单独或者多个企业同时资助),共享研究成果,促进技术进步。

（4）重视客户,个性服务。各大企业在重视客户反馈意见的同时,定期或不定期开展客户与企业工程师的交流,为客户提供培训,切实为客户提供"完美"的解决方案。如 Freescale 最新推出的 Xtrinsic 智能传感解决方案(将传感、处理能力和集成化等特点结合起来,配合定制化软件技术,实现智能和差异化的设计),可让设计者根据具体环境作出智能的即时"传感决策",并配合广泛的应用程序支持,缩短开发周期,增强使用功能。

参 考 文 献

[1] Kraft M. Closed loop accelerometer employing oversampling conversion[D]. Coventry University, Ph. D. dissertation, 1997.

[2] Michael Kraft. Micromachined Inertial Sensors: The State of Art and a Look into the Future[J]. IMC Measurement and Control, 2000, 33(6):164 – 168.

[3] 王喜珍,滕云田. 地震传感器的新技术与发展[J]. 地球物理学进展, 2010, 25 (2):478 – 485.

[4] Greiff P, Boxenhorn B, King T. Silicon monolithic micromechanical gyroscope[C]. San Francisco CA. Transducers '91 , 1991:966 – 968.

[5] Clark W A, Howe R T, Horowitz R. Surface micromachined Z – axis vibratory rate gyroscope[C]. Solid – State

Sensor and Actuator Workshop, Hilton Head Island, SC, June 1996:283 – 287.

[6] Golderer L M, et al. A Precision Yaw Rate Sensor in Silicon Micromachining[C]. Chicago, IL: Proc. 1997 Int. Conf. on Solid – State Sensors and Actuators, June 16 – 19, 1997, 2:847 – 850.

[7] Putty M W, Najafi K. A micromachined vibrating ring gyroscope[C]. Solid – State Sensor and Actuator Workshop, SC, June 1994:213 – 220.

[8] 高钟毓, 董景新, 张嵘. 微机电传感器发展及应用的现状与趋势[J]. 机械工程学报, 2003, 39 (11):7 – 16.

[9] Leung M, Jones J, Czyzewska E, et al. Micromachined accelerometer based on convection heat transfer[C]. Proceedings of the IEEE Micro Electro Mechanical Systems (MEMS), Jan. 25 – 29, 1998:627 – 630.

[10] 王俊云. 热对流式加速度传感器原理及应用[J]. 世界电子元器件, 2006, 3.

[11] 朴林华. CJSYS – A5 型压电射流角速度传感器的研制[D]. 延边大学硕士学位论文, 2001.

[12] Shiozawa T, Dau V T, Dao D V, et al. A dual axis thermal convective silicon gyroscope[C]. Proceedings of the 2004 International Symposium on Micro – NanoMechatronics and Human Science (IEEE Cat. No. 04TH8765) 277 – 82, 2004.

[13] iPhone 4 Gyroscope Teardown[OL]. http://www.ifixit.com/Teardown/iPhone – 4 – Gyroscope – Teardown/ 3156/1.

[14] Jérémin B, Richard D. 手机与新型 MEMS 设备将推动该市场年增长[OL]. http://www.isuppli.com. cn/products/Semiconductors/MEMS/080910. 2010 – 8 – 11.

[15] MEMS gyroscope market says gaming FTW, though smartphone apps growing[OL]. From: http://www.elec-troiq.com/index/display/nanotech – article – display/1913486610/articles/small – times/nanotechmems/in-dustry – news/2010/october/mems – gyroscope – market – for – gaming – smartphones. html.

[16] Yazdi N, Ayazi F, Najafi K. Micromachined inertial sensors[J]. Proc IEEE, 1998, 1640 – 1659.

[17] Elwenspoek M, Henri J. Silicon Micromachining[J]. Cambridge: Cambridge University Press, 1999.

[18] 李荣冰, 刘建业, 曾庆化, 等. 基于 MEMS 技术的微型惯性导航系统的发展现状[J]. 中国惯性技术学报, 2004, 12(6).

[19] 李新刚, 袁建平. 微机械陀螺的发展现状[J]. 力学进展, 2003, 33 (3):289 – 301.

[20] 谷荣祥. 2009 年 MEMS 惯性传感器现状及 2010 年发展趋势[OL]. http://info. electric. hc360. com/ 2010/02/030913132183. shtml. 2010 – 2 – 3.

[21] Dzung V D, Koichi N, Tung T B, et al. Micro/nano – mechanical sensors and actuators based on SOI – MEMS technology[J]. Adv. Nat. Sci: Nanosci. Nanotednol. 013001, 2010.

[22] Zhu Rong, Zhang Guoping, Chen Guowei. A novel resonant accelerometer based on nanoelectromechancial os-cillator[C]. Proceedings of the IEEE International Conference on Micro Electro Mechanical Systems (MEMS), 2010:440 – 443.

[23] STIM202, http://www.sensonor.com/gyro – products/gyro – modules/ultra – high – performance/stim202. as-px.

[24] 李丹东, 严小军, 张承亮. MEMS 惯性技术的研究与应用综述[J]. 导航与控制, 2009, 8(2).

第 2 章　振动式硅微机械陀螺

陀螺仪是惯性仪表中最为重要的种类之一,在微惯性仪表中自然也是不可或缺的。由于硅材料本身具有优异的材料性能和加工特性,并且从微电子技术继承了良好的材料和工艺基础,因而硅基 MEMS 技术得到了迅速的发展,硅微机械陀螺自然也成为了主流发展方向。但是由于目前微加工工艺的局限性,还难以获得实用的旋转支承技术,因此硅微机械陀螺主要以弹性支承为主,这使得目前研究和产品的主流为振动式陀螺。

振动式硅微机械陀螺本质上还是一种机电陀螺,其理论基础还是经典的牛顿力学,因此动力学模型是研究振动式硅微机械陀螺的基础,只有通过动力学模型才可以描述清楚振动式硅微机械陀螺的行为特征,进而据此进行相应的设计工作。本章将介绍振动式硅微机械陀螺的基本动力学模型,分析其主要的误差来源,进而提出相应的设计原则。

2.1　振动式硅微机械陀螺的基本理论及模型

2.1.1　振动式硅微机械陀螺的基本原理

在一个旋转的坐标系中讨论质点的运动时会有如下现象,当一个质点以速度 v 在惯性坐标系中直线运动时,如果旋转坐标系在惯性坐标系以角速度 Ω 转动,则在旋转坐标系中观测该质点时,质点不再沿原先 v 的方向运动,而是产生了同时垂直于 Ω 和 v 方向的偏离,似乎质点受到了力的作用。实际上,并不是质点受到了力的作用而发生运动状态的改变,而是旋转坐标系在旋转,它不符合牛顿坐标系的条件,不能直接应用牛顿运动定律描述质点的运动。为了在旋转的坐标系中仍然能够按照牛顿运动定律描述质点的运动,1835 年法国气象学家科里奥利(Coriolis)引入了一个虚拟力的概念,这个力称为科氏力,科氏力的定量描述见式(2.1)

$$F = -2m\Omega \times v \tag{2.1}$$

振动式硅微机械陀螺最基本的原理模型如图 2.1 所示,即一个检测质量 m 在两个正交方向上由弹性结构支承(图中 x、y 方向),与这两个方向正交的方向即为输入轴。其工作时首先在 y 方向施加驱动力,使之产生沿 y 方向的振动,该方向称为驱动方向,结构的相应振动模态称为驱动模态。此时检测质量便具有了速度 v 和动量。当陀螺载体有绕 z 轴的角速度 Ω 输入时,根据科氏原理敏感质量将受到沿 x 方向的科氏力作用,从而产生沿 x 方向的振动,该方向称为检测方向,结构的相应振动模态称为检测模态。检测模态的运动通过运动检测装置转换为电信号,并进行必要的处理,即可得到大小与陀螺载体的转动角速度成正比的角速度信号[1]。

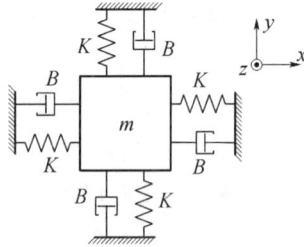

图 2.1　振动式硅微机械陀螺基本原理图

图 2.1 中的阻尼器是硅微机械陀螺敏感结构运动时所受到的气体阻尼和弹性支承结构的材料内耗等,会在陀螺的运动中产生能耗,对陀螺性能产生影响,因此是一个要尽量避免的因素。

2.1.2　振动式硅微机械陀螺的典型结构

前面讲述了振动式硅微机械陀螺的基本原理,但在目前的研究和产品中有很多种具体实现形式,归纳起来主要有如下几种形式。

2.1.2.1　线振动式

线振动陀螺的典型结构如图 2.2 所示,其运动特点是其驱动模态和检测模态的运动相对于其基座为直线运动。

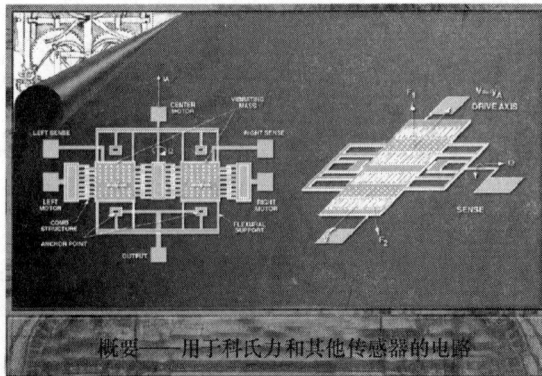

图 2.2　线振动式硅微机械陀螺

线振动陀螺的特点是：

（1）敏感方向设计较为灵活,在同一平面内可以设计成敏感任意三个正交方向的角速度的形式；

（2）在平面结构中支承结构设计灵活,可以减小平面结构的限制所造成的不利影响；

（3）结构形式设计自由度大,有利于设计误差消除结构；

（4）可以避免具有压膜阻尼的运动方式；

（5）实现完全对称的差动运动略有困难。

2.1.2.2　角振动式

角振动陀螺以其驱动模态和检测模态的运动相对于其基座为沿某个轴的角运动而得名,其典型结构如图 2.3 所示。

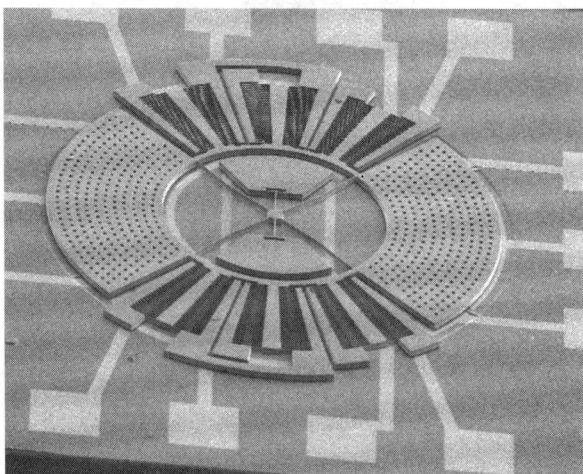

图 2.3　角振动硅微机械陀螺

角振动陀螺的特点是：

（1）敏感方向设计较为灵活,在同一平面内可以设计成敏感任意三个方向的角速度的形式；

（2）易于实现完全对称的差动运动；

（3）在平面结构中支承结构设计灵活较差,不利于减小平面结构的限制所造成的不利影响；

（4）结构形式设计自由度较小,不利于设计误差消除结构；

（5）无法避免具有压膜阻尼的运动方式；

（6）采用硅为基片时,分布电容的影响较大。

21

2.1.2.3 振动环(盘)式

振动环(盘)式陀螺的敏感元件为一个圆环(盘),由若干径向弹性支承支撑(图 2.4),其驱动运动为沿两个互相垂直的径向对称振动,且两个方向的振动方向相反。其敏感轴方向为圆环(盘)的轴向,当无角速度输入时,圆环(盘)上与驱动方向成 45°的方向处的振动为零,当有角速度输入时,该处产生与角速度成正比的振动,从而可以敏感角速度。

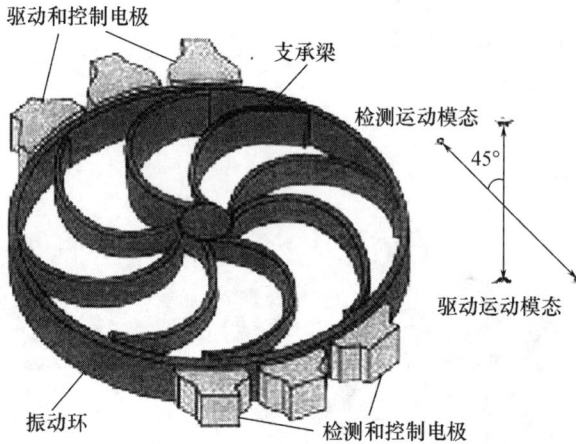

图 2.4　振动环硅微机械陀螺

振动环陀螺的特点是:

(1) 只能设计为敏感与基片垂直方向的角速度的形式;

(2) 易于实现高 Q 振动;

(3) 具有单点支承和全对称的优点,有利于克服温度、振动等导致的误差;

(4) 工作模态为高阶模态,设计难度较大;

(5) 因受圆环结构形状限制,其检测和加力电容较小,检测和控制难度较大。

2.1.3 振动式硅微机械陀螺动力学方程

2.1.3.1 单质量振动式硅微机械陀螺动力学方程

以图 2.1 所示的线振动式硅微机械陀螺的原理模型为基础建立其坐标系,如图 2.5 所示。Ox_iy_i 为惯性空间参考坐标系 i 系,Ox_by_b 为陀螺载体坐标系 b 系。其中 x_b 和 y_b 是陀螺敏感质量的质心在载体坐标系 b 系中的坐标,x_{bi} 和 y_{bi} 是载体坐标系的原点在惯性坐标系中的坐标;Q 为陀螺载体坐标系与惯性坐标系之间的夹角。

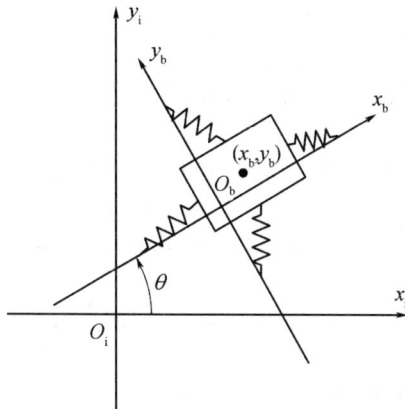

图 2.5　惯性坐标系和载体坐标系

为分析线振动陀螺的微分方程,可采用拉格朗日方程进行求解

$$\frac{\mathrm{d}}{\mathrm{d}t}\left(\frac{\partial T}{\partial \dot{q}}\right) - \frac{\partial T}{\partial q} = Q \qquad (2.2)$$

式中:T 为质点系动能;q 为广义位移;Q 为广义力。

从 b 系到 i 系的位移和速度关系如下

$$\begin{cases} x_i = x_{bi} + x_b\cos\theta - y_b\sin\theta \\ y_i = y_{bi} + x_b\sin\theta + y_b\cos\theta \end{cases} \qquad (2.3)$$

$$\begin{cases} v_{xi} = \dot{x}_{bi} + \dot{x}_b\cos\theta - x_b\dot{\theta}\sin\theta - \dot{y}_b\sin\theta - y_b\dot{\theta}\cos\theta \\ v_{yi} = \dot{y}_{bi} + \dot{x}_b\sin\theta + x_b\dot{\theta}\cos\theta + \dot{y}_b\cos\theta - y_b\dot{\theta}\sin\theta \end{cases} \qquad (2.4)$$

式中:x_i,y_i 分别为陀螺在惯性坐标系下沿 X 和 Y 方向的位移:v_{xi},v_{yi} 分别为陀螺在惯性坐标系下沿 X 和 Y 方向运动的速率。

系统的动能为

$$\begin{aligned} T &= \frac{1}{2}mv_{xi}^2 + \frac{1}{2}mv_{yi}^2 + \frac{1}{2}J_c\dot{\theta}^2 \\ &= \frac{1}{2}m(\dot{x}_{bi} + \dot{x}\cos\theta - x\dot{\theta}\sin\theta - \dot{y}\sin\theta - y\dot{\theta}\cos\theta)^2 + \\ &\quad \frac{1}{2}m(\dot{y}_{bi} + \dot{x}\sin\theta + x\dot{\theta}\cos\theta + \dot{y}\cos\theta - y\dot{\theta}\sin\theta)^2 + \frac{1}{2}J_c\dot{\theta}^2 \qquad (2.5) \end{aligned}$$

式中,J_c 为陀螺绕 Z 轴的转动惯量。因此

$$\frac{\mathrm{d}}{\mathrm{d}t}\left(\frac{\partial}{\partial \dot{x}}\right) = \frac{\mathrm{d}}{\mathrm{d}t}\left[m(\dot{x}_b - y_b\dot{\theta} + \dot{x}_{bi}\cos\theta + \dot{y}_{bi}\sin\theta)\right]$$

$$= m\ddot{x}_b - m\dot{\theta}\dot{y}_b - m\ddot{\theta}y_b + m\ddot{x}_{bi}\cos\theta - m\dot{\theta}\dot{x}_{bi}\sin\theta +$$

$$m\ddot{y}_{bi}\sin\theta - m\dot{\theta}\dot{y}_{bi}\cos\theta$$

$$\frac{\partial T}{\partial x} = m\dot{\theta}(x_b\dot{\theta} + \dot{y}_b - \dot{x}_{bi}\dot{\theta}\sin\theta + \dot{y}_{bi}\cos\theta)$$

$$\frac{\mathrm{d}}{\mathrm{d}t}\left(\frac{\partial T}{\partial \dot{y}}\right) = \frac{\mathrm{d}}{\mathrm{d}t}\left[m(\dot{y}_b - x_b\dot{\theta} - \dot{x}_{bi}\sin\theta + \dot{y}_{bi}\cos\theta)\right]$$

$$= m\ddot{y}_b - m\dot{\theta}\dot{x}_b - m\ddot{\theta}x_b - m\ddot{x}_{bi}\sin\theta - m\dot{\theta}\dot{x}_{bi}\cos\theta +$$

$$m\ddot{y}_{bi}\cos\theta - m\dot{\theta}\dot{y}_{bi}\sin\theta$$

$$\frac{\partial T}{\partial y} = m\dot{\theta}(y_b\dot{\theta} - \dot{x}_b - \dot{x}_{bi}\dot{\theta}\cos\theta - \dot{y}_{bi}\sin\theta)$$

利用拉格朗日方程(2.2)可得

$$\begin{cases} m\ddot{x}_b - 2m\dot{\theta}\dot{y}_b - m\ddot{\theta}y_b - m\dot{\theta}^2x_b + m\ddot{x}_{bi}\cos\theta + m\ddot{y}_{bi}\sin\theta = F_{x_b} \\ m\ddot{y}_b + 2m\dot{\theta}\dot{x}_b + m\ddot{\theta}x_b - m\dot{\theta}^2y_b - m\ddot{x}_{bi}\sin\theta + m\ddot{y}_{bi}\cos\theta = F_{y_b} \end{cases} \quad (2.6)$$

式中:F_{x_b}、F_{y_b} 分别为 b 系中 x_b、y_b 方向静电力、弹性力和阻尼力的总和,可表示为,即下式中右边项分别为 b 系中陀螺在 x 和 y 方向所受的静电力、弹性力和阻尼力。

$$\begin{cases} F_{x_b} = f_{exb} - k_x x_b - B_x \dot{x}_b \\ F_{y_b} = f_{eyb} - k_y y_b - B_y \dot{y}_b \end{cases} \quad (2.7)$$

即 f_{adx_b},f_{ady_b} 分别为载体坐标系下陀螺沿 X、Y 方向受到的由线加速度导致的惯性力。因此,得到完整的线振动式微机械陀螺动力学方程如下:

$$\begin{cases} m\ddot{y}_b + B_y\dot{y}_b + 2m\dot{\theta}\dot{x}_b + m\ddot{\theta}x_b - m\dot{\theta}^2y_b + k_y y_b = f_{ey} + f_{ady_b} \\ m\ddot{x}_b + B_x\dot{x}_b - 2m\dot{\theta}\dot{y}_b - m\ddot{\theta}y_b - m\dot{\theta}^2x_b + k_x x_b = f_{ex} + f_{adx_b} \end{cases} \quad (2.8)$$

因为在实际线振动陀螺中 $\dot{x}_b$ 和 x_b 为小量,因此 y_b 方向的科氏力 $2m\dot{\theta}\dot{x}_b$ 和切向力 $m\ddot{\theta}x_b$ 可忽略;在检测轴 x_b 轴,又 $m\dot{\theta}^2 \ll k_y = m\omega_{ny}^2$,$m\dot{\theta}^2 \ll k_x = m\omega_{nx}^2$ 且其作用力为谐振频率的 2 倍频,因此可忽略;外界角速度输入的带宽一般远小于驱动频率,故 $m\ddot{\theta}y \ll 2m\dot{\theta}\dot{y}$,而且在相位上 $m\ddot{\theta}y$ 和 $2m\dot{\theta}\dot{y}$ 相差 $90°$,通过相敏解调可被抑制,因此可以忽略。最终得到简化方程如下:

$$\begin{cases} m\ddot{y}_b + B_y \dot{y}_b + k_y y_b = f_{ey} + f_{ady_b} \\ m\ddot{x}_b + B_x \dot{x}_b + k_x x_b = f_{ex} + f_{adx_b} + f_{cx_b} \end{cases} \tag{2.9}$$

式中：x_b 轴向的科氏力 $f_{cx_b} = 2m\dot{\theta}\dot{y}_b$。

在不考虑机电耦合作用造成的电刚度及其非线性作用和检测信号的静电力作用情况下，根据式(2.9)，驱动模态和检测模态均为线性二阶系统，则可以写出两模态力到位移之间的传递函数为

$$\begin{cases} \dfrac{Y_b(s)}{F_{y_b}(s)} = \dfrac{1}{ms^2 + B_y s + K_y} = \dfrac{1/m}{s^2 + 2\zeta_y \omega_{nd} s + \omega_{nd}^2} \\ \dfrac{X_b(s)}{F_{x_b}(s)} = \dfrac{1}{ms^2 + B_x s + K_x} = \dfrac{1/m}{s^2 + 2\zeta_x \omega_{ns} s + \omega_{ns}^2} \end{cases} \tag{2.10}$$

此二阶系统的幅频特性为

$$\begin{cases} A_{y_b}(\omega) = \dfrac{1/m}{\sqrt{(\omega_{nd}^2 - \omega^2)^2 + (\omega_{nd}\omega/Q_d)^2}} \\ A_{x_b}(\omega) = \dfrac{1/m}{\sqrt{(\omega_{ns}^2 - \omega^2)^2 + (\omega_{ns}\omega/Q_s)^2}} \end{cases} \tag{2.11}$$

相频特性为

$$\begin{cases} \varphi_{y_b}(\omega) = -\arctan \dfrac{\omega_{nd}\omega}{Q_d(\omega_{nd}^2 - \omega^2)} \\ \varphi_{x_b}(\omega) = -\arctan \dfrac{\omega_{ns}\omega}{Q_s(\omega_{ns}^2 - \omega^2)} \end{cases} \tag{2.12}$$

式中

$$\omega_{nd} = \sqrt{k_y/m}$$
$$\omega_{ns} = \sqrt{k_x/m}$$
$$\zeta_y = B_y/(2m\omega_{nd}), Q_d = 1/(2\zeta_y)$$
$$\zeta_x = B_x/(2m\omega_{ns}), Q_s = 1/(2\zeta_x)$$

一般情况下，振动式微机械陀螺均为驱动模态工作在谐振状态下，而检测模态的谐振频率与驱动模态的谐振频率有一个小的频差，则从式(2.11)可以看出，其响应的幅值是随频差变化的，如图2.6所示。

从式(2.12)可以看到，当检测模态的谐振频率等于驱动频率时，检测模态振动的相位与驱动运动同相，当两者不等时，其相差相应地减小或增大，如图2.7所示。

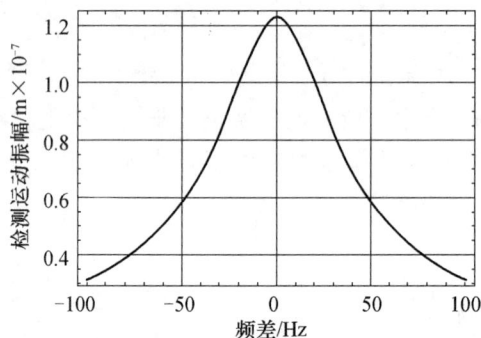

图 2.6　检测运动振幅与检测模态谐振频率和驱动频率频差的关系

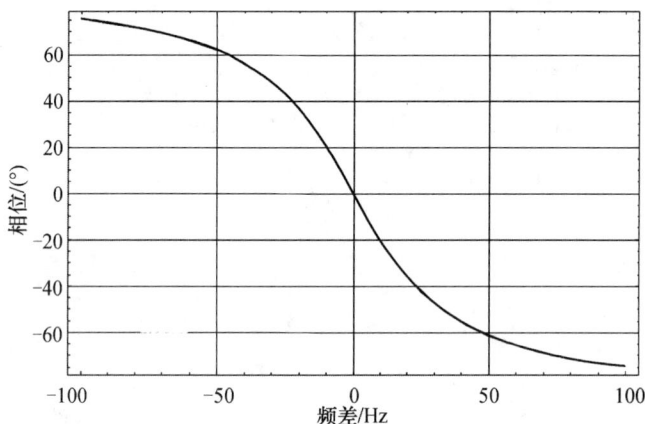

图 2.7　检测运动相位与检测模态谐振频率和驱动频率频差的关系

图 2.8 为不同角速率输入条件下,两轴调谐和两轴谐振频率有差时陀螺振动的仿真曲线。由仿真曲线可看出,只有在两轴调谐的条件下,其 x、y 方向的振动相位才真正满足同相关系。

在一个正常工作的线振动微机械陀螺中,当载体运动线加速度为零时,在驱动模态上仅存在静电力 $f_{ey} = F_d \sin\omega_d t$,$F_d$ 表示静电力幅值,ω_d 表示角频率。在检测模态上仅存在科氏力,则驱动模态的响应如下:

$$y_b(t) = \frac{F_d/m}{\sqrt{(\omega_{nd}^2 - \omega_d^2)^2 + (\omega_{nd}\omega_d/Q_d)^2}} \sin\left(\omega_d t - \arctan\frac{\omega_{nd}\omega_d}{Q_d(\omega_{nd}^2 - \omega_d^2)}\right)$$

$$(2.13)$$

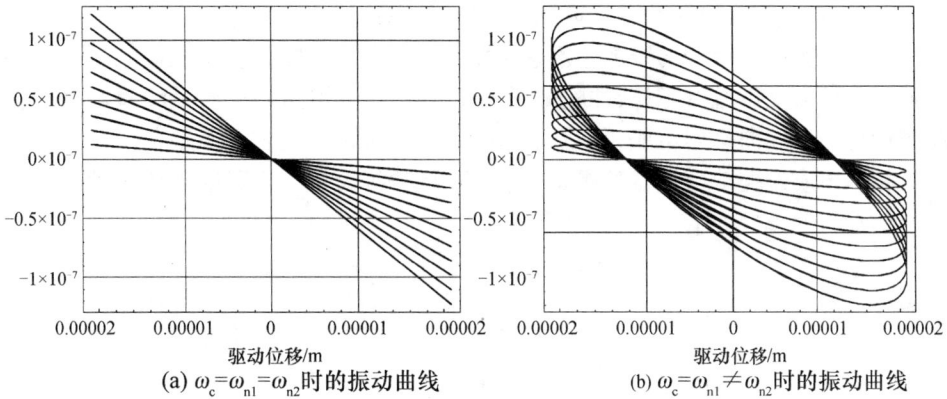

(a) $\omega_c = \omega_{n1} = \omega_{n2}$时的振动曲线　　　　(b) $\omega_c = \omega_{n1} \neq \omega_{n2}$时的振动曲线

图 2.8　不同角速率输入时陀螺振动曲线图

因此

$$\dot{y}(t) = \frac{F_d \omega_d / m}{\sqrt{(\omega_{nd}^2 - \omega_d^2)^2 + (\omega_{nd}\omega_d / Q_d)^2}} \cos\left(\omega_d t - \arctan\frac{\omega_{nd}\omega_d}{Q_d(\omega_{nd}^2 - \omega_d^2)}\right)$$

(2.14)

科氏力为

$$f_{cx_b} = \frac{2F_d \omega_d \Omega}{\sqrt{(\omega_{nd}^2 - \omega_d^2)^2 + (\omega_{nd}\omega_d / Q_d)^2}} \cos\left(\omega_d t - \arctan\frac{\omega_{nd}\omega_d}{Q_d(\omega_{nd}^2 - \omega_d^2)}\right)$$

(2.15)

式中:载体坐标系沿惯性坐标系转动的角速度

$$\Omega = \dot{\theta}$$

检测模态的响应为

$$x_b(t) = \frac{2F_d \omega_d \Omega / m}{\sqrt{(\omega_{nd}^2 - \omega_d^2)^2 + (\omega_{nd}\omega_d / Q_d)^2}\sqrt{(\omega_{ns}^2 - \omega_d^2)^2 + \left(\frac{\omega_{ns}\omega_d}{Q_s}\right)^2}}$$

$$\cdot \cos\left(\omega_d t - \arctan\frac{\omega_{nd}\omega_d}{Q_d(\omega_{nd}^2 - \omega_d^2)} - \arctan\frac{\omega_{ns}\omega_d}{Q_s(\omega_{ns}^2 - \omega_d^2)}\right) \quad (2.16)$$

式(2.17)表明,检测模态的运动为余弦振动,其幅度与载体运动角速度成正比,频率与驱动运动同频,但有一定相位滞后。因此如果驱动幅度稳定,检测模态的运动幅度可以反映载体运动角速度的大小[1]。

2.1.3.2 双质量差动振动微机械陀螺动力学方程

为了克服载体运动的线加速度造成的干扰,将单质量振动微机械陀螺改进为双质量差动振动微机械陀螺,即陀螺由两个参数完全相同的单质量线振动微机械陀螺敏感结构同向排列组成,其驱动力的幅度大小相等,方向相反。

根据单质量振动微机械陀螺的动力学模型式(2.9),双质量差动振动微机械陀螺的动力学模型如下

$$\begin{cases} m\ddot{y}_{b1} + B_y\dot{y}_{b1} + k_yy_{b1} = f_{ey} + f_{ady_b} \\ m\ddot{y}_{b2} + B_y\dot{y}_{b2} + k_yy_{b2} = -f_{ey} + f_{ady_b} \\ m\ddot{x}_{b1} + B_x\dot{x}_{b1} + k_xx_{b1} = f_{ex} + f_{adx_b} + f_{cx_b} \\ m\ddot{x}_{b2} + B_x\dot{x}_{b2} + k_xx_{b2} = -f_{ex} + f_{adx_b} + f_{cx_b} \end{cases} \tag{2.17}$$

式中:下角1、2分别表示第1、2个质量块。

双质量差动振动陀螺的输出是两个敏感结构的检测运动的差,因此其最终输出运动为

$$\begin{aligned} x_{bo}(t) &= x_{b1}(t) - x_{b2}(t) \\ &= 4m\Omega A_{x_b}(\omega_d)A_{y_b}(\omega_d)F_d\omega_d\cos(\omega_d t + \varphi_{y_b\omega_d} + \varphi_{x_b\omega_d}) \\ &= \frac{4\Omega F_d\omega_d/m}{\sqrt{(\omega_{nd}^2 - \omega^2)^2 + (\omega_{nd}\omega/Q_d)^2}\sqrt{(\omega_{ns}^2 - \omega^2)^2 + (\omega_{ns}\omega/Q_s)^2}} \\ &\quad \cdot \cos\left(\omega_d t - \arctan\frac{\omega_{nd}\omega}{Q_d(\omega_{nd}^2 - \omega^2)} - \arctan\frac{\omega_{ns}\omega}{Q_s(\omega_{ns}^2 - \omega^2)}\right) \end{aligned} \tag{2.18}$$

2.1.4 线振动微机械陀螺的动态输出特性

本节继续推导线振动陀螺在动态输入的条件下的输出与输入角速度之间的关系,并推导信号处理的要求。

2.1.4.1 检测模态位移与输入角速度的关系

在实际微机械陀螺中,驱动模态通过闭环控制,使之稳定的振荡在其谐振频率上,因此为了简单起见,不妨设驱动模态的振动位移为 $y_b(t) = A_d\sin\omega_d t$,则驱动模态振动速度为 $\dot{y}_b(t) = A_d\omega_d\cos\omega_d t$,其中 A_d 为角振动振幅,ω_d 为角振动的角频率。考虑到角速度输入的动态特性,不失一般性,设输入角速度 $\Omega(t) = \Omega_b\sin(\lambda t + \delta)$,幅值为 Ω_b,角频率为 λ,相位为 δ。作用在检测模态上的科氏力为

$$\begin{aligned} F_c &= 2m\dot{y}_b(t)\Omega(t) = 2m\Omega_b A_d\omega_d\cos\omega_d t\sin(\lambda t + \delta) \\ &= mA_d\omega_d\Omega_b\{\sin[(\omega_d + \lambda)t + \delta] - \sin[(\omega_d - \lambda)t - \delta]\} \end{aligned} \tag{2.19}$$

由于检测模态可以认为是线性系统,所以叠加原理成立。对于科氏力的两个

频率的分量,检测模态的响应分别为

$$x_{bo1}(t) = A_{xb_1}A_d\omega_d\Omega_b\sin[(\omega_d + \lambda)t + \delta + \varphi_1] \tag{2.20}$$

$$x_{bo2}(t) = -A_{xb_1}A_d\omega_d\Omega_b\sin[(\omega_d - \lambda)t - \delta + \varphi_2] \tag{2.21}$$

2.1.4.2 电容检测电路输出与检测模态位移的关系

一般在振动微机械陀螺敏感结构中采用差动梳齿电容检测,在设计范围内,两个检测电容之差与位移的关系可以认为是线性关系,即

$$\Delta C(t) = K_C x(t) \tag{2.22}$$

对于差动电容检测电路,它的输出应正比于电容之差,即有

$$u_s(t) = K_U \Delta C(t)$$

则

$$u_s(t) = K_C K_U x(t) = K_{UX} x(t) \tag{2.23}$$

式中:K_C 是从位移到电容差的比例系数;K_U 是从电容差到电压的比例系数;K_{UX} 是从位移到电压的比例系数,$K_C K_U = K_{UX}$。即差动电容检测电路的输出正比于检测模态位移。

根据检测模态位移与输入角速度的关系式(2.20)、式(2.21)和检测电路输出与位移的关系式(2.23),检测电路的两个输出分量分别为

$$u_{s1}(t) = K_{UX}x_{bo1}(t) = -K_{UX}A_{xb_1}A_d\omega_d\Omega_b\sin[(\omega_d + \lambda)t + \delta + \varphi_1] \tag{2.24}$$

$$u_{s2}(t) = K_{UX}x_{bo2}(t) = K_{UX}A_{xb_2}A_d\omega_d\Omega_b\sin[(\omega_d - \lambda)t - \delta + \varphi_2] \tag{2.25}$$

2.1.4.3 陀螺输出与输入角速度的关系

从式(2.24)、式(2.25)可以看到,输入角速度被陀螺驱动轴的振动所调制,所以要以频率为驱动轴振动频率的、相位合适的信号来对检测电路输出信号解调,才能得到反映输入角速度信息的信号。

设用 $\cos(\omega_d t + \gamma)$ 解调,分别有

$$u_{s1}(t)\cos(\omega_d t + \gamma) = -K_{UX}A_{xb_1}A_d\omega_d\Omega_b\sin((\omega_d + \lambda)t + \delta + \varphi_1)\cos(\omega_d t + \gamma)$$

$$= -\frac{1}{2}K_{UX}A_{xb_1}A_d\omega_d\Omega_b(\sin((2\omega_d + \lambda)t + \delta + \varphi_1 + \gamma) +$$

$$\sin(\lambda t + \delta + \varphi_1 - \gamma))$$

$$u_{s2}(t)\cos(\omega_d t + \gamma) = -K_{UX}A_{xb_2}A_d\omega_d\Omega_b\sin((\omega_d - \lambda)t - \delta + \varphi_2)\cos(\omega_d t + \gamma)$$

$$= -\frac{1}{2}K_{UX}A_{xb_2}A_d\omega_d\Omega_b(\sin((2\omega_d - \lambda)t - \delta + \varphi_2 + \gamma) -$$

$$\sin(\lambda t + \delta - \varphi_2 + \gamma))$$

由于电路中输出滤波器的作用,有效的输出信号只包含上述信号中的低频分量,并叠加得到角速度信号输出如下

$$u_o(t) = -\frac{1}{2}K_{UX}A_d\omega_d\Omega_b\big[A_{x_{b1}}\sin(\lambda t + \delta + \varphi_1 - \gamma) +$$

$$A_{x_{b2}}\sin(\lambda t + \delta - \varphi_2 + \gamma)\big]$$

$$= -\frac{1}{2}K_{UX}A_d\omega_d A_{x_{b0}}\Omega_b\sin(\lambda t + \delta + \gamma') \tag{2.26}$$

式中

$$A_{x_{b0}} = \sqrt{A_{x_{b1}}^2 + A_{x_{b2}}^2 + 2A_{x_{b1}}A_{x_{b2}}\cos(\varphi_1 + \varphi_2 - 2\gamma)}$$

$$\gamma' = \arcsin\left(\frac{A_{x_{b1}}\sin(\varphi_1 - \gamma) + A_{x_{b2}}\sin(-\varphi_2 + \gamma)}{A_{x_{b0}}}\right)$$

令 $\gamma = -\arctan\dfrac{\omega_{ns}\omega_d}{Q_s(\omega_{ns}^2 - \omega_d^2)}$,当 $\lambda = 0$,有 $\varphi_1 = \varphi_2 = \gamma$,则

$$u_o(t) = -\frac{1}{2}K_{UX}A_d\omega_d A_{x_{b0}}\Omega_b\sin(\delta) \tag{2.27}$$

此时解调达到最高效率。

式(2.27)即陀螺输出与输入角速度的关系。$\dfrac{1}{2}K_{UX}A_d\omega_d A_{x_{b0}}$ 是陀螺输出与输入角速度之间的幅频特性,γ' 是相频特性。

2.1.5 小结

本章推导了线振动微机械陀螺动力学方程,说明了振动式硅微机械陀螺的基本原理和动力学模型,导出了陀螺输出与输入角速度之间的关系式,从而可以分析陀螺的动、静态响应。

2.2 敏感结构的设计

2.2.1 材料特性

目前微机械陀螺常用的结构材料为硅和玻璃,单晶硅的物理特性各向异性,常用的玻璃为 pyrex7740。

单晶硅的刚度系数矩阵为

$$\begin{bmatrix} 165.7 & 63.9 & 63.9 & & & \\ 63.9 & 165.7 & 63.9 & & & \\ 63.9 & 63.9 & 165.7 & & & \\ & & & 79.6 & & \\ & & & & 79.6 & \\ & & & & & 79.6 \end{bmatrix} \times 10^3 \quad (MPa) \quad (2.28)$$

在[100]、[110]、[111]晶向的弹性模量与剪切模量见表2.1。

表2.1 硅的弹性模量与剪切模量

晶 向	弹性模量/GPa	剪切模量/GPa
[100]	129.5	79.0
[110]	168.0	61.7
[111]	186.5	57.5

硅的密度为 $2.33 \times 10^3 kg/m^3$，在常温下的热膨胀系数为 $2.6 \times 10^{-6}/℃$，300K 下的热导率为 $1.56W/(cm \cdot K)$。

pyrex7740玻璃的弹性模量为62.75 GPa，热膨胀系数为 $3.25 \times 10^{-6}/℃$。

2.2.2 总体设计

对于基于科氏加速度原理的微机械振动陀螺，首要考虑的是陀螺的工作振动模态。振动陀螺的工作模态是两个互相正交的振动模态，其中一个为施加驱动力，使陀螺产生主动运动的模态，简称驱动模态；另一个为在由陀螺载体绕敏感轴旋转时产生的科氏力的作用下，陀螺发生的振动，简称检测轴。

2.2.2.1 驱动轴与检测轴的频率配置

1）检测轴开环工作模式

通常使驱动轴的振动频率为它的自然频率，因为只有这样才能用小的驱动电压达到大的振幅。根据检测轴输出对角速度输入的响应关系，可得到如下结论。

如果驱动轴和检测轴自然频率一致，随检测轴 Q 值的提高，灵敏度提高，带宽降低；灵敏度与 Q 值成正比，带宽与 Q 值成反比。如果驱动轴和检测轴自然频率有差，陀螺输出的带宽基本上取决于频率差；Q 值提高到一定限度后灵敏度增大的幅度很小。

在驱动轴、检测轴频率一致的情况下，如果为了追求高的灵敏度而一味提高 Q 值，带宽必然降低，而且在高 Q 值情况下，在自然频率处幅频、相频特性变化剧烈，当温度变化或真空封装逐渐漏气时，陀螺两轴自然频率和阻尼会有微小的改变，这将导致陀螺标度因子的巨大变化;另外,由于陀螺输出是经过相敏解调得到的,两轴频率特性的改变会导致解调相位不准,从而使陀螺输出产生大的零位和零漂。

两轴频率有差与两轴频率一致的情况相比,低的灵敏度换取了宽的频带,稳定的零位,稳定的标度因子。为了避免陀螺驱动轴自然频率比检测轴高得太多而使陀螺工作在检测轴频率特性的下降段,设计时应使检测轴自然频率比驱动轴高,频率差应稍大于期望的陀螺频带宽度[3]。

2)检测轴闭环工作模式

检测轴工作于力反馈闭环控制模式,可以抑制检测轴模型参数随环境、时间等条件变化而导致的陀螺零位漂移。而且在这种工作模式下,陀螺的带宽被展宽。因此,这时应使检测轴与驱动轴频率相等,以利用检测轴对科氏力的机械放大作用获得高的灵敏度和低的噪声。

2.2.2.2　微机械陀螺的结构噪声

微机械陀螺的结构噪声主要来源于气体分子的无规则运动使结构发生的噪声位移。结构噪声可用下式表示

$$r_{nm} = \frac{1}{2M_0 A_d \omega_d} \sqrt{\frac{4 M_s \omega_{sn} k_B T}{Q_s}} \qquad (2.29)$$

式中:$k_B = 1.38 \times 10^{-23}$,为玻耳兹曼常数;$T$ 为绝对温度;Q_s 为检测轴品质因数;M_0 为能够产生有效科氏力的敏感质量;r_{mn} 为结构噪声,单位为 rad/s。

2.2.2.3　仿真与分析

以微机械陀螺典型结构——双质量块线振动音叉结构方案(图2.9)为例,介绍必须完成的理论分析和仿真计算工作。

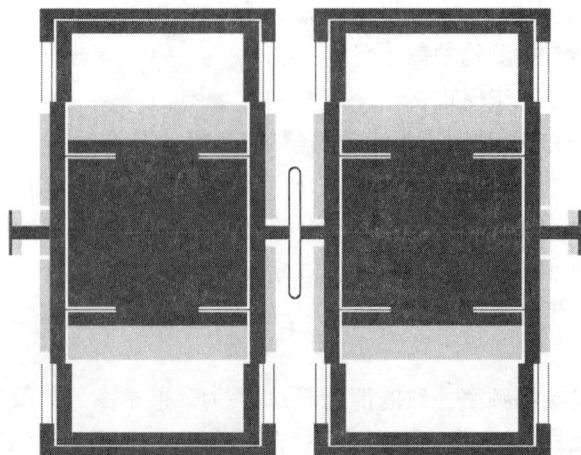

图2.9　微机械陀螺敏感结构示意图

双质量块线振动音叉结构方案采用两个敏感质量块,两个质量块分别通过 4 根检测梁连接到驱动框上;每个驱动框通过各自的驱动梁连接到基片上的固定点,同时两个驱动框之间设计对称的 U 形梁,把两驱动框连接起来。驱动框左右两边设计梳齿驱动器,用于施加静电力,驱动陀螺在 x 方向线振动;同时设计用于检测驱动轴运动的电容检测梳齿。在每个敏感质量块上设计用于检测检测轴运动的梳齿电容器。

1)工作原理

结构的驱动运动方向为 x 方向,敏感轴为 z 轴,检测运动方向为 y 方向。其工作原理为,在静电驱动器上加左右对称的电压,产生对两个驱动框方向相反的静电力,两个驱动框及敏感质量块沿 x 轴反相振动。当陀螺载体绕 z 轴转动时,两个敏感质量块受到方向相反的科氏力,从而沿 y 轴反相振动。检测轴的振动使梳齿电容差动变化,角速度信息体现在电容变化信号中。

2)结构方案特点

(1)驱动轴、检测轴的振动都发生在陀螺结构平面内,阻尼小,Q 值高,有利于做到大振幅、低噪声。

驱动轴主要为滑膜阻尼,检测轴既有滑膜,也有压膜阻尼,但是压膜的面积比较小,而且结构层上下只要有足够的空间,压膜阻尼也比较小。小阻尼对驱动轴的主要作用是可以以相对小的驱动电压产生大振幅,增大陀螺的动量;对检测轴的主要作用是可以降低微机械陀螺的机械噪声;另一个重要作用是降低结构动力学模型随温度、气压等环境条件的变化,提高陀螺的稳定性。

(2)双质量块组成音叉方式,振动方向相反,可以大幅度降低陀螺对外界加速度、振动及声音的敏感性。

图 2.10(a)为单质量块陀螺受阶跃加速度时的仿真响应曲线的示意图,图 2.10(b)为具有结构加工误差的双质量块陀螺对称振动时对阶跃加速度的响应

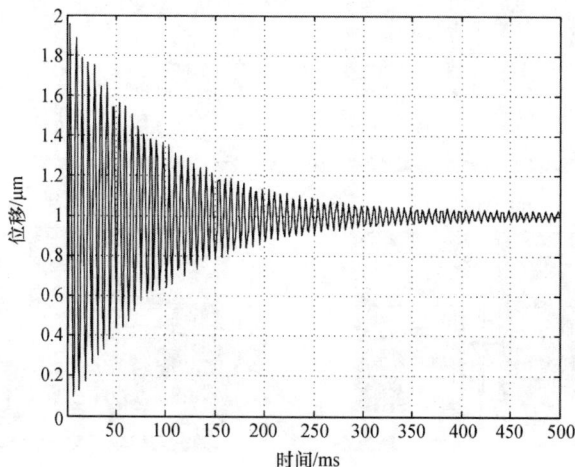

(a) 单质量块

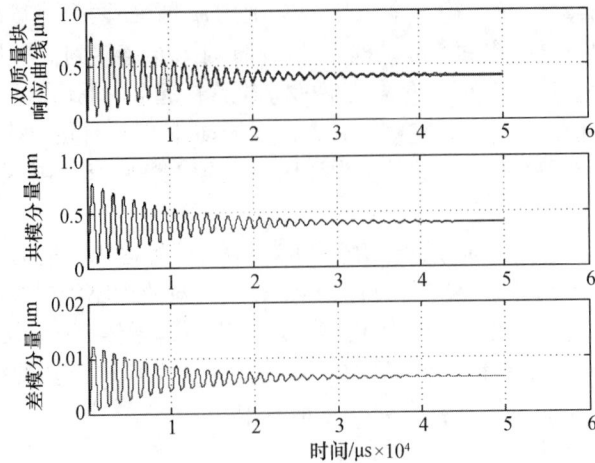

(b) 双质量块差动

图 2.10　单质量和双质量结构的加速度阶跃响应

曲线。可见由于两个质量块对外界加速度激励响应的差动作用,后者对加速度的响应能够比前者降低 1 个数量级以上。

3) 动力学分析

在敏感结构方案确定之后,应对结构的振动模态及频率用结构动力学仿真软件(如 ANSYS) 进行仿真和参数优化。

图 2.11 为敏感结构的模态仿真计算结果的前 6 阶振动模态。

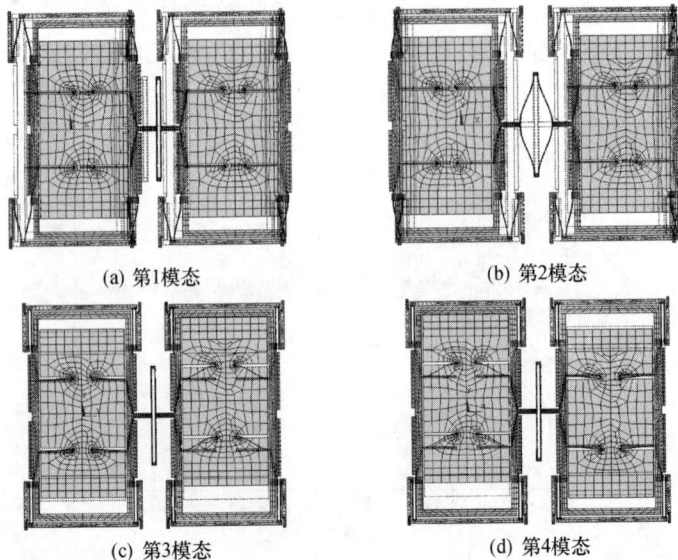

(a) 第1模态

(b) 第2模态

(c) 第3模态

(d) 第4模态

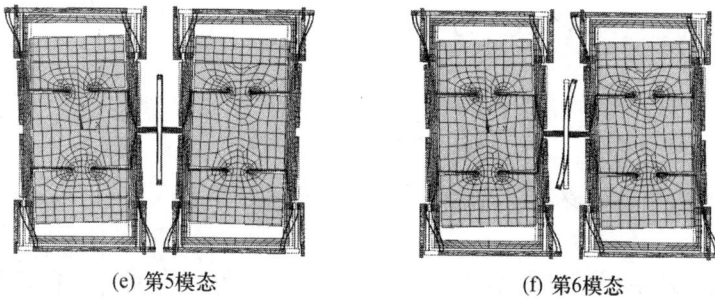

(e) 第5模态   (f) 第6模态

图 2.11　双质量敏感结构的振动模态

表 2.2 为振动模态频率的总结。其中第 1 模态为驱动轴共模振动模态,第 2 模态为驱动轴差模振动模态,即微机械陀螺的工作模态;第 3、4 模态为两个检测轴振动模态。第 5 模态以后的振动频率是第 3、4 模态频率的 4 倍以上,说明非工作模态的刚度比工作模态高 1 个数量级以上,达到了抑制非角速度敏感运动的设计目标。

表 2.2　结构振动模态的频率

SET	频率/Hz	振　型
1	1950.9	驱动共模
2	2896.5	驱动差模
3	3259.0	检测 1
4	3259.1	检测 2
5	14206.0	反相旋转
6	14424.0	同相旋转

2.2.3　关键结构设计

2.2.3.1　叉齿驱动器

"叉齿驱动器"是指利用梳齿状结构间沿齿长方向上静电作用力驱动陀螺振动或实现力反馈平衡的结构。图 2.12 为其示意图。

假设电容的右边一半是固定的,左边一半可以沿 x 方向运动,它们之间加有电势差 U。如果设梳齿间隙为 d,结构厚度为 h,梳齿间初始重叠长度为 x_0,且 $d \ll h$,$d \ll x_0$,把梳齿间的电容作为平板电容,则梳齿间的电容

$$C \approx \frac{2n\varepsilon(x_0 + x)h}{d} \tag{2.30}$$

35

式中:n 为驱动器梳齿的个数;x 为动梳的坐标;ε 为介电常数。

静电力

$$F_x = \frac{1}{2}U^2\frac{\partial C}{\partial x} = \frac{\varepsilon h}{d}nU^2 \qquad (2.31)$$

因此,叉齿驱动器驱动力的大小与动梳、定梳的相对位置无关。

通常成对地使用梳状驱动器,在两个固定梳上加以不同的电压(图2.13),即

$$\begin{cases} u_1 = u_d + u_a\sin\omega_d t \\ u_2 = u_d - u_a\sin\omega_d t \end{cases} \qquad (2.32)$$

式中:u_d、u_a 分别为直流偏置电压和交流驱动电压,则静电力

图 2.12 叉齿驱动器

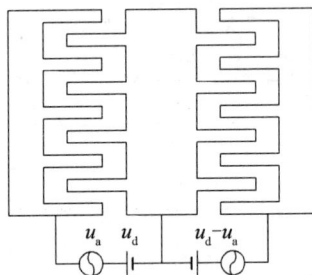

$$F = \frac{\varepsilon h}{d}n(u_1^2 - u_2^2) = \frac{4\varepsilon h}{d}nu_d u_a\sin\omega_d t \qquad (2.33)$$

静电力正比于直流偏置电压和交流驱动电压的乘积。要使在驱动电容上最高电压一定的情况下驱动力最大,或在驱动力一定的情况下使最高电压最小,应使 $u_d = u_a$[2]。

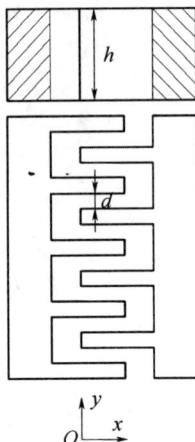

图 2.13 差动驱动

2.2.3.2 偏置梳齿驱动器

偏置梳齿常在微机械结构中用做静电加力或电容检测的方式,如图 2.14 所示。

用以下符号表示其几何尺寸:L——重叠长度,h——厚度,d——小间隙宽度,D——大间隙宽度,x——位移,梳齿重叠面积 $S = Lh$。在左、右固定电极上分别施加电压 u_1、u_2,其中

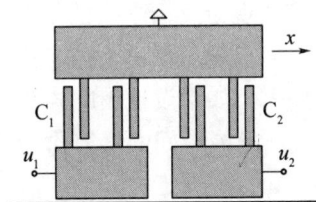

图 2.14 对称偏置梳齿电容

$$\begin{cases} u_1 = u_d + u_a \sin\omega t \\ u_2 = u_d - u_a \sin\omega t \end{cases} \tag{2.34}$$

对左侧的偏置梳齿,设齿数为 n,电容量为

$$C_1(x) = n\varepsilon S\left(\frac{1}{d+x} + \frac{1}{D-x}\right) \tag{2.35}$$

电容上存储的能量为

$$E_1 = \frac{1}{2}C_1(x)u_1^2 = \frac{1}{2}\varepsilon S\left(\frac{1}{d+x} + \frac{1}{D-x}\right)(u_d + u_a\sin\omega t)^2 \tag{2.36}$$

$$E_1 = \frac{1}{2}\varepsilon S\left(\frac{1}{d+x} + \frac{1}{D-x}\right)\left(u_d^2 + \frac{1}{2}u_a^2 + 2u_d u_a\sin\omega t - \frac{1}{2}u_a^2\cos2\omega t\right) \tag{2.37}$$

则静电力为

$$F_1 = -\frac{\partial E}{\partial x} = \frac{1}{2}\varepsilon S\left[\frac{-1}{(d+x)^2} + \frac{1}{(D-x)^2}\right]$$
$$\left(u_d^2 + \frac{1}{2}u_a^2 + 2u_d u_a\sin\omega t - \frac{1}{2}u_a^2\cos2\omega t\right) \tag{2.38}$$

当 $x \ll d$ 时,有

$$F_1 \approx \frac{1}{2}\varepsilon S\left[-\frac{1}{d^2} + \frac{1}{D^2} + 2\left(\frac{1}{d^3} + \frac{1}{D^3}\right)x\right]$$
$$\left(u_d^2 + \frac{1}{2}u_a^2 + 2u_d u_a\sin\omega t - \frac{1}{2}u_a^2\cos2\omega t\right) \tag{2.39}$$

假设 $u_a = 0$,有

$$F_1 = \frac{1}{2}\varepsilon S\left[-\frac{1}{d^2} + \frac{1}{D^2} + 2\left(\frac{1}{d^3} + \frac{1}{D^3}\right)x\right]u_d^2 \tag{2.40}$$

可见除了与位移无关的常值力外,还有一项与 x 成正比,且力的方向与 x 相同。因此这个力在性质上是弹簧力,但与机械弹簧不同的是,其刚度为负值。

$$K_{E1} = -\varepsilon S\left(\frac{1}{d^3} + \frac{1}{D^3}\right)u_d^2 \tag{2.41}$$

如果采用对称布置的偏置梳齿,与上面类似,考虑右侧偏置梳齿产生的静电力,并将两侧梳齿的静电力求和,则得到总的静电力为

$$F = \frac{1}{2}\varepsilon S\left[-4\left(\frac{1}{d^2} - \frac{1}{D^2}\right)u_d u_a\sin\omega t + 4\left(\frac{x}{d^3} + \frac{x}{D^3}\right)\left(u_d^2 + \frac{1}{2}u_a^2 - \frac{1}{2}u_a^2\cos2\omega t\right)\right] \tag{2.42}$$

从产生驱动力的角度,要靠式(2.42)中第一项,即

$$F_{u} = -2\varepsilon S\left(\frac{1}{d^2} - \frac{1}{D^2}\right)u_d u_a \sin\omega t \qquad (2.43)$$

式(2.42)第二项的性质是静电负弹簧,因为它与位移 x 成正比。

2.2.3.3　弹性梁

由于微机械陀螺的结构及其工作模态的类型很多,因而梁的结构形式也多种多样。从主要受力情况的角度,可分为受弯矩和受扭矩。梁的模型均为弹簧,从提供的敏感结构运动自由度形式的角度,可分为平动弹簧和转动弹簧;从提供的运动自由度数量的角度,可分为单自由度和多自由度弹簧。

1) 梁结构的力—位移特性

根据所设计的具体陀螺结构,对梁的力—位移特性可能有不同的要求。大多数情况下要求力与位移为线性关系,即即使在大位移下,梁的刚度也为常数。但由于微结构的变形相对于其自身的尺度常常属于大变形,所以有可能由于结构设计的不合理而使力—位移关系为非线性。这种情况一般在梁的两端都有结构约束时发生,梁的刚度随着变形的增大而增大,或称之为"硬弹簧"。可用下式表示力—位移关系:

$$F_m = K_1 x + K_3 x^2 \qquad (2.44)$$

具有硬弹簧特性的质量–弹簧–阻尼系统,具有非线性振动特性。其非线性振动的表现形式主要有两点:

(1) 自然频率与振动幅度相关,振幅越大自然频率也越高;

(2) 频率响应特性曲线在大振幅下可能出现突跳[4]。

2) 梁结构的温度稳定性

梁结构是陀螺受力中的关键结构,其状态的稳定性会直接影响陀螺的稳定性。主要考虑的是在温度变化时梁的模型的变化,即温度造成的梁中的应力、应变情况;由应力、应变的发生导致的梁的刚度的变化;由应力、应变的发生导致的梁的耦合刚度的变化。通常减小温度影响的方法有两种:在梁的一端适当削弱结构约束;或采用类似于"几"字形的结构,使梁的一端完全自由。

图 2.15 为一些常见的梁结构。

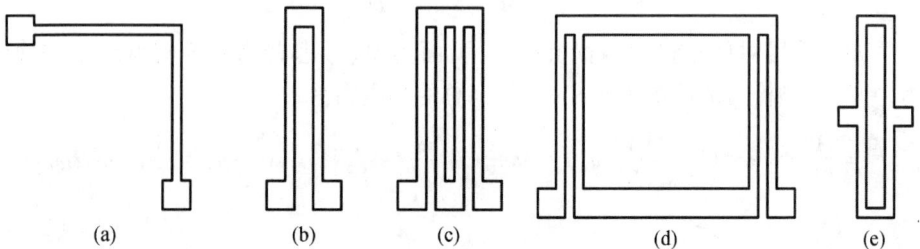

图 2.15　常见的梁结构

图 2.15(b)、(c)、(d)、(e)所示的梁均具有自动释放梁中应力的特性。

2.2.3.4　结构特性测试

结构的主要振动特性包括驱动轴的传递函数、检测轴的传递函数和驱动—检测耦合传递函数。对这三种特性进行测试的框图可以图 2.16 表示。动态信号分析仪发生频率逐渐变化的正弦信号,驱动电路把它放大,驱动陀螺振动,位移检测电路把测到的位移返给信号分析仪,信号分析仪计算得到振动特性。

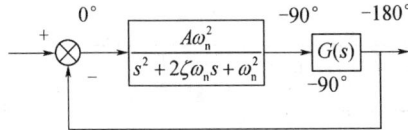

图 2.16　陀螺振动特性测试框图

1）驱动轴振动特性

在驱动轴加静电力,检测驱动轴振动位移。例如图 2.17 为双质量线振动音叉结构的驱动轴频率响应特性,其中图 2.17(a)为在差模振动频率附近的特性,图 2.17(b)为在共模振动频率附近的特性。

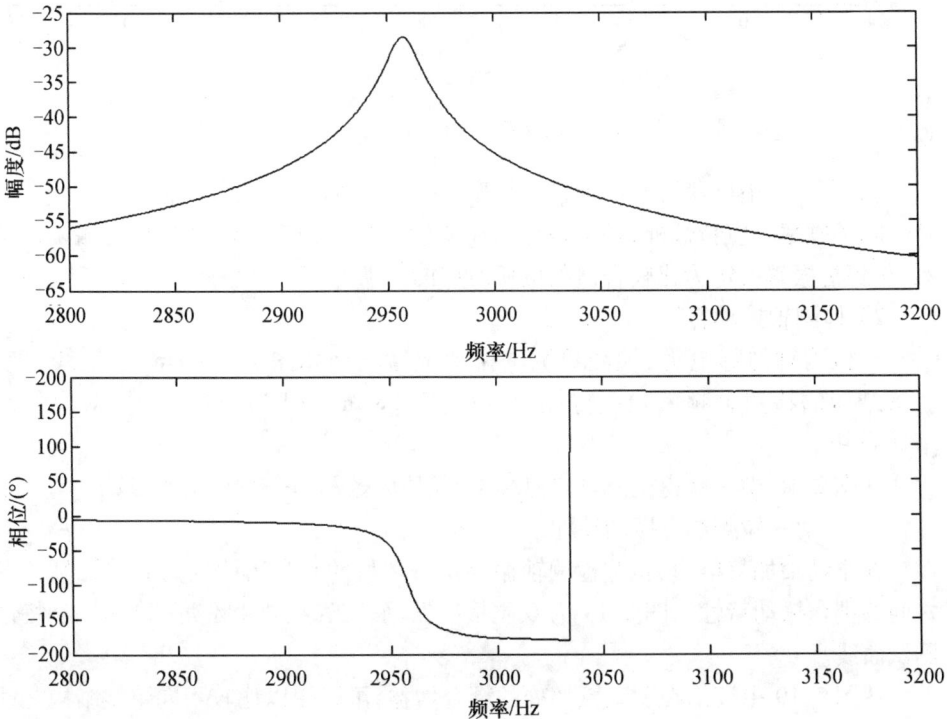

(a) 差模振动频率附近

39

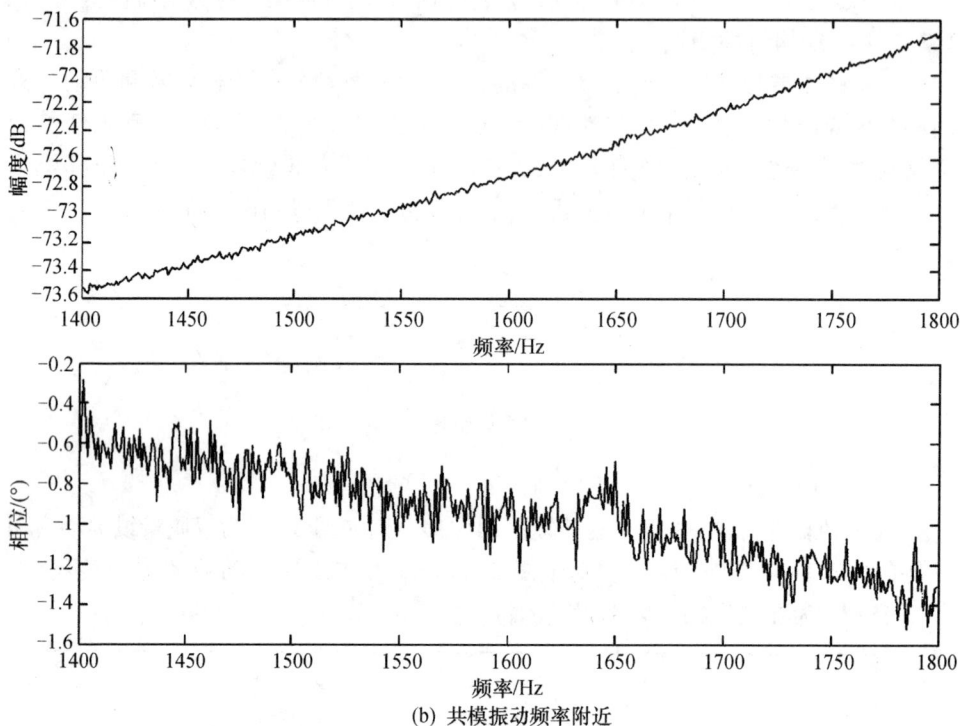

(b) 共模振动频率附近

图 2.17 双质量线振动音叉结构驱动轴频率响应特性

从图 2.17 中可获得驱动轴自然频率、品质因数和力—位移增益参数。

除了频率响应特性外,还应该测试在驱动轴自然频率处驱动电压与振幅的关系,得到把振幅设定为比较合适的值所对应的驱动电压。

2)检测轴振动特性

在检测轴加静电力,检测检测轴振动位移。例如图 2.18 为双质量线振动音叉结构的检测轴频率响应特性,其中图 2.18(a)、图 2.18(b)分别对应于两个质量块。

从图 2.18 中可获得检测轴自然频率、品质因数和力—位移增益参数。

3)驱动—检测耦合振动特性

在驱动轴加静电力,检测检测轴振动位移。目的是获得驱动力到检测轴位移之间的耦合振动特性。图 2.19 为双质量线振动音叉结构的驱动—检测耦合特性测试曲线。

从图 2.19 中读出在驱动频率处的耦合增益,可以用以比较不同陀螺结构之间耦合误差的相对大小,分析结构的加工误差[5]。

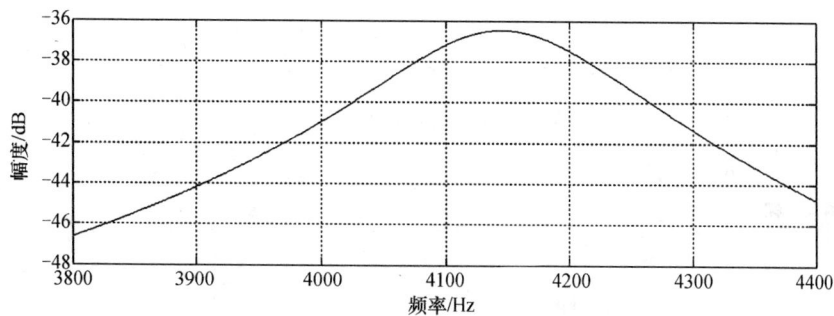

SS110

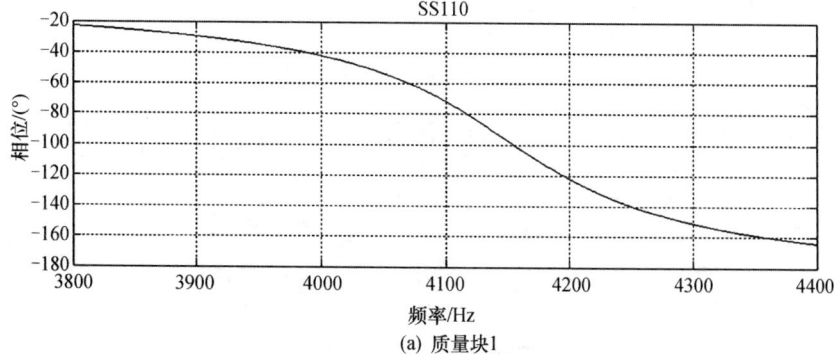

(a) 质量块1

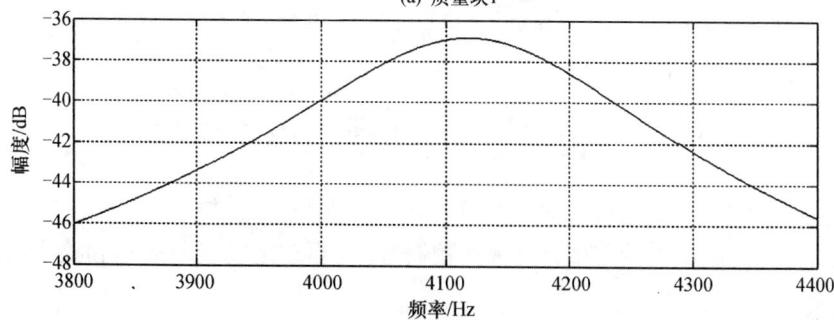

SS210

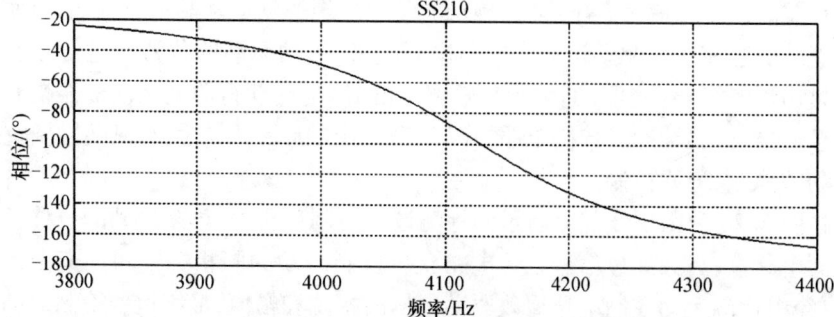

(b) 质量块2

图 2.18　检测轴频率特性

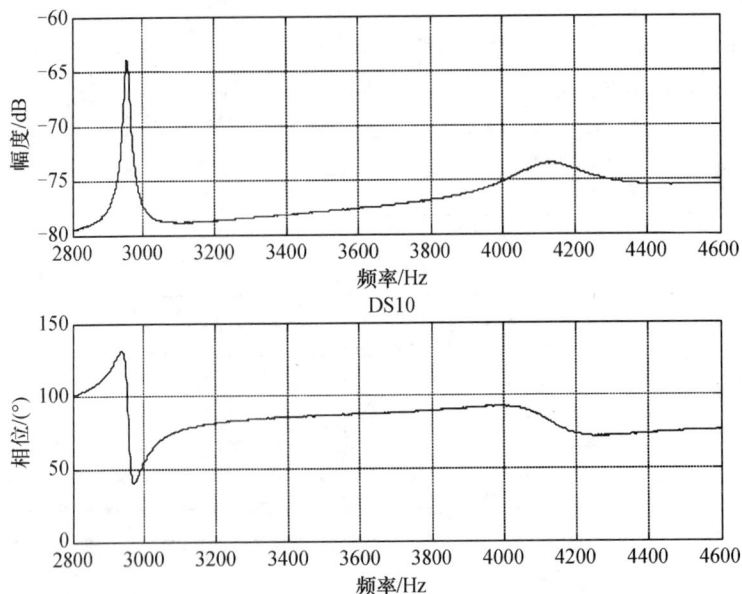

图 2.19　双质量线振动音叉结构的驱动—检测耦合特性测试曲线

2.3　信号检测、处理和运动控制

典型的硅微机械陀螺的信号检测与运动控制电路总体构成可以参考图 2.20 所示的框图。硅微机械陀螺具有两路控制环路:驱动运动控制环路和检测运动控制环路。

在驱动运动控制环路中,通过施加驱动电压至驱动运动驱动电极上,迫使微机械陀螺的敏感质量在驱动运动方向上振动起来;驱动运动的位移通过信号检测电路读出,并经过信号处理(通常为相敏解调电路)电路获得驱动运动的振幅和相位等信息,再经由驱动运动控制电路更改驱动电压的频率和幅值实现微机械陀螺驱动运动的稳频、稳幅控制。

在图 2.20 中由虚线部分所示的检测运动控制环路中,检测运动的位移通过信号检测电路读出,并经过信号处理电路获得检测运动的同相振幅和正交振幅等信息,再经由检测运动控制电路更改驱动电压的相位和幅值,最终迫使检测运动位移为 0。该控制环路也称为力平衡闭环。如果信号处理电路之后不经由检测运动控制电路而直接输出,则此时陀螺工作在开环方式[6]。

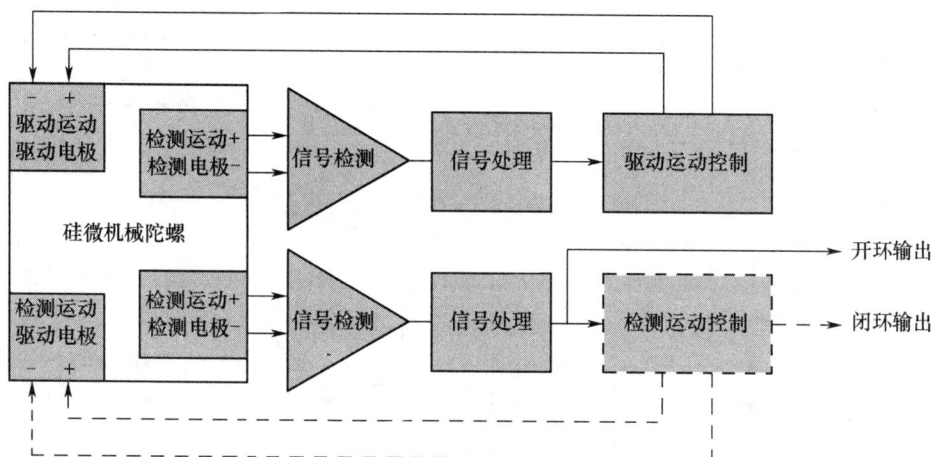

图 2.20　微机械陀螺总体测控框图

2.3.1　微小电容检测技术

目前,硅微机械陀螺信号检测的主流检测方法为微小电容检测法。微小电容检测法本质是通过检测一对差分电容的微小变化量来反映结构的微小位移变化量,因此微小电容检测电路所能达到的分辨率、稳定性等指标直接影响微机械陀螺所能达到的性能。

微小电容检测电路大致有三种形式:高阻电压放大电路、电荷放大器和环形二极管检测电路。不同形式的电容检测电路经适当转换均可参考这三种形式的电路分析方法给出相关设计优化准则。

2.3.1.1　双载波高阻电压放大电路

如图 2.21 所示,两路幅度相等、相位相反的载波分别施加到差动电容 C_{01}、C_{02} 的两端,检测信号从公共极板引出,通过电阻 R_0 分压,经运算放大器放大后输出电压 U_o,此电压信号是被载波所调制的信号,通过乘法解调电路可恢复出反映陀螺位移变化的交流信号。图中 $(C_p + C_g)$ 为陀螺信号引出线的对地分布电容与运算放大器输入端对地分布电容之和。

若假设载波幅值为 U_{carr},频率为 f_{cs},当载波频率较高,且 R_0 和 $(2C_0 + C_p + C_g)$ 较大时,则差分电容与输出电压 U_o 之间的关系为

$$U_o = -\frac{2\Delta C}{2C_0 + C_p + C_g}\left(1 + \frac{R_2}{R_1}\right)U_{carr} \tag{2.45}$$

由此可见,U_o 与 U_{carr} 同频,需经过相敏检波才能得到反映陀螺运动的电压信号。

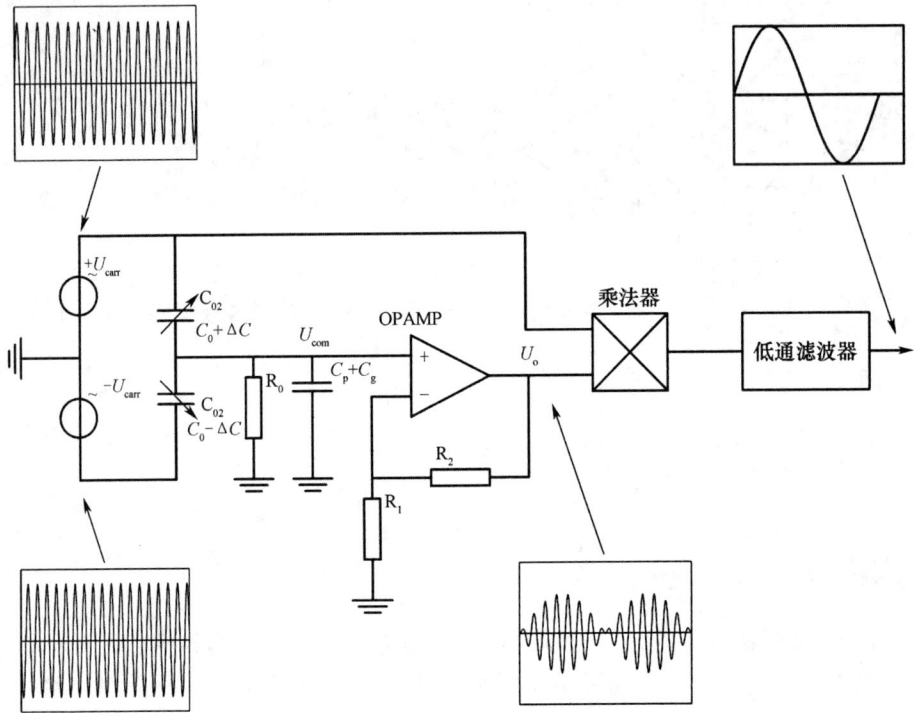

图 2.21　双载波高阻电压放大电路

2.3.1.2　电荷放大电路

电荷放大器经常用于电容测量,利用电荷放大器作为微机械陀螺的信号检测电路有很多变种形式,其分析方式基本相同。图 2.22 所示为一种采用正负直流参考电压的电荷放大电路,其中电阻 R_f 提供一个大的直流增益以使系统稳定,其阻值很大,反馈电容 C_f 用于设定电荷放大器的交流放大倍数,一般电容值较小。

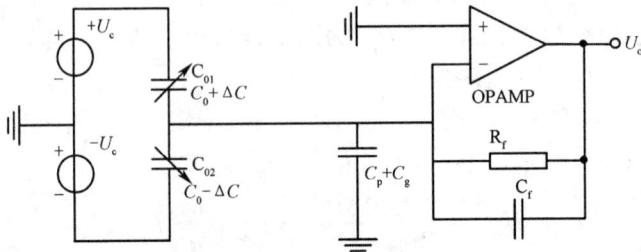

图 2.22　双端输入单端输出型电荷放大器

其输入输出关系如下

$$U_o = U_c \frac{2\Delta C}{C_f} \frac{R_f C_f s}{R_f C_f s + 1} \tag{2.46}$$

在陀螺工作频率范围内,一般取 R_f 足够大,以使 $R_f C_f s \gg 1$,因此式(2.46)可简化为

$$U_o \approx \frac{2\Delta C}{C_f} U_c \tag{2.47}$$

注意到 U_c 为直流参考电压,因此该电路输出直接反映了陀螺敏感质量运动位移[1]。

2.3.1.3 环形二极管检测电路

图 2.23 为环形二极管前置放大器原理图,其中假设 4 个环形二极管特性完全相同,其导通压降均为 U_D,电阻 $R_1 = R_2 = R$,电容 $C_1 = C_2 = C \gg C_0$,为简化分析,假设载波 U_{carr} 为方波,其数学表示为 $U_{carr} = U_c \cdot \text{SQUARE}(\omega_c)$ 其中 $\text{SQUARE}(\omega_c)$ 表示幅值为 1、频率为 ω_c 的方波,$U_c > U_D$。

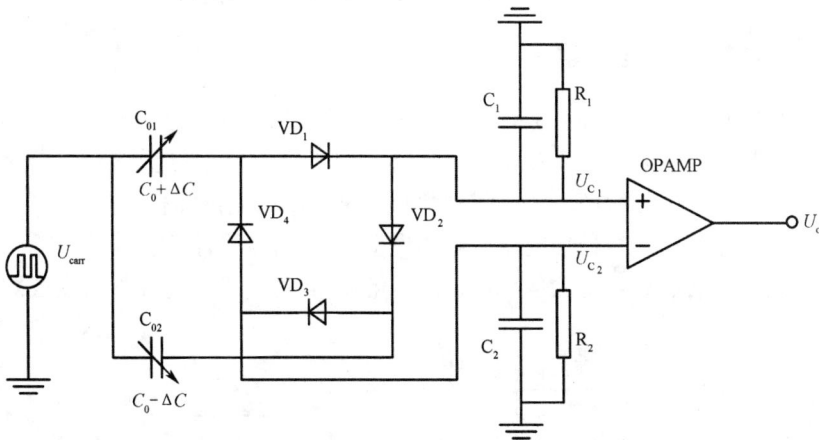

图 2.23 环形二极管前置放大器原理图

由环形二极管前置放大器原理图可知,在载波的正半周,二极管 VD_1、VD_3 导通,方波分别通过 C_{01}、VD_1 和 C_{02}、VD_3 对 $(R_1//C_1)$、$(R_2//C_2)$ 充电;在载波的负半周,二极管 VD_2、VD_4 导通,方波分别通过 C_{02}、VD_2 和 C_{01}、VD_4 对 $(R_1//C_1)$、$(R_2//C_2)$ 放电。由于 C_{01}、C_{02} 的电容值不等,从而造成对 $(R_1//C_1)$、$(R_2//C_2)$ 充放电不等,造成运放输入端有压差,该压差经过放大后即得到反映电容差的电压。从以上过程可知,环形二极管起到了一个自适应开关的作用,在载波正半周和负半周自动切换状态。

假设在载波频率 ω_c 处 $RC\omega_c \gg 1$，考虑对电容($R_1//C_1$)充放电过程电荷守恒，有

$$(U_c - U_D - U_{C_1})(C_0 + \Delta C) = (U_c - U_D - U_{C_1})(C_0 - \Delta C) \qquad (2.48)$$

于是可解得

$$U_{C_1} = \frac{(U_c - U_D)\Delta C}{C_0} \qquad (2.49)$$

同理，可由 C_2 的充放电过程解得

$$U_{C_2} = -\frac{(U_c - U_D)\Delta C}{C_0} \qquad (2.50)$$

考虑单位增益运放，于是输出电压可解得

$$U_o = U_{C_1} - U_{C_2} = \frac{2\Delta C}{C_0}(U_c - U_D) \qquad (2.51)$$

由此可见，由于在仪表放大器前采用了环形二极管，被载波调制的陀螺信号得到了解调，因而放大器输出电压直接反映了差动检测电容的变化[1,2]。

2.3.2 信号处理与提取

由信号检测电路得到的电压信号反映了硅微机械陀螺敏感质量振动位移的大小和波形，其频率一般为几千赫至几十千赫。由于该电压信号仍然是一个交流信号，因此一般需经由相敏解调才能得到敏感质量振动的幅值和相位信息。

一般地，微陀螺信号处理电路可以用图 2.24 所示框图描述，首先将参考信号进行适当的移相，然后对待测信号进行同步解调，再经过低通滤波即可完成同步相敏解调。

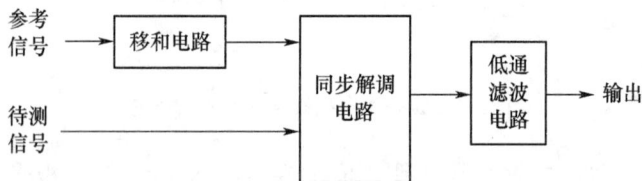

图 2.24 同步解调电路框图

2.3.2.1 模拟式信号处理电路

1) 模拟乘法解调

常用的乘法解调器电路类似于图 2.25 所示，如假设参考信号经过移相后可表述为 $U_r = \cos(\omega_n t)$，待测信号表述为 $U_i = U_o \cos(\omega_n)t$，则乘法解调过程可描述为

$$输出 = LP(U_i \times U_r)$$

$$= LP(\cos(\omega_n t) \cdot U_o \cos(\omega_n t))$$

$$= LP\left[\frac{1}{2}U_o(1 + \cos(2\omega_n t))\right] = \frac{1}{2}U_o \qquad (2.52)$$

式中:LP(·)表示低通滤波。由于$\cos(2\omega_n t)$为 2 次高频分量,因此再通过低通滤波器后被滤除,即可得到待测信号同相分量幅值。

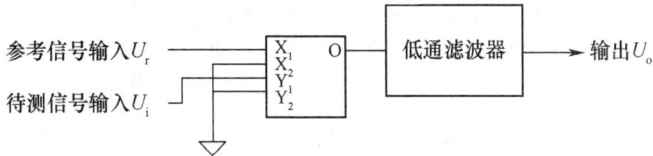

图 2.25　模拟乘法解调电路框图

2）开关解调

开关解调作为相敏解调的一个重要方法,在很多领域获得了广泛的应用,如图 2.26所示为一种利用单刀双掷模拟开关实现的开关解调电路原理图。待检测信号 U_i 通过一个缓冲器和反相器输入到单刀双掷模拟开关后,经过有源低通滤波滤除高频分量,即可得到解调结果。

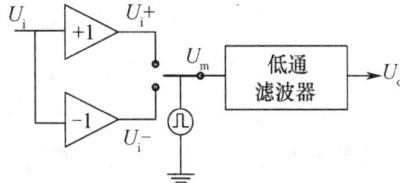

图 2.26　利用单刀双掷开关实现的同步相敏解调电路

采用该电路可参考图 2.26 所示的电路仿真结果进行进一步说明。待测信号经过缓冲器得到的 $U_i +$,通过反相器形成 $U_i -$ 信号,在开关信号的正周期开关接通 $U_i +$ 形成 U_m 的前半周,而在开关信号的零周期处开关接通 $U_i -$ 形成 U_m 的后半周,若开关信号与 U_i 完全同相,则 U_m 的前半周和后半周波形完全相同且都电压大于 0,经滤波后得到最大直流输出;若开关信号与 U_i 相差90°,U_m 的每个半周期积分得 0,经滤波后也得到 0 输出。可见,通过调节开关的相位可以完成相敏解调功能。

2.3.2.2　精密数字解调

图 2.27 所示为一个典型的数字解调电路框图,参考信号和待测信号通过模数转换器 ADC 送入 DSP 中进行解调。在微机械陀螺中,如果完全采用数字测控技术,则参考信号可以直接由程序生成而无需通过 ADC 采样获得。

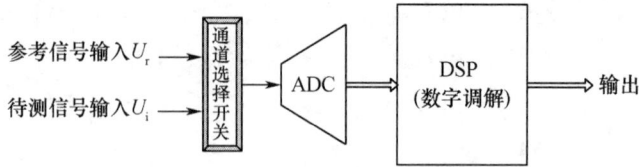

图 2.27　数字解调电路框图

通常,数字解调算法可以采用模拟解调类似的方式,利用简单的乘法和低通滤波器完成相敏解调。但乘法解调结果中含有很强的 2 倍频分量,需要通过高阶低通滤波器滤除,定点计算的舍入误差会引入额外的噪声,特别是在一些位数有限的 DSP 中,问题更加严重,且不易实现稳定高阶低通滤波器。这里介绍一种最小均方误差解调(LMSD)算法。

1) 系统模型

由于陀螺被驱动电压激励而工作在振动状态下,因此经 ADC 采样输入到 DSP 中信号为被驱动电压调制的信号,故可建立如下模型

$$d(k) = s(k) + n(k) \tag{2.53a}$$

$$s(k) = A_1 \sin\omega_c k + A_2 \cos\omega_c k \tag{2.53b}$$

$$\boldsymbol{r}(k) = \begin{bmatrix} r_1(k) & r_2(k) \end{bmatrix}^\mathrm{T} \tag{2.53c}$$

$$r_1(k) = \sin\omega_c k, r_2(k) = \cos\omega_c k \tag{2.53d}$$

式中:$d(k)$ 为 ADC 采样后的陀螺信号;$s(k)$ 为陀螺运动信号的真实值;$n(k)$ 为系统噪声;$\boldsymbol{r}(k)$ 为参考信号;ω_c 为驱动频率;A_1、A_2 分别为同相、正交分量幅度。

假设:$n(k)$ 均值为 0,且与 $s(k)$、$\boldsymbol{r}(k)$ 不相关,方差为 $\sigma_n^{2[7]}$。

2) 优化目标

定义以下两种误差

$$\boldsymbol{\eta}(k) = s(k) - \boldsymbol{W}^\mathrm{T} \cdot \boldsymbol{r}(k)$$
$$\mathrm{err}(k) = d(k) - \boldsymbol{W}^\mathrm{T} \cdot \boldsymbol{r}(k) \tag{2.54}$$

式中:$\eta(k)$ 为真值与估计值之差;$\mathrm{err}(k)$ 为输入信号与估计值之差。

原则上,应该使真值 $s(k)$ 与估计值之差的均方期望最小,即

$$\mathrm{MIN}\{E[\eta^2(k)]\}|_{\boldsymbol{w}_{\mathrm{opt}}} \tag{2.55}$$

但由于真值未知,可得到的只有估计值与已引入噪声的输入信号 $d(k)$ 之差,根据假设 $n(k)$ 与 $s(k)$、$\boldsymbol{r}(k)$ 不相关,因此有

$$E[\mathrm{err}^2(k)] = E[(\eta(k) + n(k))^2] = E[\eta^2(k)] + \sigma_n^2$$

即

$$\mathrm{MIN}\{E[\eta^2(k)]\}|_{\boldsymbol{w}_{\mathrm{opt}}} = \mathrm{MIN}\{E[\mathrm{err}^2(k)]\}|_{\boldsymbol{w}_{\mathrm{opt}}}$$

于是,实用的优化目标为

$$\mathrm{MIN}\{E[\,\mathrm{err}^2(k)\,]\}\,|_{\boldsymbol{w}_{\mathrm{opt}}} \tag{2.56}$$

3)最小均方误差解

根据优化目标式(2.56),有

$$\frac{\partial E[\,\mathrm{err}^2(k)\,]}{\partial \boldsymbol{W}} \approx -2 \cdot \mathrm{err}(k) \cdot \boldsymbol{r}(k) \tag{2.57}$$

因此,按最速下降法可得到最小均方误差的逼近解为

$$\boldsymbol{W}(k+1) = \boldsymbol{W}(k) + 2\mu \cdot \mathrm{err}(k) \cdot \boldsymbol{r}(k) \tag{2.58}$$

式中:μ 为步长因子。

在式(2.58)中,参考信号的范数 $\parallel \boldsymbol{r}(k) \parallel_2 = 1$,这一重要性质使得最小均方误差解满足归一化形式 NLMS 的解形式,这样,参数 μ 的选择变得简单容易,在任何不同的系统中,只要 μ 相同,算法都得到相同的收敛特性。另一方面,μ 也和信号输出的带宽相关联,减小 μ 可以减小解调结果的带宽,即实现类似改变低通滤波器截止频率的效果,合适的 μ 值有利于降低后续滤波器的阶次[8]。

2.3.3 陀螺运动控制

微机械陀螺主要包含两个控制环路:驱动模态闭环控制环路和检测模态闭环控制环路。

微机械陀螺驱动模态运动的振幅及其稳定性和陀螺性能密切相关。为了使用较小的驱动电压获得大的驱动振幅,微机械陀螺的驱动模态往往工作在谐振频率上,通过闭环控制保持驱动模态运动的稳定性。闭环控制包括幅度闭环和相位闭环,幅度闭环控制一般直接由检幅电路和闭环控制电路组成,用以使陀螺振幅稳定;相位闭环常用的有 PLL 锁相控制环、自激振荡稳相等办法,其目的在于迫使陀螺始终以其固有频率振动,以获取大的机械振幅。

微机械陀螺检测模态闭环控制,也称为力平衡闭环控制。通过施加合适的驱动力来抵消敏感质量在检测模态受到的科氏力和各种误差作用力,使其运动振幅为 0。其目的在于:拓展陀螺的动态范围,提高表头线性度,消除因检测电路温漂引入的陀螺零偏和标度因数变化。

2.3.3.1 驱动模态闭环控制技术

1)自激振荡闭环控制方式

自激振荡方案可实现二阶系统自动振荡在其自然频率上的要求。

使一个负反馈系统发生稳定振荡的条件是:开环传递函数频率特性相位为 $-180°$ 的频率处增益为 1。如果增益大于 1,则系统不稳定,振幅发散;如果增益

小于 1,则系统稳定,振幅衰减;只有增益等于 1 时,系统处于临界稳定,振幅既不衰减,也不发散。利用这一点,可以提出如图 2.28 所示的控制环路。

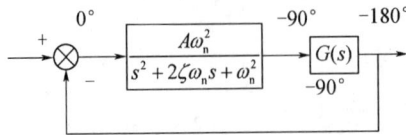

图 2.28　自激振荡环路

图 2.28 中二阶系统为微机械陀螺驱动轴动力学模型,$G(s)$ 为添加在环路中的环节,其作用是对微机械陀螺驱动轴自然频率附近的正弦信号移相 $-90°$。在自然频率处的驱动信号经过陀螺,位移信号滞后 $90°$,再经过 $G(s)$ 移相,滞后 $-180°$。

图 2.29 等效于图 2.28 所示环路,令 $G(s) = s$,则闭环传递函数为

$$\frac{\dfrac{A\omega_n^2}{s^2 + 2\zeta\omega_n s + \omega_n^2}}{1 - \dfrac{A\omega_n^2 s}{s^2 + 2\zeta\omega_n s + \omega_n^2}} = \frac{A\omega_n^2}{s^2 + (2\zeta\omega_n - A\omega_n^2)s + \omega_n^2} \tag{2.59}$$

显然当增益 A 等于某确定数值时,闭环为 0 阻尼二阶系统;当 A 大于此数值时,系统为负阻尼;当 A 小于此数值时,系统为正阻尼[2]。

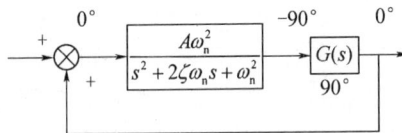

图 2.29　等效自激振荡环路

如果不控制环路增益,而令其较大,则自激振荡的振幅逐渐增大,直至饱和,振幅稳定在饱和状态;如果不希望控制环路饱和,则需要有振幅控制环路,可采用图 2.30 所示框图。

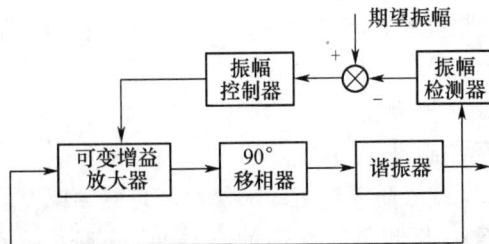

图 2.30　具有振幅闭环控制的自激振荡控制环路

图 2.30 在图 2.29 基础上增加了振幅检测器、振幅控制器和可变增益放大器。振幅检测可采用把驱动轴振动信号经过整流和低通滤波的方法实现,也可以采用有效值检测的方法实现。把实际振幅与期望振幅求差,并把差值送入振幅控制器,振幅比期望振幅大则减小可变增益放大器的增益,从而减小自激振荡环路增益,使振荡幅度衰减;反之亦然。最终实现环路振荡频率等于陀螺驱动轴自然频率,并且振幅稳定在期望值上。

2)锁相环闭环控制方式

图 2.31 为基于锁相控制环路的驱动运动闭环控制原理图,驱动运动的检测信号经过相敏解调之后得到 0° 和 90° 分别用于 PLL 控制环路和 AGC 控制环路。PLL 控制环路根据相位误差调整一个正弦波发生器的频率,而 AGC 控制环路则根据幅值误差改变正弦波发生器输出的幅度,并作用于陀螺的驱动电极上,使陀螺自动稳定地工作在谐振运动状态下。

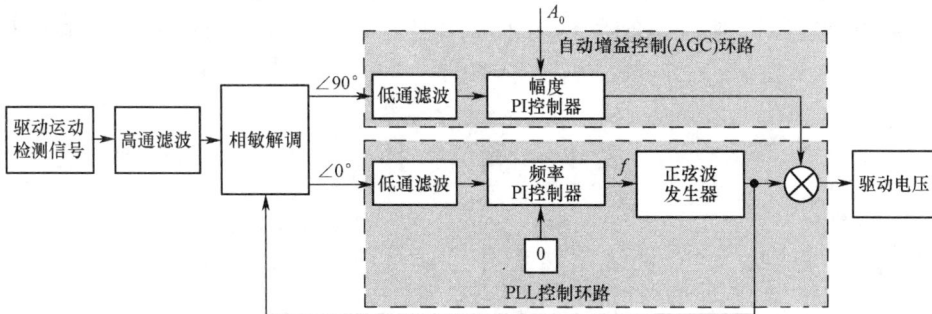

图 2.31   基于锁相控制环路的驱动运动闭环控制框图

2.3.3.2   检测模态闭环控制技术

检测模态闭环控制的目标是将微机械陀螺敏感质量在检测模态上所受到的力(包括科氏力和所有干扰力)通过静电力抵消,从而让敏感质量在检测模态维持静止。一种简单的检测模态力平衡闭环方案如图 2.32 所示,通过对检测运动的检测信号进行相敏解调,得到所谓的同相分量和正交分量;将同相分量和正交分量同设定值 0 进行比较,并分别经过各自的幅度 PI 控制器,再分别控制正弦波发生器和余弦波发生器输出波形的幅值,正弦波和余弦波叠加之后产生力平衡驱动电压,最终控制检测运动的检测信号归零。

检测模态的力平衡闭环方案设计一般依赖于微机械陀螺驱动模态和检测模态的谐振频率配置,当驱动模态和检测模态谐振频率配置较远时,同相驱动电压和正交驱动电压分别与检测信号中的同相分量和正交分量一一对应,采用图 2.32 的解耦控制方式是行之有效的。但若微机械陀螺工作在模态调谐状态下,则解耦控

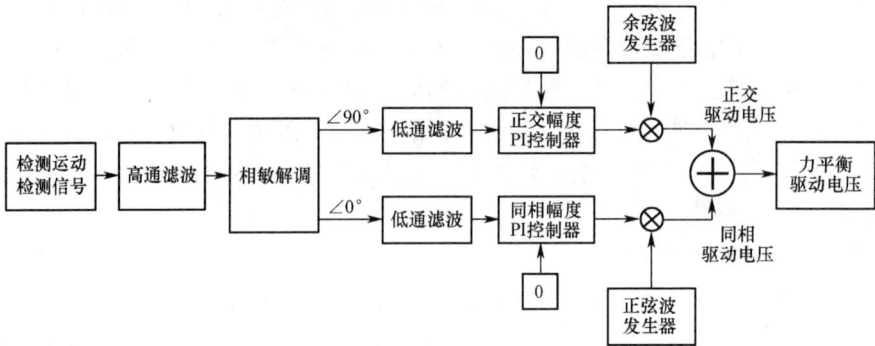

图 2.32 检测模态力平衡闭环控制框图

制通道要进行调换,即将同相驱动电压与检测信号中的正交分量对应,而正交驱动电压则和检测信号中的同相分量对应。如果微机械陀螺驱动模态和检测模态频率配置较近时,则需对检测信号的解调相位进行调整,以确保该解耦控制环路稳定[1]。

2.4 测 试 技 术

2.4.1 振动式硅微机械陀螺主要指标

振动式硅微机械速率陀螺的主要性能指标及测试方法均与常规的陀螺类似。该类陀螺的主要性能指标包括零偏、标度因数和噪声等。

2.4.1.1 零偏

零偏稳定性,应理解为陀螺输出围绕其均值的起伏或波动,习惯上用一个工作周期内的零偏的标准偏差表示,该指标需要给出计算零偏稳定性的采样数据平滑时间。在此意义下,零偏稳定性的大小也标志观察值围绕零偏均值的离散程度。

陀螺逐次和逐日的零偏重复性指标,是指陀螺多个工作周期的零偏之间的一致程度,它们反映了陀螺输出的长期稳定性能。陀螺零偏温度灵敏度反映了陀螺随温度变化引起的零偏变化程度。

2.4.1.2 标度因数

标度因数是陀螺输出的变化与要测量的输入角速率变化的比值。标度因数通常是用某一特定直线的斜率表示。该直线可以根据在整个输入范围内周期地改变输入量所得到的输出/输入数据,用最小二乘法进行拟合求得。

在实际使用中,要求陀螺在工作的温度范围和测量范围内都具有较高的精度,即需要稳定或恒定的标度因数。衡量标度因数性能方面的指标主要有标度因数非线性、标度因数不对称性、标度因数重复性和标度因数温度灵敏度。

2.4.1.3 噪声

目前,在陀螺测试中较多的是采用 Allan 方差分析法来确定振动式硅微机械速率陀螺的随机游走系数。Allan 方差分析法的突出特点是能够对陀螺的各种噪声源及整个噪声统计特性进行细致的表征和辨识,分离出各种噪声源的噪声系数,是测量和评价陀螺各类误差和噪声特性的一种重要手段。陀螺输出数据的 Allan 方差与功率谱密度之间存在定量关系,利用这一关系,通过在整个陀螺输出数据的样本长度上进行处理,可以得到陀螺数据中的各种噪声项的特征。系统设计的工程师可以根据输出数据的 Allan 方差 $\sigma(\tau) - \tau$ 双对数曲线判定该产品的性能指标是否满足其系统的要求。2.4.3 节会具体介绍 Allan 方差分析和拟合方法。

2.4.2 测试方法

2.4.2.1 零偏性能测试

零偏性能测试的目的是得到陀螺的零偏稳定性、零偏重复性和噪声等参数。零偏性能测试需要将陀螺置于一个稳定,水平基座上,并将陀螺敏感轴指向东或西向。零偏性能测试的时间周期根据应用需要确定。对于较低等级的陀螺,一个测试周期的通电时间可能要持续 1h;而对于高等级的陀螺,持续的测试时间可能要许多小时或更长。

将陀螺置于水平基座上,其输入轴平行于地理东西向,记录规定时间内陀螺的输出值,其输出值的数学期望为陀螺的零偏;按照规定的平滑时间取平均值,通过求这些平均值的标准偏差得出陀螺的零偏稳定性(1σ 时),或求取这些平均值的极差得出陀螺的零偏稳定性(峰—峰值时)。

在同样的测试条件及规定时间间隔内,测试得到多个工作周期的零偏,计算其标准偏差得出陀螺的标度因数重复性(1σ 时),或求这些零偏的极值得出陀螺的标度因数重复性(峰—峰值时)。

利用 Allan 方差法处理陀螺静止时的输出数据,可以求得陀螺的角度随机游走、角速度随机游走等陀螺输出噪声特性参数。

2.4.2.2 速率转台试验

速率转台试验的目的是得到陀螺输出信号与输入角速率之间的标度因数的各种特性及陀螺能够测量的最大和最小角速率。

将陀螺置于速率转台上,使其敏感轴平行于速率转台的旋转轴,转台输入角速率按绝对值从小到大的顺序改变,在每个角速率下分别记录陀螺的输出,输入角速率应选取测量范围内不少于 11 点的角速率,其中必须包含测量范围的最大和最小值。

利用最小二乘法可计算硅微机械陀螺的标度因数和拟合零位;用最小二乘法分别拟合出正向和负向标度因数,求得其差值与陀螺标度因数的比值,即可获得陀螺的标度因数不对称度;输出量相对于最小二乘法拟合直线的最大偏差值与满量程输出值之比,即为标度因数非线性度。

在同样的测试条件及规定时间间隔内,测试得到多个工作周期的标度因数,计算其标准偏差与其平均值之比,即可获得陀螺的标度因数重复性。

2.4.2.3 温度试验

进行温度试验时,规范化的做法是采用温控转台,其转台在温控箱内,通过设定温控箱的温控建立不同的温度环境。

温度试验有多种方式可以采用,如保持陀螺在设定的温度下稳定,或在给定的周期内进行有控制的温度增加或降低,即温度梯度试验。

可以通过在陀螺工作范围内的各种温度下重复进行速率转台试验并记录陀螺的输出,对陀螺工作范围内不同温度下的标度因数进行估计。如果陀螺安装有热传感器,还可以根据上述评估建立的温度表达式进行温度变化的在线补偿模型。

在室温、上限工作温度、下限工作温度下分别测试并计算陀螺的标度因数和零偏,相对于室温标度因数和零偏,可求得高温和低温时由温度变化引起的标度因数变化量(或零偏变化量)与温度变化量之比,取其最大值即可获得陀螺的标度因数温度灵敏度(或零偏温度灵敏度)。

2.4.2.4 加速度试验

加速度试验分为性能加速度和结构加速度试验两类。它的目的是研究陀螺对大加速度的响应以及确定陀螺处于工作状态或断电状态时其承受大的连续或波动加速度的能力。

逐步施加加速度值至给定的最大值,测得陀螺不同安装方向下不同加速度值的输出,由此可以计算陀螺的加速度敏感度。该值可与前面的稳定性测试中得到的加速度敏感度进行比较,后者是在低加速度($\pm 1g$)的状态下估算出来的。

在结构加速度测试时,要先测试试验前的陀螺零偏,然后该陀螺承受给定的加速度条件,此时陀螺处于断电状态,试验后对陀螺进行测试,以确定性能是否发生任何变化。

2.4.2.5 冲击试验

此类试验的目的是测试陀螺对施加的冲击的响应,并测试该陀螺对于施加的极短周期(一般为毫秒级)的加速度的恢复能力。

冲击试验时,记录陀螺的输出,分别计算陀螺在冲击前后的零偏,计算冲击前后零偏变化 $\Delta B = |B_{前} - B_{后}|(°/h)$。该变化能够表明该陀螺特性的瞬态或永久性变化。

2.4.2.6 振动试验

振动试验测试的目的通常有以下两个方面：

（1）通过采用扫频的方式调查陀螺出现谐振响应处的振动频率及其量值；

（2）考核陀螺在特殊振动环境下的适应性和抗毁性，陀螺可以是工作状态也可以是断电状态，这取决于具体试验的目的。

正弦扫频通常选择 $1g$ 范围内的小的峰值加速度并且给陀螺施加振动频率从初始值的几赫兹慢变到几千赫的上限值的正弦位移。在此扫频过程中，要观察陀螺输出信号，记录出现谐振时的频率并确保任何谐振都不会破坏陀螺。对于陀螺的其他轴向，可以重复进行扫频振动以确定有无谐振频率区。

为测试陀螺的耐久性、抗毁伤性及可恢复性，通常采用振动台的随机振动。试验方法如前所述，但运动的频率和幅度在一定的频谱范围内连续地随机变化，其由功率谱密度表征，该密度还确定了安装在振动台上的陀螺在任意频率上所承受的最大加速度。

根据所测试的陀螺使用情况，陀螺可以处于通电工作状态或不通电状态。例如，如果是检查运输过程中的抗损伤性，陀螺可以在不通电状态振动几周或几个月，在这种情况下，要记录陀螺在振动前后的特性，并进而确定其性能变化。如果在测试时，陀螺要处于通电工作状态，则需记录振动前、中、后陀螺的输出信号，按下式计算振动变化量和振后振前变化量，从而确定陀螺在振动过程中响应的变化。

$$振动变化量\ \Delta B_V = \left| \frac{B_前 + B_后}{2} - B_中 \right| (°/h) \qquad (2.60)$$

$$振后、振前变化量\ \Delta b = | B_前 - B_后 | (°/h)$$

2.4.3 数据处理

2.4.3.1 线性最小二乘法拟合

设陀螺的线性数学模型为

$$U = KX + b + \varepsilon \qquad (2.61)$$

式中：U 为陀螺输出值；K 为标度因数；X 为陀螺输入量；b 为陀螺拟合零位；ε 为拟合误差。

对于速率转台试验中的 N 个角速率设定值，有

$$U_i = KX_i + b + \varepsilon_i \qquad i = 1,2,3,\cdots,N \qquad (2.62)$$

最小二乘法曲线拟合的偏差平方和为

$$\sum_{i=1}^{N} (\overline{U}_i - U_i)^2 = \sum_{i=1}^{N} (\overline{U}_i - KX_i - b - \varepsilon_i)^2 \qquad (2.63)$$

对上式中的每个参数(K,b)求偏导数,并使它们等于零,可求得各系数为

$$K = \frac{\sum\limits_{i=1}^{N} X_i U_i - \dfrac{1}{N} \sum\limits_{i=1}^{N} X_i \sum\limits_{i=1}^{N} U_i}{\sum\limits_{i=1}^{N} X_i^2 - \dfrac{1}{N} \left(\sum\limits_{i=1}^{N} X_i \right)^2} \tag{2.64}$$

$$b = \frac{1}{N} \sum_{i=1}^{N} U_i - \frac{K}{N} \sum_{i=1}^{N} X_i \tag{2.65}$$

式中:i为采样序数,取$1,2,3,\cdots,N$;X_i为第i次输出量;N为输入角速率的点数。

$\overline{U}_i$与数学模型对应点的值的偏差称为非线性误差。可取整个测量范围内的最大非线性误差来描述非线性度。设整个测量范围内的最大非线性误差的绝对值为$|(\Delta U_L)_{max}|$,可用下式作为陀螺标度因数非线性度的一种表示

$$\eta = \frac{|(\Delta U_L)_{max}|}{KX_{max}} \times 100\% \tag{2.66}$$

式中:X_{max}为陀螺最大输入量。

2.4.3.2 Allan 方差

Allan 方差最早是用来分析振荡器频率稳定性的一种时域分析技术,后来逐渐为激光陀螺和光纤陀螺所采用,利用 Allan 方差可方便地从测量数据中获取其中各随机过程的特征。Allan 方差方法适用于各种仪器的噪声特性研究,目前,该技术也开始用于微机械陀螺的噪声特性研究。

Allan 方差方法认为数据的不确定性都来自于各不同噪声源的各自特征,因此从测量数据可以估计出每个噪声源的协方差幅度。Allan 方差的具体方法如下:

设得到的陀螺测量数据为$\Omega(n)$,n取$1 \sim N$,采样周期为τ_0,将陀螺的数据分别按长度$\tau_0,2\tau_0,\cdots,m\tau_0,\cdots,k\tau_0(k \leq N/2,1 \leq m \leq k)$对$\Omega(n)$进行分组,得到如下$k$组新数据:

$$\begin{cases} \tau_0: \{\{\Omega(1)\},\{\Omega(2)\},\cdots,\{\Omega(N)\}\} \\ 2\tau_0: \{\{\Omega(1),\Omega(2)\},\{\Omega(3),\Omega(4)\},\cdots, \\ \quad \{\Omega(2 \cdot [N/2] - 1, \Omega(2) \cdot [N/2])\}\} \\ \vdots \\ k\tau_0: \{\{\Omega(1),\cdots,\Omega(k)\},\{\Omega(K+1),\cdots,\Omega(2k)\},\cdots, \\ \quad \{\Omega(k \cdot [N/k] - k + 1),\cdots,\Omega(k \cdot [N/k])\}\} \end{cases} \tag{2.67}$$

式中:[ ]表示取整操作。

对每种分组方式中的各段求平均,可得到k组做局部平均处理后的数据:

$$\begin{cases} \tau_0 : \{\overline{\Omega}_1(1), \overline{\Omega}_1(2), \cdots, \overline{\Omega}_1(N)\} \\ 2\tau_0 : \{\overline{\Omega}_2(1), \overline{\Omega}_2(2), \cdots, \overline{\Omega}_2([N/2])\} \\ \vdots \\ k\tau_0 : \{\overline{\Omega}_k(1), \overline{\Omega}_k(2), \cdots, \overline{\Omega}_k([N/k])\} \end{cases} \qquad (2.68)$$

于是,Allan 方差定义为分组时间长度 $i\tau_0$ 的函数,其函数值为式(2.68)中各组数据的方差,计算公式可表述为

$$\sigma^2(\tau) = \sigma^2(m\tau_0) = \mathrm{Var}\{\overline{\Omega}_m(1), \overline{\Omega}_m(2), \cdots, \overline{\Omega}_m([N/m])\}$$

$$= \frac{1}{2(m-1)} \sum_{j=2}^{[N/m]} (\overline{\Omega}_m(j) - \overline{\Omega}_m(j-1)) \qquad (2.69)$$

Allan 方差和双边功率谱密度函数 $S_\Omega(f)$ 之间的关系可用下式表述

$$\sigma^2(\tau) = 4 \int_0^\infty S_\Omega(f) \frac{\sin^4(\pi f \tau)}{(\pi f \tau)^2} \mathrm{d}f \qquad (2.70)$$

对于陀螺性能参数而言,比较关心的是其角度随机游走、偏置稳定性、速率斜坡,下面分别阐述。

1)角度随机游走

角度随机游走的数学模型可表示为一个白噪声的积分过程,其功率谱密度为

$$S_\Omega(F) = K_{rw}^2 \qquad (2.71)$$

式中:K_{rw} 为角度随机游走系数。

利用式(2.70)对式(2.71)积分,可得

$$\sigma^2(\tau) = \frac{N^2}{\tau} \qquad (2.72)$$

2)零偏不稳定性

零偏不稳定性噪声来源于电子器件或其他元件的闪烁噪声,由于其低频变化的特性,使输出表现为起伏波动特性,一般 $1/f$ 噪声性质,其功率谱密度可表示为

$$S_\Omega(f) = \begin{cases} \left(\dfrac{B^2}{2\pi}\right)\dfrac{1}{f} & f \leqslant f_0 \\ 0 & f > f_0 \end{cases} \qquad (2.73)$$

式中:B 为零偏不稳定性系数;f_0 为截止频率。

同样,根据式(2.70)可得到这种类型噪声的 Allan 方差为

$$\sigma^2(\tau) = \frac{2B^2}{\tau} \left[\ln 2 - \frac{\sin^3 x}{2x^2}(\sin x + 4x\cos x) + C_i(2x) - C_i(4x) \right] \qquad (2.74)$$

式中:$x = \pi f_0 \tau$;C_i 为余弦积分函数,有

$$C_i(z) = \int_z^{+\infty} \frac{\cos(t)}{t} \mathrm{d}t$$

3)速率斜坡

速率斜坡可能产生的原因可能是一个长时间存在的干扰源,如非常小加速度或者发热器件,它可表述为

$$\Omega = Rt \tag{2.75}$$

式中:R 为速率斜坡系数。

直接根据 Allan 方差的定义计算速率斜坡的公式为

$$\sigma^2(\tau) = \frac{R^2 \tau^2}{2} \tag{2.76}$$

所有噪声的 Allan 之和可用下式合成:

$$\sigma_{\mathrm{total}}^2 = \sigma_{\mathrm{rw}}^2 + \sigma_{\mathrm{bs}}^2 + \sigma_{\mathrm{rr}}^2 + \cdots \tag{2.77}$$

可得到总 Allan 方差分析结果如图2.33 所示。这样就可以依据该图对数据进行分析处理,一次得到所有的噪声特性。

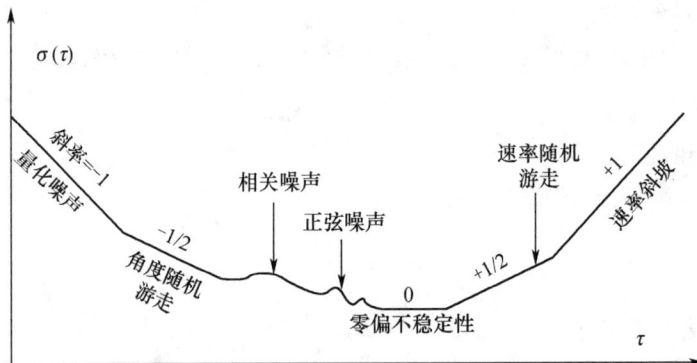

图 2.33　Allan 方差分析结果

参 考 文 献

[1] 周斌. 微机械陀螺数字化技术研究[D]. 博士论文,2003.

[2] 陈志勇. 振动轮式微机械陀螺改进设计与实验研究[D]. 博士论文,2001.

[3] 陈志勇,高钟毓,张嵘. 振动轮式微机械陀螺频率配置和气压选择[J]. 中国惯性技术学报,2001,9(3):53 – 56.

[4] 陈志勇,高钟毓,周斌. 振动轮式微机械传感器非线性力学特性的研究[J]. 机械工程学报,2001,37

(4):78 - 81.

[5] 陈志勇, 高钟毓, 张嵘. 微角速度传感器在不同气压下的振动特性[J]. 清华大学学报, 2002, 42(6): 799 - 801, 813.

[6] Zhou Bin, Gao Zhongyu, Chen Huai, et al. Digital Readout System for Micromachined Gyroscope and Analysis for its Demodulation Algorithm[J]. Frontiers of Mechanical Engineering in China, 2006, 1(1): 106 - 110.

[7] Zhou Bin, Gao Zhongyu, Gaisser A, et al. Software optimization of digital readout electronics for micro - machined gyroscope system[C]. Stuttgart, Germany: Symposium GYRO Technology 2002.

[8] 周斌, 高钟毓, 陈怀, 等. 微机械陀螺数字读出系统及其解调算法[J]. 清华大学学报, 2004, (5): 637 - 640, 644.

第3章 硅微机械加速度计

硅微机电加速度计(Micromachined Silicon Accelerometer)是微机电系统(MicroElectroMechanical Systems, MEMS)最成功的应用领域之一。硅微机电加速度计已发展多种类型:按敏感信号方式分类,可分为硅微电容式加速度计、硅微谐振式加速度计等;按结构形式分类,可分为硅微挠性梳齿式电容加速度计、硅微挠性"跷跷板"摆式加速度计、硅微挠性"三明治"式加速度计、硅微静电悬浮式加速度计。

从图3.1和图3.2所示加速度计性能及应用的近期和远期发展预测中可以看出,加速度计发展趋势是高精度、微型化、集成化。由于在成本、尺寸和质量等方面具有潜在优势,硅微机电加速度计将得到迅速发展,尤其在中低性能的应用领域将取代传统的加速度计;长远来看,部分高精度领域也将被微机械加速度计替代。

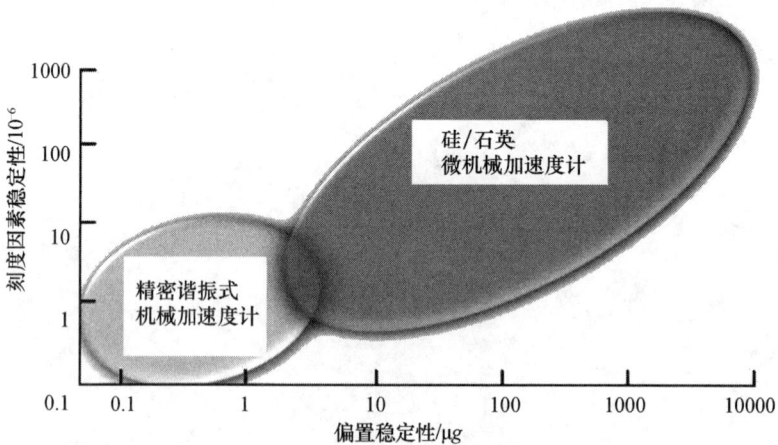

图 3.1 近期加速度计应用预测[1]

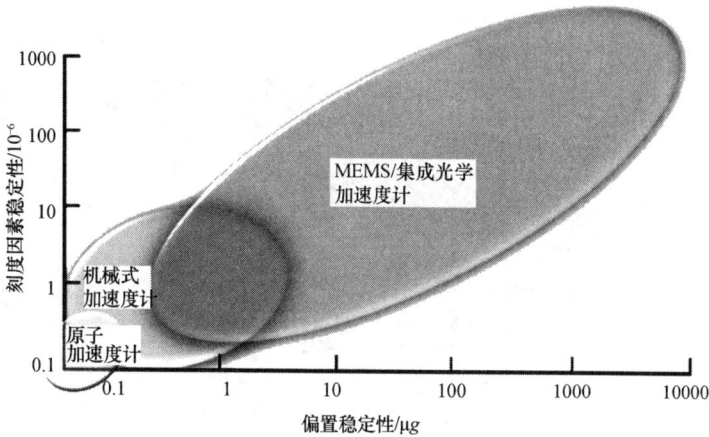

图 3.2　远期加速度计应用预测[1]

3.1　硅微挠性加速度计

3.1.1　梳齿式电容加速度计

　　梳齿式硅微机电加速度计(Finger – shaped Micromachined Silicon Accelerometer, FMSA)分为表面加工梳齿式电容加速度计和体硅加工梳齿式电容加速度计。表面加工梳齿式电容加速度计最典型的是硅材料线加速度计,既有开环控制又有闭环控制的,现在多数已实现闭环控制。这种加速度计的结构加工工艺与集成电路加工工艺兼容性好,可以将敏感元件和信号调理电路用兼容的工艺在同一硅片上完成,实现整体集成。

　　这种表面加工定齿均匀配置梳齿式微机电传感器的一般结构如图 3.3 所示。

　　图 3.3 中,活动敏感质量元件是一个微机械的双侧梳齿结构,与两端挠性梁结构相连,并通过立柱固定于基片上,相对用于固定活动敏感质量部分的基片悬空。每个梳齿由中央质量杆(齿枢)向其两侧伸出,每个活动梳齿为可变电容的一个活动电容极板;固定梳齿直接固定在基片上,固定梳齿由与活动梳齿交错均等距离配置,形成差动电容。这种敏感质量元件的微机械双侧梳齿结构与基片平行。敏感质量元件可以沿敏感轴方向运动。这种固定齿与活动齿均置方案的主要优点是可以节省管芯版面尺寸,这对于表面加工的微机械传感器是适当的。但由于表面加工得到的梳齿式结构测量电容偏小,影响了梳齿式微机械传感器分辨率和精度的进一步提高,另外横向交叉耦合误差也较大。

61

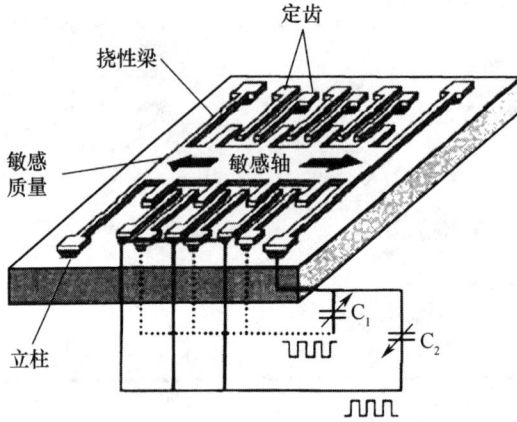

图 3.3　表面加工定齿均匀配置梳齿式微机电加速度计结构[2]

　　为了提高微机电传感器的分辨率和精度,用体硅加工代替表面加工是一条有效的途径。

　　图 3.4 和图 3.5 是一种采用定齿偏置的梳齿式体硅加工微机械结构示意图和实物扫描电镜图。如图 3.4 所示,其结构部分包括一个由齿枢 4、多组动齿 3 和折叠梁 2 构成的敏感质量元件,固定齿 5 和基片;该动齿 3 由齿枢 4 向两侧伸出,形成双侧梳齿式结构,该齿枢两端的折叠梁 2 固定于基片上,使齿枢、多组动齿相对基片悬空平行设置;该固定齿 5 为直接固定在基片上的多组单侧梳齿式结构;敏感质量元件的每个动齿为可变电容的一个活动电极,与固定齿的每个梳齿交错配置,总体形成差动电容;该结构与定齿均匀配置的梳齿式表面加工微机械结构的不同之处在于,所指的敏感质量元件的每个梳齿和其相邻的两定齿距离不等,例如距离比值为 1∶10,且形成以齿枢中点对称分布,敏感距离小的一侧形成主要的电容量,距离大的一侧的电容量近似时可忽略。若干对动齿和静齿形成总体差动检测电容和差动加力电容。

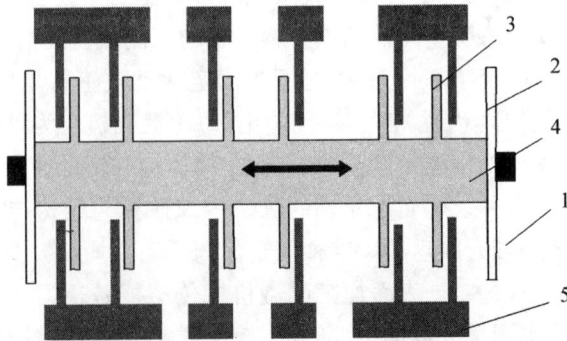

图 3.4　定齿偏置微机械结构示意图[3]

图 3.5　定齿偏置微机械实物扫描电镜图[3]

　　定齿偏置结构最重要的优点就是键合块少、单块键合面积大,大大降低了键合难度,且键合接触电阻小、均匀。对于均置结构,每一个动齿两边的定齿为不同极性,由于引线的关系,都要单独键合,键合强度小,对于体硅加工由于质量较大因而很容易脱落;而定齿偏置结构中心线以左为一种电极,中心线以右为另一种电极,故可采用数个定齿合在一起键合,大大提高了成品率。

　　此外,定齿偏置结构明显减少了均置方案所必需的许多内部电极和引线。这样,一方面避免了电极、引线间的分布电容及电信号的干扰;另一方面,减少了引线输出数目,降低了引线键合的工作量。

　　偏置结构的敏感轴方向尺寸大于定齿均置结构,而均置结构则定齿通常较长,以满足均置结构的电容及键合面积。

　　微机械敏感结构理想电学模型如图 3.6(a)所示,当无加速度输入时,质量片(动片)位于平衡位置,检测动电极与检测定电极形成电容 C_{S10} 和 C_{S20}。理想状态下,动片位于正中间, $C_{S10} = C_{S20}$。

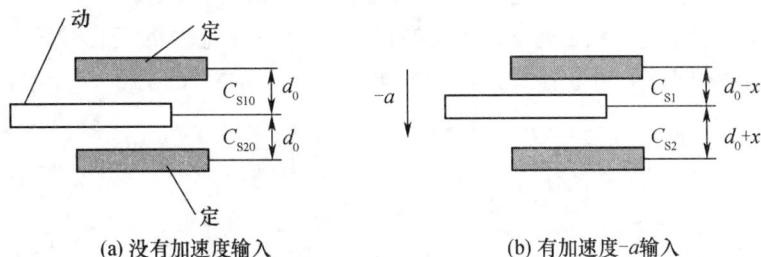

(a) 没有加速度输入　　　　　　　　(b) 有加速度-a输入

图 3.6　微机械敏感结构的理想电学模型

当加速度 $-a$ 输入时,动齿有微小位移 x,如图 3.6(b)所示,则有

$$C_{S1} = 2n_1 \frac{\varepsilon_0 \varepsilon A}{d_0 - x} \tag{3.1}$$

63

$$C_{S2} = 2n_1 \frac{\varepsilon_0 \varepsilon A}{d_0 + x} \tag{3.2}$$

对式(3.1)和式(3.2)进行泰勒展开,并定义初始名义敏感电容 C_{S0},有

$$C_{S1} = C_{S0} \cdot \left[1 + \frac{x}{d_0} + \left(\frac{x}{d_0} \right)^2 + \left(\frac{x}{d_0} \right)^3 + \cdots \right] \tag{3.3}$$

$$C_{S2} = C_{S0} \cdot \left[1 - \frac{x}{d_0} + \left(\frac{x}{d_0} \right)^2 - \left(\frac{x}{d_0} \right)^3 + \cdots \right] \tag{3.4}$$

这时,C_{S1}、C_{S2} 间形成差动电容 ΔC,有

$$\Delta C = C_{S1} - C_{S2} = 2C_{S0} \left[\frac{x}{d_0} + \left(\frac{x}{d_0} \right)^3 + \cdots \right] \tag{3.5}$$

如果 x 远小于 d_0,则 x/d_0 的高次项可以忽略,有

$$\Delta C = \frac{2C_{S0}}{d_0} x \tag{3.6}$$

上式表明动片由于加速度造成的微小位移 x 可转化为差动电容变化,且当 $x \ll d_0$ 时,差动电容的变化量与 x 成近似线性关系。另外,设悬臂梁的机械刚度为 K_m,动片质量为 m,则当有加速度 a 输入时,将形成如下平衡:

$$K_m x = m a \tag{3.7}$$

将式(3.7)代入式(3.6),得

$$\Delta C = \frac{2m C_{S0}}{K_m d_0} \cdot a \tag{3.8}$$

上式表明差动电容的变化量 ΔC 与输入加速度信号 a 成正比。因此只要能够测量出这个微小的电容量变化,就可以得知输入加速度的大小。

载体感受的加速度反映为梳齿式电容的变化,测出电容的变化量即对应感受到的加速度。图 3.7 为电容式开环微机电加速度计示意图;其中,u_s 是微机电加

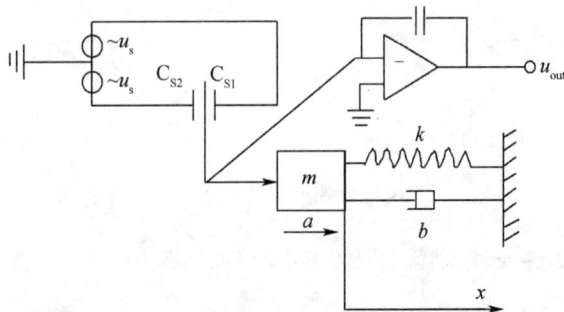

图 3.7 电容式开环微机电加速度计示意图

速度计载波,C_{S1} 和 C_{S2} 是一对检测差动电容,m 为微结构敏感结构质量,b 为微结构机械阻尼系数,k 为微结构折叠梁弹性刚度,a 为感受到的加速度,x 为感受加速度时敏感质量相对壳体的位移量,u_{out} 为加速度计输出。

如果加静电反馈,便可组成力反馈闭环微机电加速度计,图3.8 为电容式闭环微机电加速度计示意图。其中,u_s 是微机电加速度计载波,C_{S1} 和 C_{S2} 是一对检测差动电容,C_{f1} 和 C_{f2} 是一对加力差动电容,u_1 和 u_2 是反馈电压,f_e 是反馈力,m 为微敏感结构质量,b 为微结构机械阻尼系数,k 为微结构折叠梁弹性刚度,a 为感受到的加速度,x 为感受加速度时敏感质量相对壳体的位移量,u_{out} 为加速度计输出。差动电容由载波信号激励,输出的电压经过放大和相敏解调作为反馈信号加给力矩器电容极板,产生静电力,使得极板回到零位附近。加在力矩器电容极板上的平衡电压和被测加速度成线性关系。

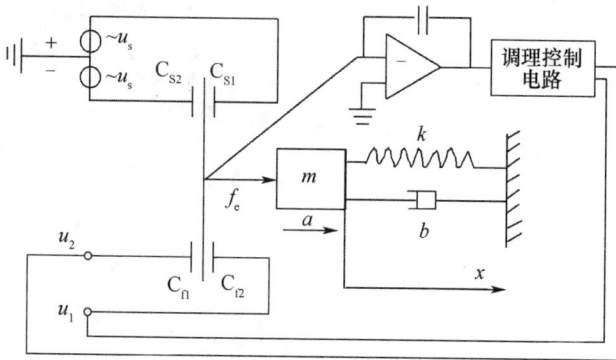

图3.8　电容式闭环微机电加速度计示意图

梳齿式结构是 MEMS 工艺最成熟的一种结构,实现相对简单。理论计算参数不能直接与版图绘制参数完全等同,必须根据加工单位工艺规程手册做相关调整,包括工艺流程和版图规范。

在 MEMS 器件的制造过程中,器件的几何图形受到光刻和腐蚀等加工精度的限制,物理学对器件图形大小和间距也有要求。

设计规则通常由图层间的图形的最小宽度、最小间隔、最小环绕/包围宽度、最小伸展,以及最小重叠等具体参数集来表达。各条工艺线能力和加工环境不同,设计规则也不同。不同加工单位有不同的 MEMS 加速度计敏感元件结构工艺。

1) A 单位工艺及版图规范

A 单位体硅工艺流程如图3.9 所示。

它包括硅片工艺(图3.9(a)、(b))、玻璃工艺(图3.9 (c))、组合工艺(图3.9 (d)、(e)、(f))。整个过程需要 3 块掩模版,3 次光刻,其中硅上两次,玻璃上一次。

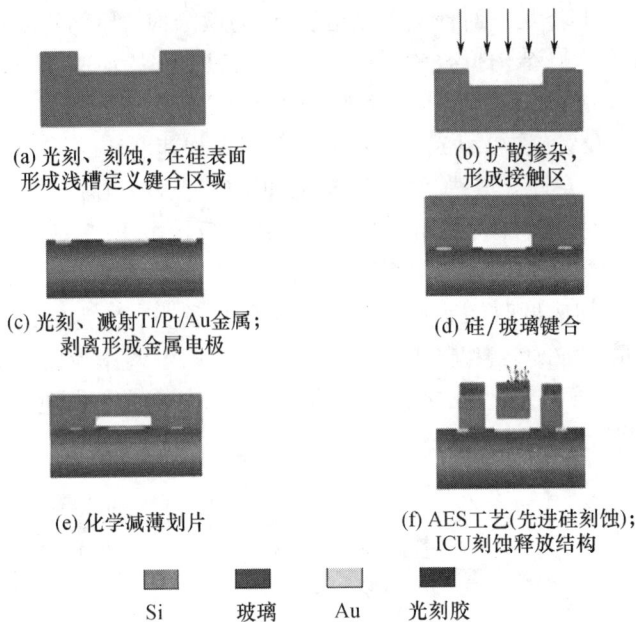

(a) 光刻、刻蚀，在硅表面
形成浅槽定义键合区域

(b) 扩散掺杂，
形成接触区

(c) 光刻、溅射Ti/Pt/Au金属；
剥离形成金属电极

(d) 硅/玻璃键合

(e) 化学减薄划片

(f) AES工艺(先进硅刻蚀)；
ICU刻蚀释放结构

Si　　玻璃　　Au　　光刻胶

图 3.9　A 单位主要工艺流程

版图设计尺寸规则：

（1）ICP 硅刻蚀部分。由于在硅等离子感应耦合刻蚀（ICP）工艺中，有许多需要考虑的部分，例如刻蚀中出现的 footing 效应、leg 效应、Micro loading 效应等，直接造成了有许多刻蚀结果不理想，并且使得整个器件性能不能达到预期设计效果。

局部设计尺寸规则为：梳齿间隙大于 $3\mu m$；梁长小于 $1000\mu m$；梁宽大于 $10\mu m$；梳齿宽大于 $5\mu m$，梳齿交叠部分长度 $5\mu m$；梳齿尖端与梳齿根部距离须大于 $10\mu m$ 且小于 $600\mu m$。

（2）硅—玻璃键合。在硅—玻键合时，由于会出现键合偏差，造成键合质量降低，因此 A 单位规定了部分键合尺寸供参考。

局部设计尺寸规则：

（用于引出电极连线的）金属细叉指宽度 $20\mu m$ 或 $25\mu m$，金属细叉指间距 $30\mu m$；金属粗叉指宽度（外部金线走线宽度）$50\mu m$ 或 $60\mu m$；键合间隙余量 $10\mu m$（即键合区被结构层键合台包围的宽度）；键合面宽度大于 $40\mu m$；金属细齿键合部分距离金属外连线距离 $30\mu m$；金属细齿深入键合区部分 $20\mu m$；金属压焊点尺寸不小于 $100\mu m \times 100\mu m$。

2）B 单位工艺及版图规范

（1）体硅溶片的结构组成。规则限定的体硅溶片工艺器件由玻璃层和浓硼硅两层构成。玻璃层作为衬底层,在其上设计引线和锚点;浓硼硅作为结构层,在其上设计活动结构和锚点,如图 3.10 所示。

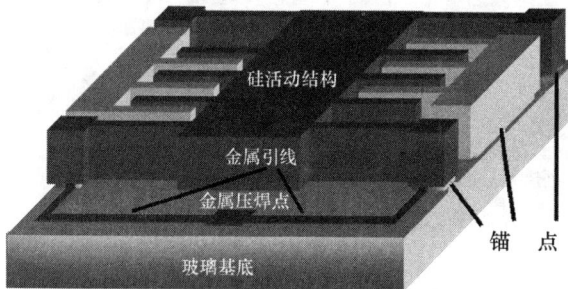

图 3.10　体硅溶片工艺结构示意图

　　(2)体硅溶片工艺原理。EPW、KOH 等各向异性腐蚀剂对硼重掺杂硅和普通硅具有很高的选择比。硅在 EPW"S"腐蚀剂中的腐蚀速率与硼掺杂浓度的典型关系如图 3.11 所示。两种主要晶向〈100〉和〈110〉的腐蚀速率与掺杂浓度的关系类似,腐蚀速率 R 在浓度小于 $1 \times 10^{19} \text{cm}^{-3}$ 时为常数,超过该浓度时,腐蚀速率与硼浓度的 4 次方成反比。

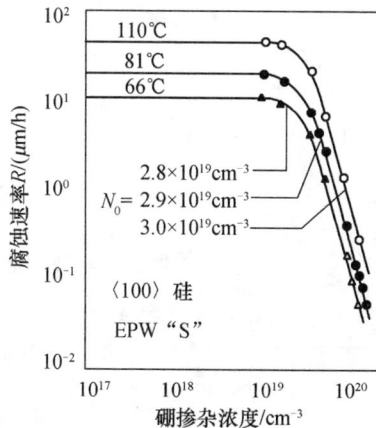

图 3.11　腐蚀速率与硼浓度的关系(S 腐蚀剂)

　　体硅溶片工艺就是利用各向异性腐蚀剂对浓硼硅的高选择比来实现结构层。对于结构层,在单晶硅片上进行双面重掺杂,形成浓硼层,然后在浓硼层上进行 ICP 刻蚀实现设计结构;对于衬底层,采用耐热玻璃片作为基底,利用阳极键合实现硅片与玻璃片之间的封接;最后采用 EPW 腐蚀剂进行腐蚀,使得腐蚀停止在扩散界面上得到可动硅结构。

（3）体硅溶片工艺流程。具体工艺流程如图3.12所示。

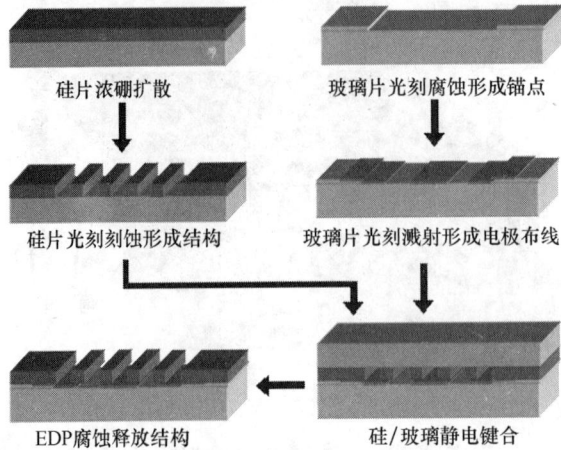

图 3.12　体硅溶片工艺流程图

（4）体硅溶片工艺加工能力如下。

① 玻璃基底厚度：$400\mu m \sim 800\mu m$。

② 硅可动结构层与玻璃基板间隙：$5\mu m$ 以内。

③ 金属电极高度：$200nm$ 以内。

④ 硅可动结构层厚度：$10\mu m \sim 35\mu m$。

⑤ 硅可动结构层横向加工误差：$\pm1\mu m$。

⑥ 静电键合对位精度：$\pm3\mu m$。

版图设计规则包括：

（1）制版文件：CIF 文件。

（2）层名定义：体硅溶片工艺需要三层版，具体内容显示于表3.1。

表 3.1　用于设计 MEMS 体硅溶片工艺版图的层定义

版图层名	图层颜色	CIF 名	正负版定义	功　能
锚点层	蓝色	TAI	正版	定义在玻璃片表面键合区的图形,固定可动结构,用以提供可动结构的支撑
金属电极层	黄色	ELE	负版	在玻璃衬底上形成金属互连线,用于实现可动结构以及电极板之间的电学互连
可动结构层	绿色	ICP	正版	在浓硼硅上形成可动结构图形,由 ICP 刻蚀工艺形成结构

（3）体硅溶片工艺版图示意图：体硅溶片工艺版图由制版外框、图形外框、有效结构、划片槽以及对位标记等五部分构成，有效结构主要包括硅可动结构、金属压焊点、金属引线、锚点等。具体图形如图 3.13 所示。

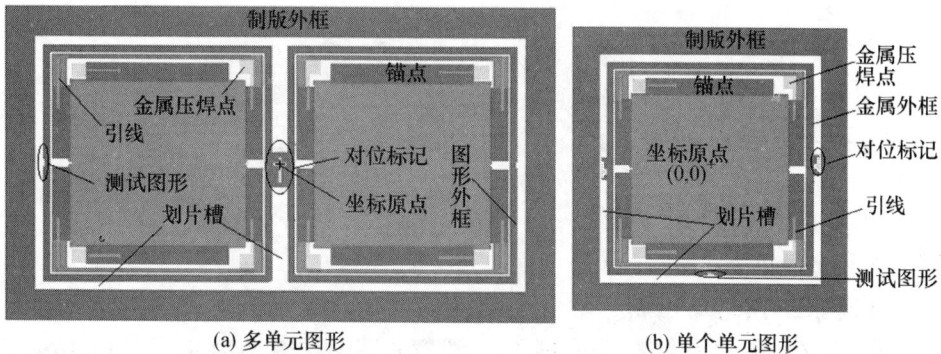

(a) 多单元图形　　　　　　(b) 单个单元图形

图 3.13　体硅溶片工艺版图示意图

（4）图形位置：中心坐标点定为原点(0.0)，图形（包括 cell 内的子单元图形）应关于中心坐标点完全对称。

（5）制版外框：由于制版需要，正掩模版需在有效图形外增加宽度为 $400\mu m$ 的外框，长度根据图形大小决定，位置比正式图形外移 $2\mu m$，负掩模版不用。

（6）图形外框：有效结构外必须设计完全封闭外框以达到增大键合面积以及保护可动结构的作用。外框宽度不小于 $100\mu m$，长度根据结构尺寸需要而定，不影响结构的条件下应尽可能增大外框尺寸。ICP 层需在一侧外框上做 10 个长度为 $30\mu m$ 的矩形测试图形（图 3.14），矩形宽度对应有效结构的最小线宽，矩形间隙对应有效结构的最小间隙。

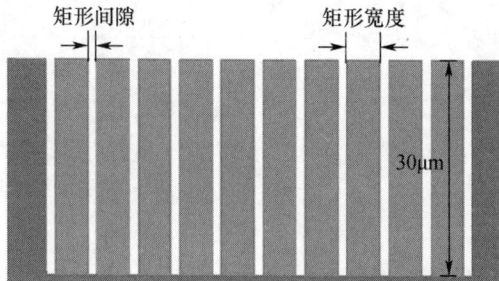

图 3.14　测试图形示意图

（7）划片槽：不同单元间应有划片槽，宽度不小于 $100\mu m$。

（8）对位标记：采用有长短区别的十字对位标记，不同层间标记余量为 $2\mu m$。

（9）ICP 层设计原则：

① 尽量减小干法刻蚀区域面积,保证刻蚀面积小于芯片总面积的 20%。

② 除划片槽与特殊要求外,干法刻蚀区域面积应保持一致。

(10) ICP 层最小线宽/间隙:线宽与间隙的定义见图 3.15、图 3.16。

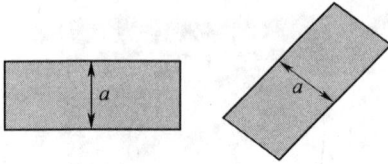

图 3.15 线宽的定义

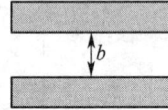

图 3.16 间隙的定义

A 线宽最小值:3μm。

B 间隙最小值:1.5μm。

(11) ICP 层设计余量:为实现 3μm 线宽的图形结构,版图需设计成 4μm,间隙反之。

(12) 锚点设计原则:锚点指玻璃台面能够和硅直接接触并键合的区域,如果一个玻璃台面被玻璃上的金属布线分割为 n 个键合区域,则按 n 个锚点处理。单个锚点面积不小于 $50μm×50μm$,总键合区占整个玻璃片面积的比例不得小于 20%,不影响结构性能的条件下应尽可能增大锚点尺寸与分布密度。

(13) 结构释放孔:需要悬浮释放的质量块结构上必须设计结构释放孔(图 3.17)。结构释放孔的尺寸不小于 $5μm×5μm$,孔间隙不大于 $15μm$,不影响结构性能的条件下应尽可能增大结构释放孔的尺寸与分布密度。

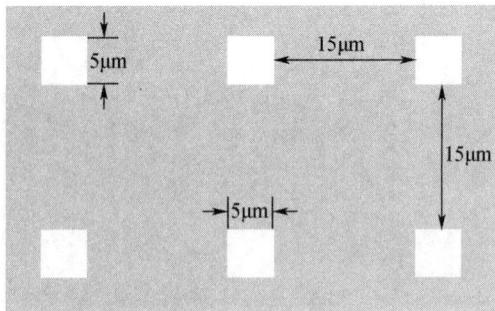

图 3.17 结构释放孔最小尺寸与分布密度

(14) 金属电极尺寸:金属压焊点尺寸不小于 $100μm×100μm$,引线宽度不小于 $20μm$,引线间隙不小于 $20μm$,如图 3.18 所示。

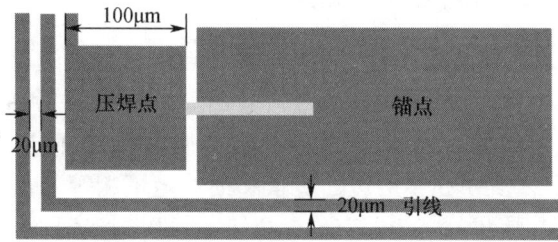

图 3.18　金属电极最小尺寸示意图

版图设计其余注意事项如下：

（1）设计时要尽量考虑到工艺流程中各工艺中造成的线宽变化，并对版图的几何尺寸进行余量设计予以补偿，如湿法腐蚀带来的横向钻蚀，高温长时间扩散或推进造成的横扩。

（2）版图中图形尽量以方形拼接而成，不要在 L-edit 制版软件中进行 merge 操作，版图中图形尽量以矩形拼接而成，避免用多边形，以减少制版机生成图形的难度。

（3）同一图层两个图形的连接处应该尽量避免在边界有搭接，否则由于制版原理所致，图形将产生严重失真。同一图层需尽量避免同样图形的重叠，否则图形也将严重失真。

梳齿式微机械加速度计主要性能指标见表 3.2。

表 3.2　梳齿式微机械加速度计主要性能指标

序　号	项　目	单　位	指　标
1	量程	g	2～100
2	阈值/分辨力	g	1×10^{-1}～5×10^{-5}
3	偏值稳定性	g	1×10^{-1}～1×10^{-4}
4	标度因数稳定性	10^{-6}	10～10000
5	频响	Hz	10～10000

梳齿式微机电加速度计不仅成为微型惯性测量组合（Micro Inertial Measurement Unit，MIMU）的核心元件，也迅速扩大到其他民用领域。在军用领域，梳齿式微机电加速度计主要用于战术武器中段制导、灵巧炸弹等场合。梳齿式微机电加速度计占据了民用领域主要的份额，主要用于车辆控制、汽车安全、高速铁路、摄像机、照相机、机器人、工业自动化、医用电子设备、鼠标、高级玩具等。

3.1.2 "跷跷板"摆式电容加速度计

"跷跷板"摆式电容加速度计,又称扭摆式硅微机电加速度计(Pendulous Micromachined Silicon Accelerometer, PMSA),其典型结构如图 3.19 所示。敏感质量(即"跷跷板")与下面的玻璃基片(基片上镀金属电极)之间形成差动检测电容。由于质量片分别位于支承扭梁两边的质量和惯性矩不相等,所以当存在垂直于基片的加速度输入时,质量片将绕着支承梁扭转,从而电容大小发生改变。相应的一对电容总是一个增大,一个减小,形成差动电容。测量差动电容值即可得到沿敏感轴输入的加速度。它的检测电路与梳齿式微机电加速度计类似,既有开环控制又有闭环控制的,现在多数已实现闭环控制。摆片与基片之间形成的差动电容由载波信号激励,输出的电压经过放大和相敏解调作为反馈信号加给力矩器电容极板,产生静电力,使得极板的转角回到零位附近。加在力矩器电容极板上的平衡电压和被测加速度成线性关系。

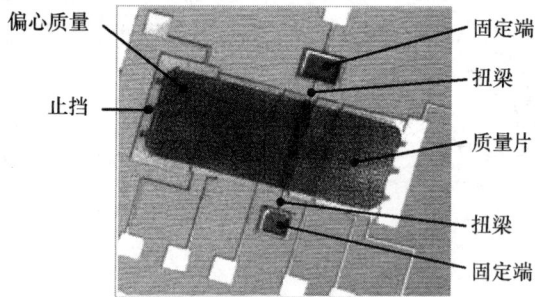

图 3.19 扭摆式硅微机电加速度计结构

扭摆式硅微加速度计的工艺与梳齿式硅微加速度计基本兼容。梳齿式硅微加速度计的输入敏感轴与安装基面平行,而扭摆式硅微加速度计敏感轴与安装基面垂直。因此可以将这两种结构组合起来,可形成单晶片三轴硅微加速度计。

典型扭摆式硅微机电加速度计主要性能指标见表 3.3。

表 3.3 典型扭摆式硅微机电加速度计主要性能指标

序 号	项 目	单 位	指 标
1	量程	g	100 ~ 125000
2	偏值稳定性	mg	0.55 ~ 44000
3	非线性度		0.6% ~ 3.1%

　　扭摆式硅微机电加速度计主要应用在军用领域,主要用于战术武器中段制导和灵巧炸弹等场合。

　　微机械加速度计的检测质量和挠性扭梁可由一硅片用薄片溶解法制成,摆的效应由偏心结构产生。检测质量和挠性轴通过固定支架,阳极焊接在派热克斯玻璃基片上。当输入加速度时,检测质量绕挠性轴转动,引起电容变化,该变化量通过电容电桥测量,经交流放大和解调,产生与输入加速度成正比的电压。

　　以某"跷跷板"电容摆式微机械加速度计结构设计为例,介绍其机械机构,具体结构如图 3.20 ~ 图 3.25 所示。

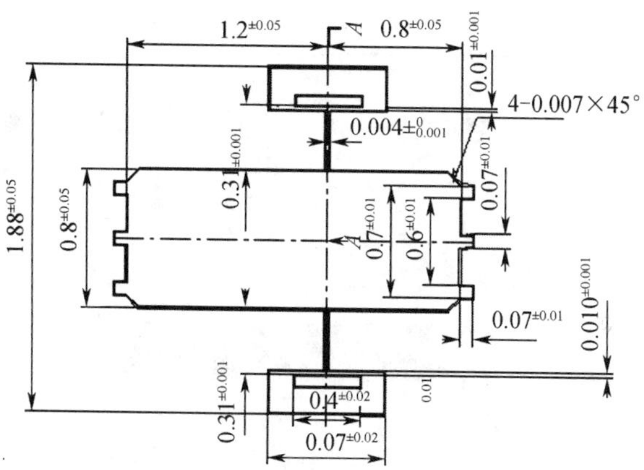

图 3.20　硅片主视图[4]

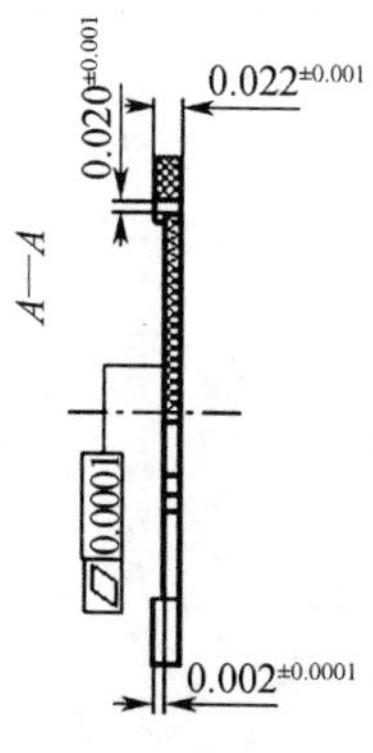

图 3.21　硅片侧视图[4]

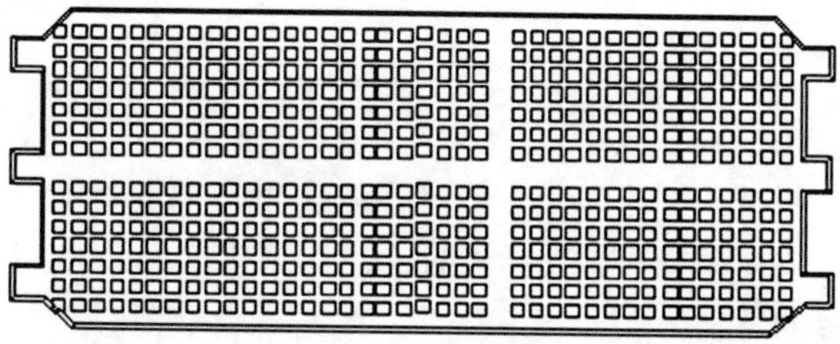

图 3.22　开孔的硅摆片[4]

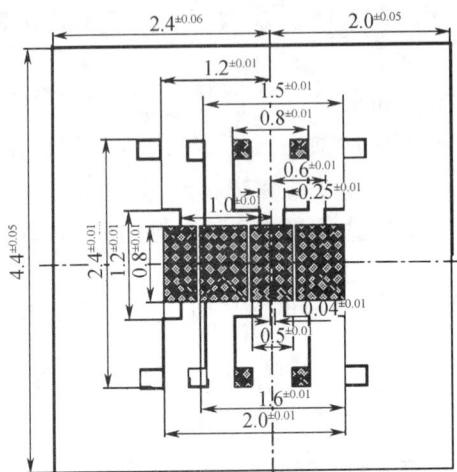

图 3.23　玻璃电极主视图[4]　　　　　　　图 3.24　玻璃电极侧视图[4]

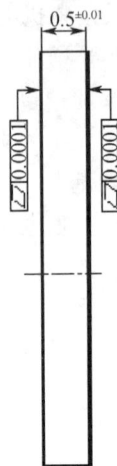

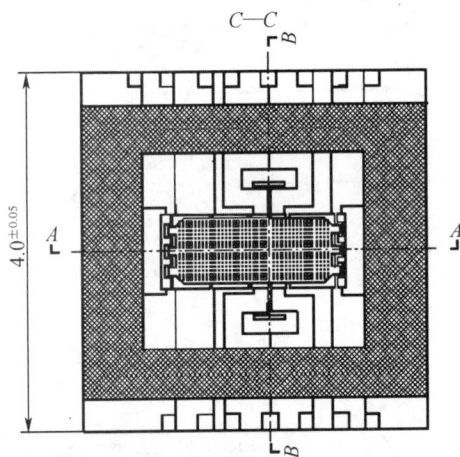

图 3.25　封装的硅表头装配图俯视图[4]

扭摆式加速度计的尺寸示意图如图 3.26 所示。

l、w 分别表示支承梁的长和宽,质量片的厚度(即支承梁的厚度)为 h,且令质量片的总长为 $l_t = 2a_1 + 2a_2 + a_3$。那么,惯性扭矩带来的扭转角为

$$\varphi = \frac{M_t l}{2GI_n} = \frac{\rho a_3 bhl_t l}{4G\beta w^3 h} \cdot a = \frac{\rho a_3 bl_t l}{4G\beta w^3} \cdot a \tag{3.9}$$

式中:M_t 为惯性扭矩,$M_t = m^* a l_t / 2 = (\rho a_3 bhl_t/2)a$,$a$ 为输入加速度,m^* 为敏感质

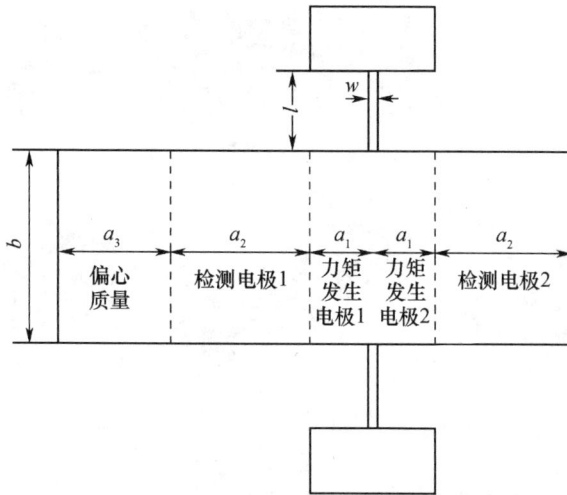

图 3.26　扭摆式加速度计尺寸示意图

量片偏心质量，ρ 为材料密度；$I_n = \beta w^3 h$ 为惯性矩；β 为与 h/w 有关的参数；$G = \dfrac{E}{2(1+\mu)}$ 为剪切弹性模量，E 为弹性模量，μ 为泊松比。

可以看出扭转角的大小与质量片的厚度没有关系，与支承梁宽度的三次方成反比，与加速度大小成正比。检测电极的间隙变化为

$$\Delta d = l_d \varphi = \frac{\rho a_3 b l_t l \cdot l_d}{4 G \beta w^3} \cdot a \tag{3.10}$$

式中：l_d 为检测电极中心到支承梁的距离。

如果检测电路所能检测的单边最小电容变化为 $\dfrac{\Delta C_{\min}}{C_0}$，那么电路所能检测得到的最小加速度为

$$a_{\min} = \frac{4 G \beta w^3}{\rho a_3 b l_t l \cdot l_d} \cdot \Delta d = \frac{4 G \beta w^3}{\rho a_3 b l_t l \cdot l_d} \cdot \frac{\Delta C_{\min}}{c_0} \cdot d_0 \tag{3.11}$$

这就是加速度计的计算分辨力。

对结构进行固有振动模态的仿真，图 3.27 是其仿真结果。由图看出，绕支承梁的扭转是活动质量片自然振动时的第一模态，振动频率 $f_1 = 501\,\mathrm{Hz}$（用力学公式计算 $f_1 = 419\,\mathrm{Hz}$）；绕 z 轴的扭转是第二振动模态，$f_2 = 9563\,\mathrm{Hz}$。前两阶模态相差近 20 倍。

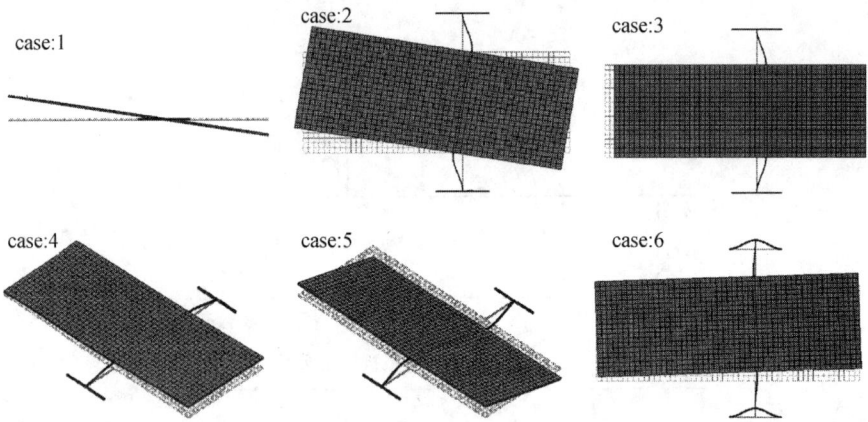

图 3.27 扭摆式加速度计前六阶振动模态[4]

3.1.3 "三明治"摆式电容加速度计

"三明治"摆式电容加速度计最多的结构类型称为悬臂梁式硅微机电加速度计(Cantilever beam Micromachined Silicon Accelerometer,CMSA)。其结构从石英挠性摆式加速度计结构借鉴延续下来,如图 3.28 所示。夹在中间的敏感质量摆片与镀在上下两边玻璃上的检测电极形成一对差动电容敏感输入加速度的大小;另外,通过镀在两边玻璃上的加力电极施加静电反馈力,形成闭环控制系统。如果排除加工难度的因素,这种结构是较为理想的,该结构可做出精度较高、封闭性较好的加速度计。

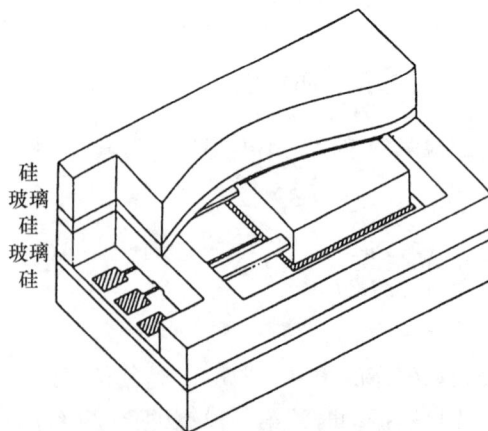

图 3.28 玻璃—硅—玻璃结构悬臂梁式硅微加速度计

其他"三明治"结构如图 3.29 所示。

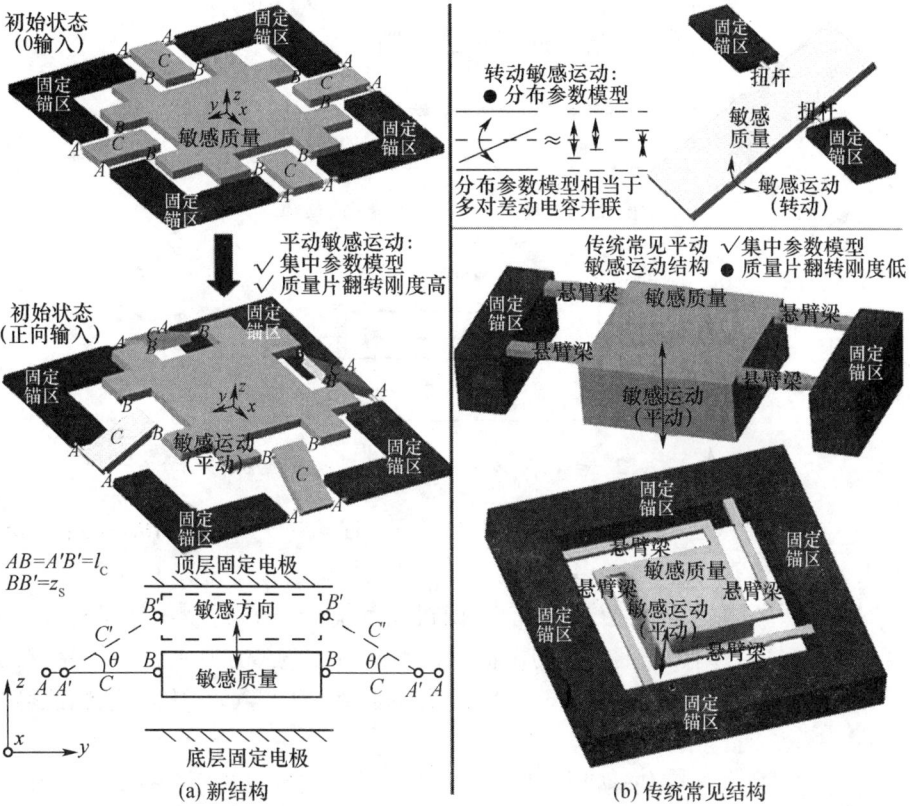

图 3.29　其他"三明治"结构一览(仅示出中间层)[5]

　　根据所用三层材料的不同,"三明治"式敏感结构可分为两类:一类是玻璃—硅—玻璃结构(图 3.30);另一类是全硅结构,又可细分为硅—硅—硅结构(图 3.31)和两层多晶硅一层硅的结构(图 3.32)。

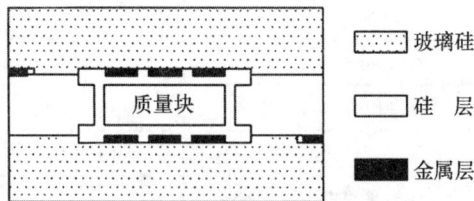

图 3.30　玻璃—硅—玻璃"三明治"结构

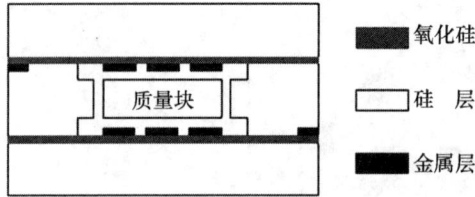

图 3.31 硅—硅—硅"三明治"结构

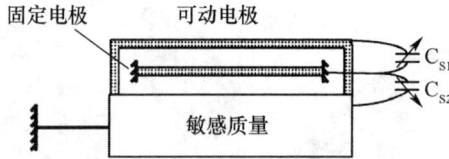

图 3.32 两层多晶硅—层硅的"三明治"结构

这三类结构加工分别采用 SOG(Silicon on Glass)工艺、SOI(Silicon on Insulator)工艺和 LPCVD 淀积掺杂多晶硅工艺,三种工艺流程如图 3.33 所示。

"三明治"摆式电容加速度计是应用微机电系统(MEMS)技术加工制作,敏感垂直于芯片平面方向加速度信号的微惯性仪表。由于敏感方向垂直于芯片,与梳齿电容式等平面微加速度计集成时易保证垂直度,敏感电容面积比较大,因此可开发高精度三轴测量微加速度计。

"三明治"摆式电容加速度计通常为玻璃—硅—玻璃或硅—硅—硅"三明治"微结构,需要双面对准加工键合,相对梳齿式等结构加工难度大,但性能指标较高,亦称其为 μg 级的高精度微机械加速度计。典型"三明治"摆式电容加速度计主要性能指标见表 3.4。

表 3.4 典型"三明治"摆式电容加速度计主要性能指标

序 号	项 目	单 位	指标
1	量程	g	±3
2	阈值/分辨力	μg	3
3	整表噪声水平(10Hz ~ 1000Hz)	$\mu g/Hz^{1/2}$	0.3 ~ 0.5
4	标度因数温度灵敏度	$10^{-6}/℃$	75
5	零偏温度灵敏度	$\mu g/℃$	100
6	动态范围	dB	120

玻璃   硅   金属   氧化硅

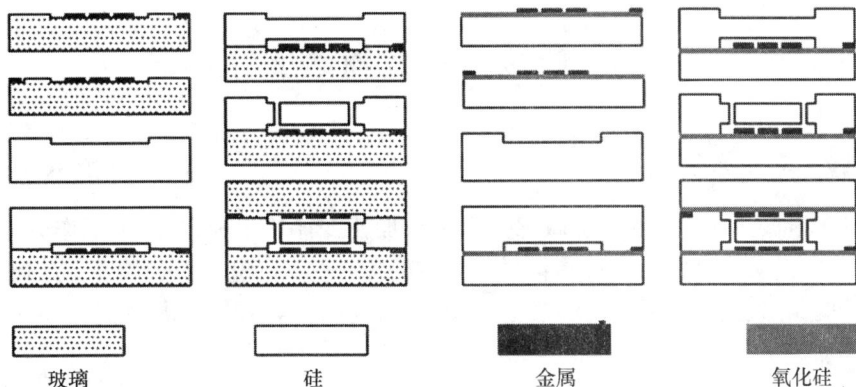

(a) 加工玻璃—硅—玻璃结构的SOG工艺   (b) 加工硅—硅—硅结构的SOG工艺

①掺硼定义检测质量、具臂梁。第一次氮化硅淀积定义电极锚区和中间电极下方电隔离区

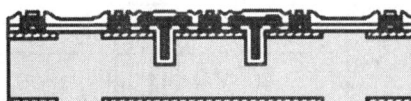

②重复前面工艺,通过LPCVD淀积氮化硅和二氧化硅牺牲层,同样通过部分刻蚀牺牲层准备制作上层电极的止挡

③刻蚀坑道以实现中间电极垂直加强结构

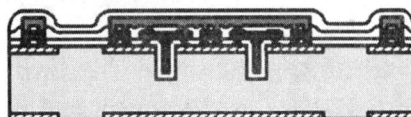

④上层电极多晶硅淀积与阻尼孔刻蚀,多晶硅层用另一层LPCVD二氧化硅层封住

⑤用LPCVD做第一个二氧化硅牺牲层,通过部分刻蚀牺牲层为以后电核的止制作做准备

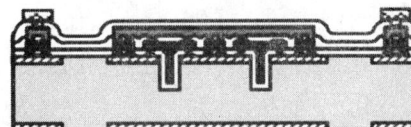

⑥裂片,图形金属化

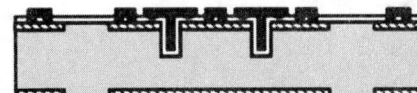

⑦LPCVD淀积多晶硅作电极,通过图形刻蚀制作阻尼孔

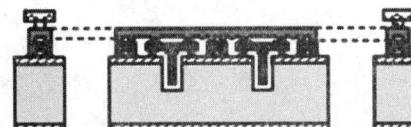

⑧湿法释放结构,并用HF+DL水(1,1)去除牺牲层

(c) 加工两层多晶硅—层硅的LPCVD工艺

图 3.33 "三明治"结构的三种加工工艺[5]

"三明治"摆式电容加速度计除可用于战术武器外,还用于探矿测震等领域。

3.2 硅微谐振式加速度计

3.2.1 工作原理

硅微谐振式加速度计是力敏感类微机械加速度计的一种,其基本工作原理可由图 3.34 说明:检测质量 M_p 将沿敏感方向的加速度 a 转化为惯性力 P 施加于振梁的轴向,导致振梁谐振频率的改变,可通过梳齿电容等方式检测该变化,从而间接测得加速度。

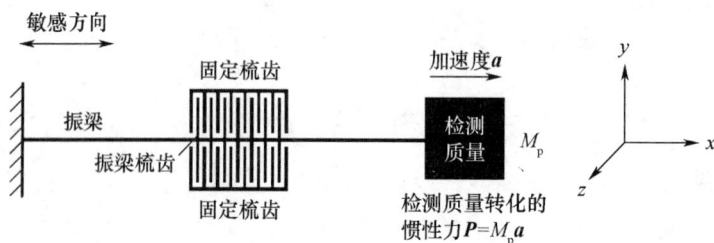

图 3.34 硅微谐振式加速度计工作机理示意图

硅微谐振式加速度计由于直接输出频率信号(一种准数字信号,信号不需要经过 A/D 转换而直接进入数字电路系统),在信号传输与处理过程中不易出现误差,不易受环境噪声影响,因此易于实现高精度测量。

硅微谐振式加速度计通常设计成差动结构,如图 3.35 所示。振动梁由硅或晶体石英材料制作,通过静电或压电作用等方式以谐振频率产生振动。双边梁在振动驱动模式下振动。当加速度形成的惯性力加在梁上时,输入加速度将引起振梁张力的变化,从而振动梁的谐振频率将发生变化改变,一边振动梁谐振频率增加,

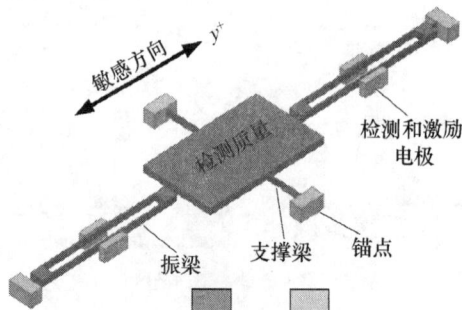

图 3.35 硅微谐振式加速度计原理框图[6]

而另一边振动梁则频率减小,通过信号处理,其差动频率对应着输入加速度的大小。

加速度作用于质量块上,使得左右两边的双端音叉结构分别受到拉力和压力,则谐振梁的谐振频率将会发生变化,其关系式为

$$f = f_0 \sqrt{1 + \frac{l^2}{\pi^2 EI} F} \tag{3.12}$$

其中 $f_0 = \frac{30}{2\pi l^2} \sqrt{\frac{EI}{\rho S}}$。通过检测频率的变化,可以得到加速度的变化。频率检测有稳定性强、便于进行数字化处理的优势,所以谐振式加速度计很有发展前途。

$$f(P) = f_0 \sqrt{1 + \left(\frac{1}{2\pi}\right)^2 \frac{A m_p l^2 g_N a}{2EI}}$$

图 3.36 为使用双端音叉结构的谐振加速度计输入输出关系图。

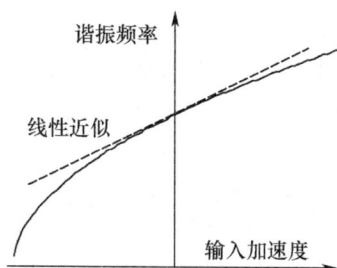

图 3.36 使用双端音叉结构的谐振加速度计输入输出关系图[6]

硅振梁加速度计是依靠机械谐振原理工作的惯性仪表,硅质量块敏感到的加速度对谐振梁施加轴向应力,引起谐振器的谐振频率发生变化,经过位移检测电路和稳幅控制电路进入驱动电路,对谐振梁施加驱动力,通过测频电路测量频率变化而敏感轴向输入加速度的大小。

由于硅振梁加速度计为频率输出式传感器,输出信号可以直接与数字信号处理器件通信,而无需进行模数转换。与石英振梁加速度计相比,硅振梁加速度计的优越性体现在以下几点:①硅加速度计采用半导体器件级单晶硅材料制造,它是一种良好的弹性材料;②硅工艺能够制造微小尺寸的谐振子组件,封装应力很小;③基于电容的静电谐振驱动和检测,与压电石英晶体相比具有更大的设计灵活性。硅具有更理想的机械和电子特性,以及其与 IC 制造工艺的兼容性,使之成为加速度计敏感结构的热选材料。在一个硅片上既可以完成机械加工,又可以完成电子线路的集成,集成度高,尺寸小,而且硅的强度高(比不锈钢高三倍),弹性变形小,抗过载能力强,可以在恶劣环境下长期稳定地工作。

根据测量方式,硅振梁加速度计可以分为单轴硅振梁加速度计和双轴硅振梁加速度计;根据检测和激励机制,硅振梁加速度计可以分为静电激励与电容检测式、磁激励与检测式、电热激励与压阻检测式、光热激励与光检测式、介质激励与检测式。

3.2.2 结构特点

3.2.2.1 中心对称式结构

如图 3.35 所示,硅微谐振式加速度计一般采用中心对称式结构。检测质量将沿敏感方向的加速度转化为惯性力后,谐振结构 A 和谐振结构 B 分别受轴向拉力和压力,两者的横向自由振动频率分别增大和减小,通过信号差分处理,获得两者频率差,从而间接测得加速度的大小。这种通过对称结构进行差动测量的方法,不仅可以增大加速度计的标度因数(差动测量后为单个谐振结构标度因数的两倍),而且使得两个谐振结构的部分共同误差因素相互抵消,从而提高加速度计的测量效率和精度。

而硅微谐振式加速度计的结构关于敏感方向(图 3.35 中的 y 向)对称,可以有效降低加速度计对非敏感方向加速度的误操作,从而保证加速度计的有效测量,提高加速度计的稳定性。

目前公开发表的相关文献中,硅微谐振式加速度计多采用双端音叉(Double - Ended Tuning Fork, DETF)作为谐振结构。

如图 3.37 所示,DETF 结构将一对平行振梁的两端分别合并,再与其他结构连接(以下将该连接处简称"锚点")。理论上,如果通过适当的激励方式使得两根振梁在同一平面内反相振动,则振梁在锚点产生的应力和力矩方向相反、相互抵消,因而整个 DETF 结构通过锚点与其他结构(外界)的能量耦合将大大减小。DETF 结构的理论 Q 值应比单根振梁形式的谐振结构要高。

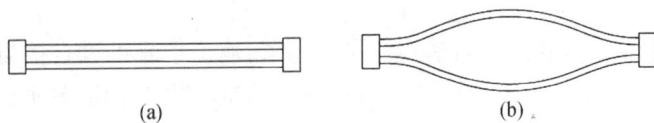

图 3.37 双端音叉结构

图 3.38 为反相激励下的微机械 DETF 结构前四阶模态分析结果,可知对微机械 DETF 结构的两根振梁采用大小相等、方向相反的激励信号,的确可以使两根振梁在同一平面内反相振动(第一阶模态),并且 DETF 结构每根振梁的各阶振型与相应的单根振梁振型相同。

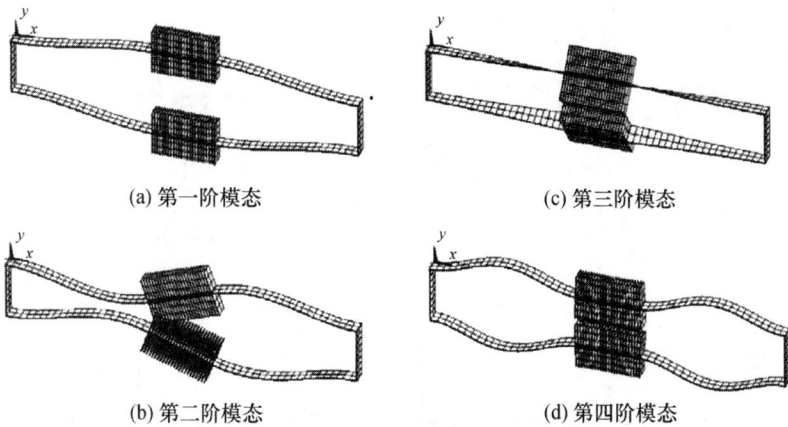

(a) 第一阶模态

(c) 第三阶模态

(b) 第二阶模态

(d) 第四阶模态

图 3.38　双端固定音叉结构的前四阶模态[7]

3.2.2.2　微机械杠杆

硅微谐振式加速度计可采用微机械杠杆对检测质量转化的惯性力进行放大。增大施加于谐振结构的轴向力 P 有利于增大谐振结构的标度因数 SF。

一般认为,增大标度因数 SF 对硅微谐振式加速度计的精度有意义。例如同为检测 $1\mu g$ 大小的加速度,若标度因数 $SF = 1000 Hz/g$,则要求加速度计至少具有高于 $1 mHz$ 的频率分辨率;若标度因数 $SF = 1 Hz/g$,则对加速度计频率分辨率的最低要求提高至 $1\mu Hz$。增大标度因数 SF,意味着可以降低对加速度计频率分辨率的要求;换句话说,在不降低频率分辨率的同时增大标度因数 SF,则可以提高加速度计的精度。

然而,引入微机械杠杆结构将导致加速度计结构的复杂化,并且微机械杠杆由于采用柔性支点与宏观杠杆的设计存在一定差异。宏观杠杆的力放大倍数可以根据输入力臂与输出力臂的比值直接计算,这是由于宏观杠杆的转动轴一般为滑动或滚动轴承,使得杠杆可以绕支点自由转动。然而,微机械杠杆由单晶硅片整体刻蚀而成,支点由细小硅梁构成,因此不能简单根据宏观杠杆规律计算微机械杠杆的力放大倍数。

对于微机械杠杆结构,分析时可将杠杆臂近似认为是完全刚性结构,将支点 P、输入点 I、输出点 O 认为是挠性结构,此时,图 3.39(a)所示的单级微机械杠杆可以抽象为图 3.39(b)所示的力学模型。

硅微谐振式加速度计微敏感结构制备可采用体硅 SOG(Silicon on Glass)工艺。

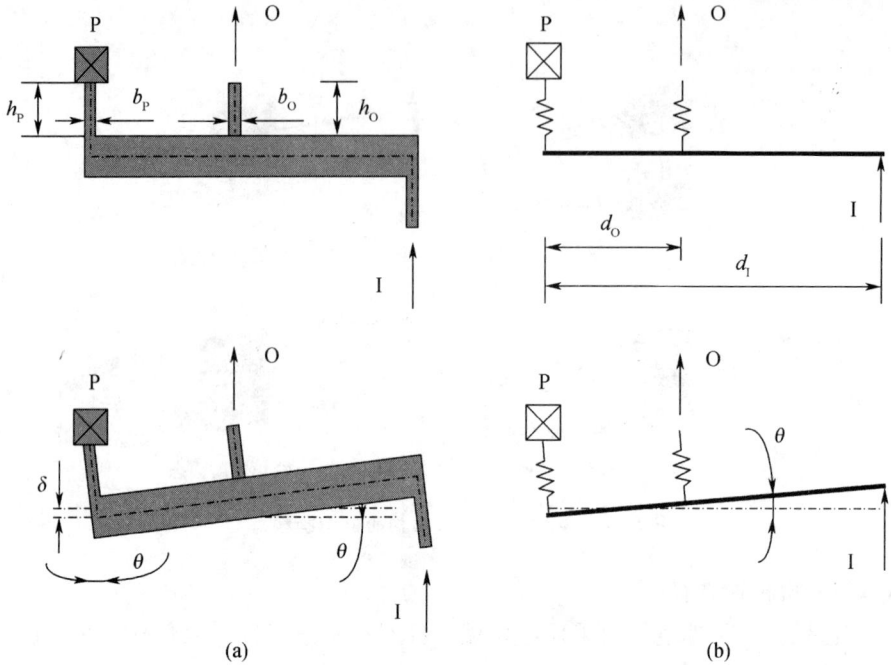

图3.39 单级微机械杠杆[7]

对于硅微谐振式加速度计，Q 值是很重要的参数。图3.40 是对两种结构机械品质因数 Q 的试验结果。随着环境气压的增大，采用 DETF 结构的硅微谐振式加速度计 Q 值从采用单根振梁（Single tuning beam, S）结构的 1.95 倍（气压为

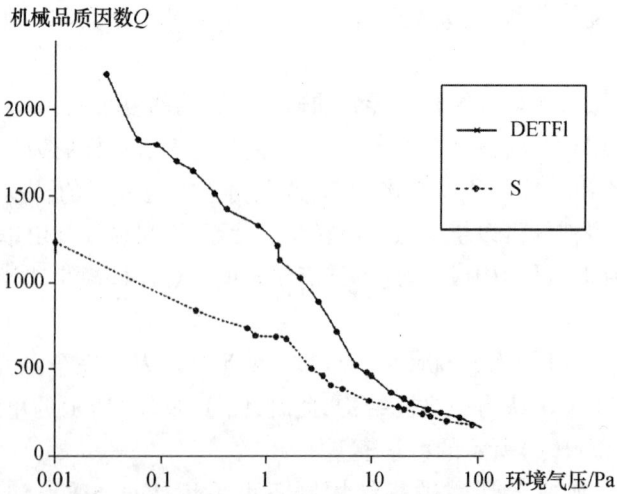

图3.40 两种结构机械品质因数 Q 的试验结果[7]

0.01Pa)减小至 1.12 倍(气压为 86.8Pa);环境气压低于 20.1Pa 时,采用 DETF 结构的加速度计 Q 值随气压变化的速率大于采用 S 结构的加速度计;气压高于 20.1Pa 时,分别采用两种谐振结构的加速度计的相对 Q 值差异(DETF $-$ S)/DETF 小于 13.67%。

3.2.3 系统组成

硅振梁加速度计主要由谐振器、位移检测电路、电压稳幅电路、测频电路和驱动放大电路组成。谐振器由质量块、振动梁、驱动电极和检测电极组成;位移检测电路测量谐振梁的振动位移;幅值测量电路和校正网络电路完成稳幅控制;测频电路测量位移信号振动的频率从而感知输入加速度的变化。

如图 3.41 所示,谐振器 A 和 B 在驱动电路作用下产生谐振,当检测质量在 y 轴正方向感受输入加速度时,敏感质量形成的惯性力对谐振梁 A 产生拉伸力,而对谐振梁 B 产生压缩力,从而引起谐振器 A 的谐振频率增大,而谐振器 B 的谐振频率减小。通过位移检测电路得出振动的位移信息,由于谐振梁幅值的波动引起谐振频率的变化,因而驱动电压需要稳幅控制。首先通过幅值测量电路得到振动幅值,再与参考电压进行比较,经过校正网络反馈至驱动端,由于电容式振梁谐振

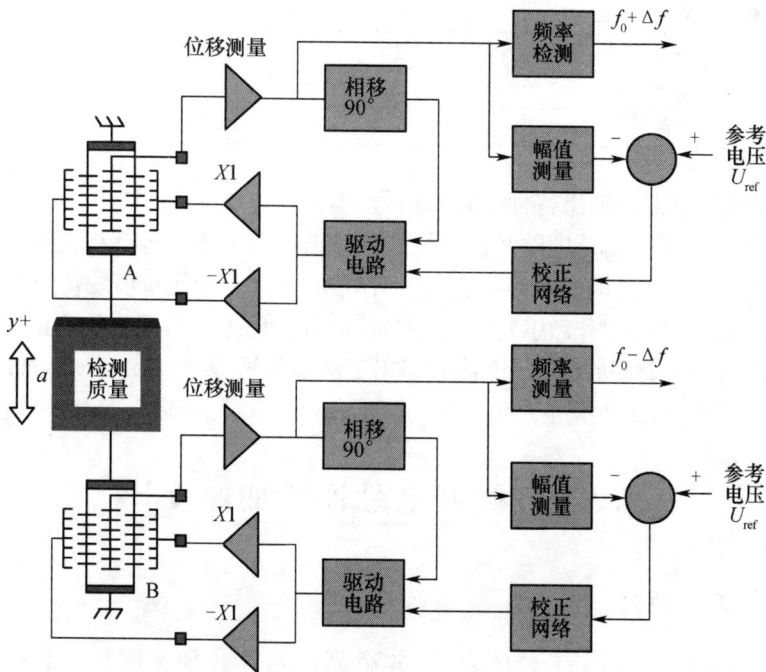

图 3.41 硅振梁加速度计组成原理框图

器存在90°的相移,因而位移信号与驱动信号存在90°的相移,在进入驱动电路前位移信号需要经过移相电路,将位移信号与校正后的信号叠加后,经过放大后对驱动梳齿施加驱动激励。与此同时,位移信号经过测频电路测得的频率变化从而敏感输入加速度的大小。

对于硅振梁加速度计的应用选择,无论是战术还是战略武器系统的应用,选择的主要标准都是依据系统对加速度计需要的量程、偏值稳定型和重复性、标度因数的线性度等指标要求,同时还要考虑偏值和标度因数的温度系数指标,其他指标就要根据具体型号的工作环境来确定了(表3.5)。

表3.5 硅振梁加速度计技术指标

参 数	单 位	战术级	战略级
零偏长期稳定性(三个月)(1σ)	μg	1~100	1
零偏短期稳定性(10h)(1σ)	μg	1~5	0.5
标度因数长期稳定性(三个月)(1σ)	10^{-6}	1~100	10
标度因数短期稳定性(10h)(1σ)	10^{-6}	1~5	5
二阶非线性系数 g^2(补偿后)	$μg/g^2$	0.1~0.2	1
噪声	$μg/\sqrt{Hz}$	10~22	1
失准角长期稳定性(三个月)(1σ)	″	0.1~5	—
失准角短期稳定性(10h)(1σ)	″	0.1~2	0.4
带宽	Hz	100	—
量程	g	15~200	2
冲击	g	70~170	—

谐振式传感器的输出特性是频率信号,不必经过A/D转换就可以方便地与微型计算机连接,组成高精度的测控系统。同时谐振式传感器还具有机械结构牢固、精度高、稳定性好、灵敏度高等特点,是一种很有前途和应用价值的传感器。

用硅或晶体石英制作敏感元件性能稳定,也适于低成本、高批量生产工艺。达到理想高精度的振动式微机械加速度计有望用于洲际弹道导弹(InterContinental Ballistic Missile, ICBM)和战略核潜艇(Strategic Submarine Ballistic Nuclear, SSBN)导航制导。

3.3 硅微静电悬浮式加速度计

3.3.1 工作原理

近年来随着MEMS工艺的发展,硅微静电悬浮式加速度计(Electrostatically Evitated MEMS Accelerometer)也开始发展起来,出现了微机械的圆盘静电悬浮加速度计、圆环静电悬浮加速度计和球形静电悬浮加速度计,但仍处于原理样机研究阶段。

球半导体公司(Ball Semiconductor Inc.)联合日本东北大学(Tohoku University)和东机美株式会社(Tokimec Inc.)于 2002 年研制成功 MEMS 静电悬浮球形三轴加速度计,如图 3.42 和图 3.43 所示。

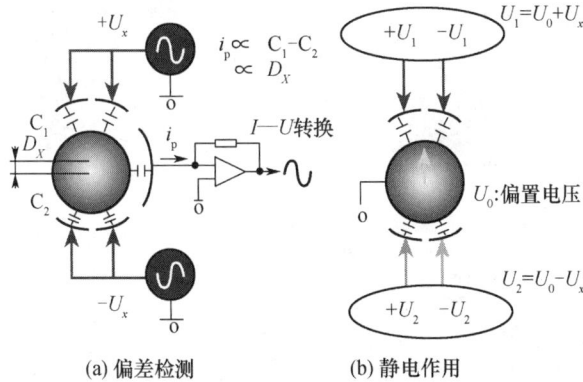

(a) 偏差检测　　　　(b) 静电作用

图 3.42　静电悬浮原理[8]

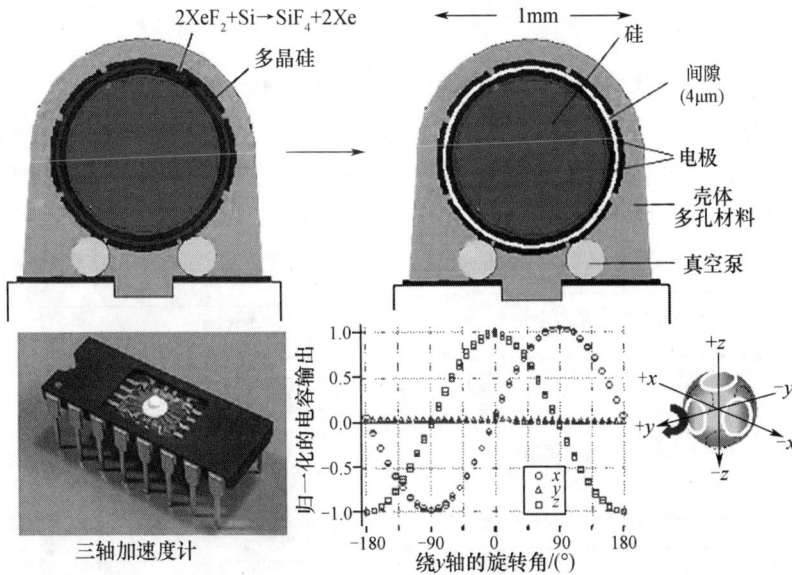

图 3.43　三轴静电悬浮加速度计[8]

日本东机美株式会社和日本东北大学江刺正喜(Masayoshi ESASHI)教授合作,于 2003 年推出了能同时测量三轴线加速度和两轴角速度的环形转子式微陀螺/加速度计,如图 3.44 所示。

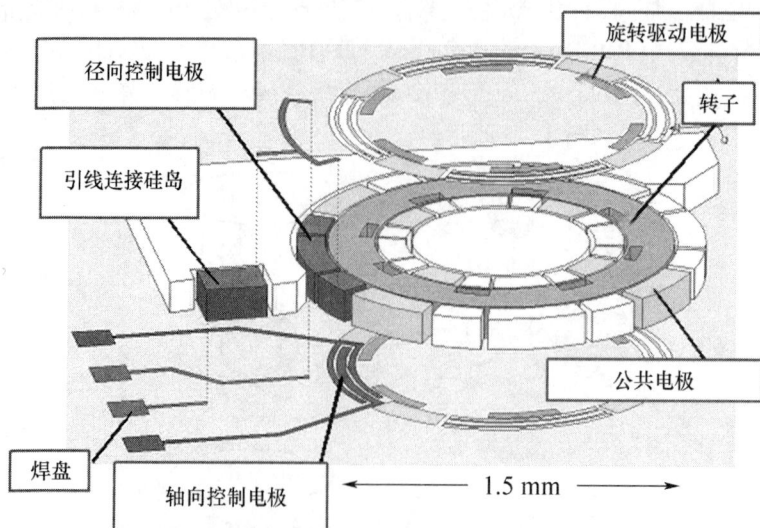

图 3.44　环形转子式微陀螺/加速度计表头结构示意图[9]

3.3.2 结构特点

图 3.45 为悬浮微敏感表头的工艺路线,具体流程如下:

（1）玻璃工艺:将顶层和底层玻璃涂敷光刻胶,按照绘有键合台和止挡面的掩模版进行光刻,经过曝光和显影后,采用缓冲 HF 酸溶液对玻璃表面进行刻蚀,刻蚀出键合台面和轴向止挡,由于止挡径向尺寸较小,在刻蚀时会被 HF 溶液侧掏形

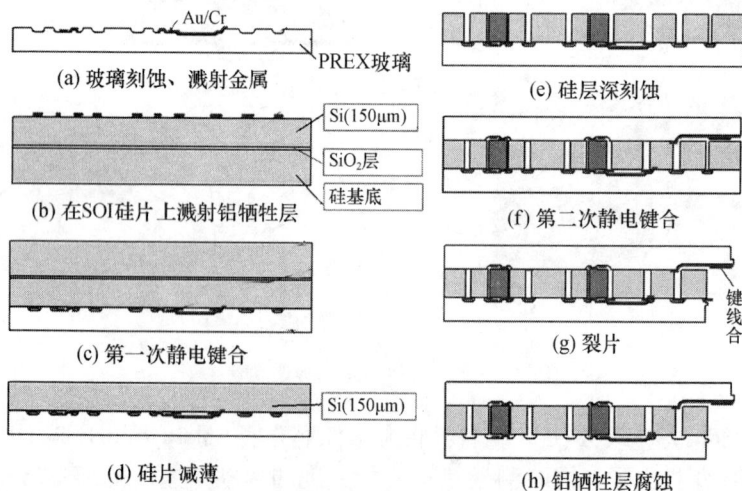

图 3.45　悬浮表头工艺流程图

成"宝塔形",止挡作用:①为防止第二次键合时,硅质量环粘附到玻璃表面;②在工作时防止质量环与轴向电极发生接触,从而引起短路。再次对玻璃涂满光刻胶,按照绘有金属电极分布的掩模版进行光刻,经过曝光、显影后,在玻璃表面上溅射金属导带(Cr/Au)。

(2)铝牺牲层工艺:对 SOI 硅片中的硅层抛光减薄至 $150\mu m$,按照设计的掩模版,经过光刻、曝光和显影后,在硅表面溅射铝牺牲层。

(3)玻硅静电键合工艺:将硅片上结构图形和底层玻璃片上的结构图形按照对位标记对准,然后在静电键合台上进行玻硅静电键合。

(4)硅片减薄:将硅基底和 SiO_2 层刻蚀掉,并对刻蚀表面进行抛光表面的处理。

(5)硅层深刻蚀:采用反应离子深刻蚀(DRIE)将硅层刻透,刻蚀出径向电极、导通硅和质量环。

(6)第二次静电键合:底层玻璃和硅层的结构图形对准,在静电键合台上进行玻硅键合,并在玻璃背面划槽,为后来的裂片做准备。

(7)裂片:将整个硅片掰裂形成管芯。

(8)铝牺牲层刻蚀:将管芯浸入铝腐蚀液(Al etchant)中,通过玻璃和硅层上的沟道,进入管芯腔体内,利用超声波加速腐蚀液流动,与铝牺牲层反应,生成可溶性物质;随后将芯片浸泡在蒸馏水中,通过超声波加速管芯腔内腐蚀液向外扩散,最后将管芯烘干。

3.3.3 系统组成

支承控制系统是硅微静电悬浮式加速度计最重要的关键技术。进行支承控制系统设计时需要重点考虑以下四点:①支承系统具有足够的稳态裕量和较高的静刚度;②能够精确跟踪外界输入加速度;③在外部的振动或冲击下具有足够的动态刚度;④具备很快的过渡过程和很小的超调量。

单轴支承控制系统的工作原理如图 3.46 所示,U_{sin} 为加载在公共电极 S_{com} 上的激励信号,电极对 S_1、S_3 和 S_2、S_4 与质量环分别构成两对差动电容;R_g 和 C_g 构成隔离网络;在运动方向上加止挡可以防止质量环 m 与 S_1、S_2、S_3 和 S_4 相接触引起短路;质量环偏离腔体中心的位移 e_r,通过位移检测电路 $G_s(s)$ 后形成电压信号 U_{dc},经过控制器计算输出电压 U_c,加力电路 $G_{az}(s)$ 将 U_c 和预载电压 U_p 相叠加后加载到检测/控制电极上,通过静电力将质量环重新拉回平衡位置,设计质量环五自由度支承系统的最终目标是精确测量捷联载体的三轴线加速度和两轴角速度。

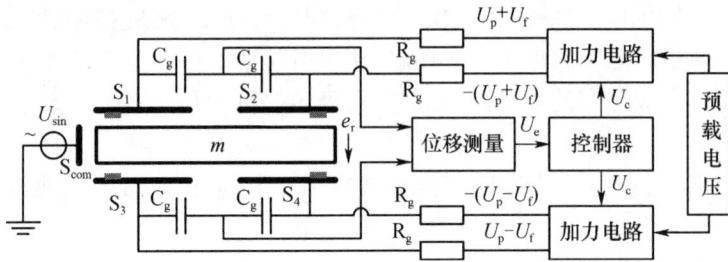

图 3.46　单轴支承控制系统原理图[10]

静电悬浮微加速度计实现加速度检测的基础在于敏感质量的受控悬浮——通过闭环控制使悬浮质量块在静电力作用下稳定悬浮,始终保持其与固定电极的相对位置不变。通过控制电压的调节,悬浮质量块始终处于力平衡和力矩平衡状态:由控制电压产生的静电力合力与外界输入加速度带来的惯性力相平衡,静电力合力矩与外界输入角速度产生的惯性力矩相平衡,控制电压可以直接反映作用于加速度计的加速度,根据两者之间的数值关系可以实现对加速度的检测。

实现静电悬浮须对质量块进行五自由度的位置控制,分别是沿 x、y、z 方向平动,绕 x、y 轴转动。静电悬浮的原理图如图 3.47 所示,图中只示意了在三个自由度上的控制电极,即沿 y、z 方向平动及绕 x 轴转动,另两个自由度的情况类似。

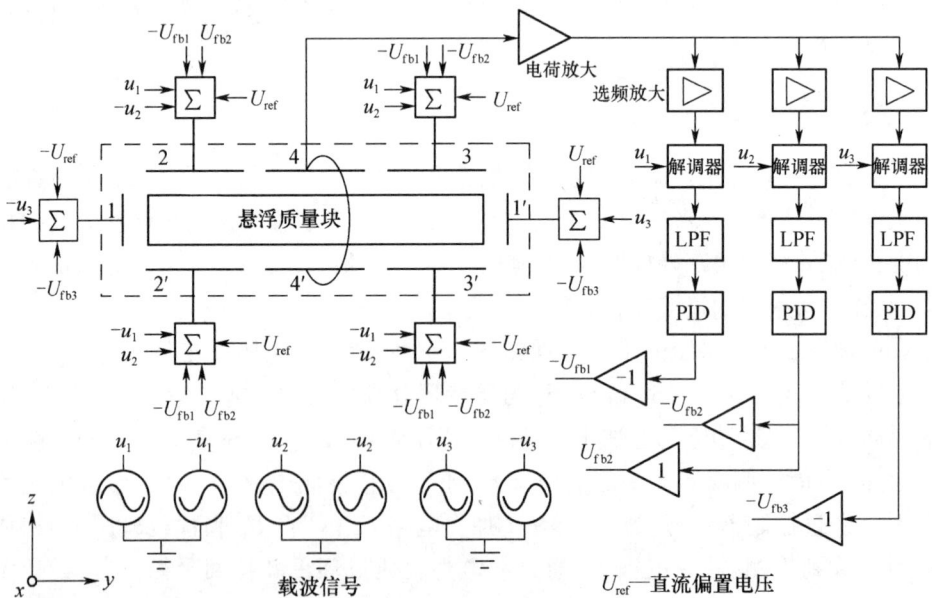

图 3.47　静电悬浮原理示意图[11]

图 3.48 为某悬浮微陀螺/加速度计支承线路的硬件组成框图,支承线路包括文氏电桥、位移测量电路、加力电路和 DSP 数字控制电路。采用六路位移检测电路实现质量环五自由度的位置检测,在数字控制电路中通过转换矩阵将六路位移信号转换为五自由度的位移信号,在数字控制器中计算出五自由度控制信号,能反映悬浮微陀螺/加速度计三轴线加速度和两轴角速度的大小,再经过转换矩阵形成六路反馈电压,通过加力电路施加到控制电极上实现闭环控制。

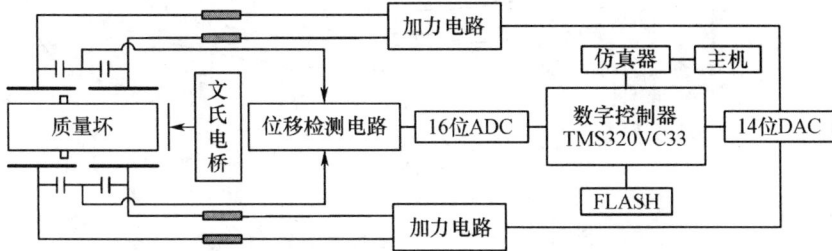

图 3.48 某悬浮微陀螺/加速度计支承线路组成框图[10]

日本 Tokemic 公司的环形悬浮微陀螺/加速度计中位移检测线路采用频分复用方式[9],在 1MHz ~ 2.6MHz 范围内选用五种频率(1MHz、1.4MHz、1.8MHz、2.2MHz 和 2.6MHz)分别对应五自由度位移检测电路的激励频率,将激励加载在质量环五自由度运动对应的控制电极上,从公共电极拾取检测信号,经过电荷放大器转换为电压信号,通过五路模拟乘法器进行选频和同步解调,再经过低通滤波器和电压放大得到五轴位移信号。

静电悬浮加速度计采用了力(矩)平衡方式来实现惯性质量块的稳定悬浮,同时也完成对加速度的精确检测,即是用精确可控的静电力(矩)去平衡惯性质量块所受惯性力(矩),所以,建立精确的静电力计算数学模型是实现稳定静电支承与精确加速度测量的前提。

以下针对图 3.49 所示圆环形表头模型做静电力计算。

设平板电容器电容量为 C,两极板间电压为 U,极板间隙为 d,则电容器中储存的电场能 W 为

$$W = \frac{1}{2}U^2C \tag{3.13}$$

电容极板受到的静电引力 F 为

$$F = \frac{\partial W}{\partial d} = \frac{1}{2}U^2\frac{\partial C}{\partial d} \tag{3.14}$$

设轴向电极上加预载电压为 U_{ref},反馈电压为 U_{fb},质量环沿 z 轴方向的平动位

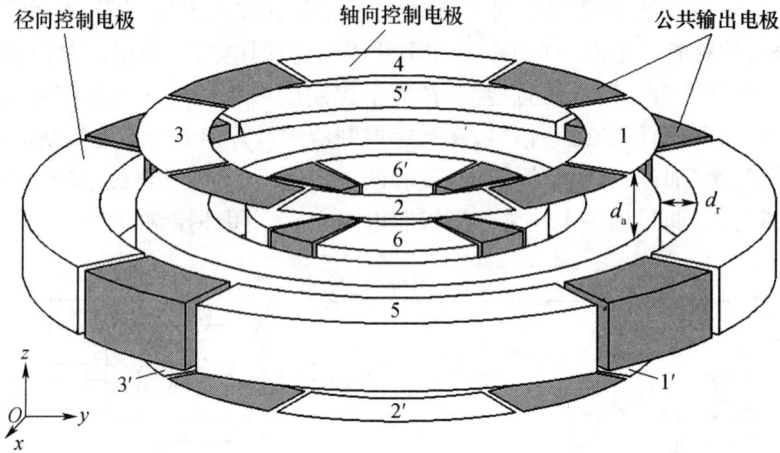

图 3.49　圆环形敏感表头模型[11]

移为 z, r_i 和 r_o 分别为质量环内、外半径,则差动电极对 1 和 1′中单块电极对质量环的静电引力分别为

$$F_1 = \frac{U_1^2}{2}\frac{\partial C_1}{\partial d_1} = -\frac{\varepsilon\varepsilon_0\alpha(r_o^2 - r_i^2)}{4}\frac{(U_{ref} - U_{fb}^2)}{(d_a - z)^2} \tag{3.15}$$

$$F_{1'} = \frac{U_{1'}^2}{2}\frac{\partial C_{1'}}{\partial d_{1'}} = -\frac{\varepsilon\varepsilon_0 a(r_o^2 - r_i^2)}{4}\frac{(U_{ref} - U_{fb})^2}{(d_a + z)^2} \tag{3.16}$$

式(3.15)、式(3.16)中的负号只表明静电力为引力,并不代表力的正负方向,在后面的分析中略去。一对差动电极的静电力合力为

$$F = \frac{\varepsilon\varepsilon_0\alpha(r_o^2 - r_i^2)(U_{ref} - U_{fb})^2}{4(d_a - z)^2} - \frac{\varepsilon\varepsilon_0\alpha(r_o^2 - r_i^2)(U_{ref} + U_{fb})^2}{4(d_a + z)^2}$$

$$= -\frac{\varepsilon\varepsilon_0\alpha(r_o^2 - r_i^2)(d_a^2 + z^2)U_{ref}}{(d_a^2 - z^2)^2}U_{fb} + \frac{2\varepsilon\varepsilon_0\alpha(r_o^2 - r_i^2)(U_{ref}^2 + U_{fb}^2)d_a}{(d_a^2 - z^2)}z$$

$$\tag{3.17}$$

开环状态下,$U_{fb} = 0$,静电合力为

$$F_{open} = \frac{2\varepsilon\varepsilon_0\alpha(r_o^2 - r_i^2)U_{ref}^2 d_a}{(d_a^2 - z^2)^2}z \tag{3.18}$$

由式(3.18)可知,开环状态电极加预载电压后,只有当质量环处于差动电极中点位置(即位移为零)时,静电合力才为零,若发生位移,则静电合力的方向与位移方向相同,并且力的大小随位移增加而迅速增大,静电力作用下使质量环进一步偏离零点,因此质量环是开环不稳定的。

以 x 轴为例进行估算，y 轴情况完全相同。将图 3.49 中的质量环及 x 方向差动电极提取出来，如图 3.50 所示，设径向电极上加预载电压为 U_{ref}，反馈电压为 U_{fb}，质量环沿 x 轴方向的位移为 x，图 3.50 中各电极上微元面积产生的静电力在 x

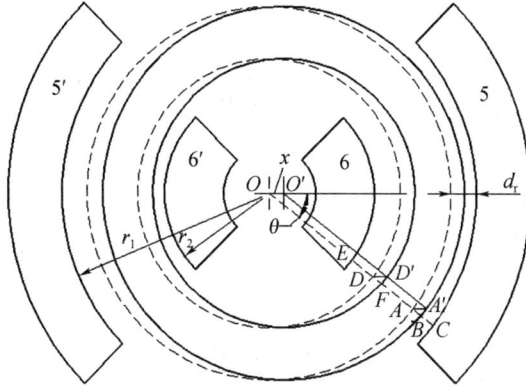

图 3.50　有位移时径向电极电容计算模型[11]

轴上的分量分别为

$$dF_5 = \frac{\varepsilon\varepsilon_0 h r_1 (U_{ref} - U_{fb})^2 \cos\theta d\theta}{2(d_r - x\cos\theta + (r_o - \sqrt{r_o^2 - x^2 \sin^2\theta}))^2} \tag{3.19}$$

$$dF_{5'} = \frac{\varepsilon\varepsilon_0 h r_1 (U_{ref} + U_{fb})^2 \cos\theta d\theta}{2(d_r + x\cos\theta + (r_o - \sqrt{r_o^2 - x^2 \sin^2\theta}))^2} \tag{3.20}$$

$$dF_6 = \frac{\varepsilon\varepsilon_0 h r_2 (U_{ref} + U_{fb})^2 \cos\theta d\theta}{2(d_r + x\cos\theta - (r_i - \sqrt{r_i^2 - x^2 \sin^2\theta}))^2} \tag{3.21}$$

$$dF_{6'} = \frac{\varepsilon\varepsilon_0 h r_2 (U_{ref} - U_{fb})^2 \cos\theta d\theta}{2(d_r - x\cos\theta - (r_i - \sqrt{r_i^2 - x^2 \sin^2\theta}))^2} \tag{3.22}$$

可以对式(3.19) ~ 式(3.22)进行近似，有

$$dF_5 \approx \frac{\varepsilon\varepsilon_0 h r_1 (U_{ref} - U_{fb})^2 \cos\theta d\theta}{2(d_r - x\cos\theta)^2} \tag{3.23}$$

$$dF_{5'} \approx \frac{\varepsilon\varepsilon_0 h r_1 (U_{ref} + U_{fb})^2 \cos\theta d\theta}{2(d_r + x\cos\theta)^2} \tag{3.24}$$

$$dF_6 \approx \frac{\varepsilon\varepsilon_0 h r_2 (U_{ref} + U_{fb})^2 \cos\theta d\theta}{(d_r + x\cos\theta)^2} \tag{3.25}$$

$$dF_{6'} \approx \frac{\varepsilon\varepsilon_0 h r_2 (U_{ref} - U_{fb})^2 \cos\theta d\theta}{2(d_r - x\cos\theta)^2} \tag{3.26}$$

将式(3.23)~式(3.26)分别对整块电极积分,得到每块电极对质量环的静电引力为

$$F_a = 2\int_0^{\frac{\beta}{2}} dF_5 \tag{3.27}$$

$$F_{a'} = 2\int_0^{\frac{\beta}{2}} dF_{5'} \tag{3.28}$$

$$F_b = 2\int_0^{\frac{\beta}{2}} dF_6 \tag{3.29}$$

$$F_{b'} = 2\int_0^{\frac{\beta}{2}} dF_{6'} \tag{3.30}$$

x 轴方向上差动电极的静电合力为

$$F_x = F_5 - F_{5'} + F_{6'} - F_6 \tag{3.31}$$

将绕 x 轴、y 轴转动分别记为 θ、ϕ 轴。

以 θ 轴为例进行估算,设质量环绕 x 轴发生小的角位移 θ,如图3.51所示,取转子上一个扇形微元面积 $dA = rd\varphi dr$,它所对应的上、下轴向控制电极所产生的静电力矩(x 轴为转轴)分别为

$$dT_1 = -\frac{\varepsilon\varepsilon_0 r^2 U^2 \cos\varphi}{2(d_a - r\cos\varphi \cdot \tan\theta)^2} d\varphi dr \tag{3.32}$$

$$dT_{1'} = -\frac{\varepsilon\varepsilon_0 r^2 U^2 \cos\varphi}{2(d_a + r\cos\varphi \cdot \tan\theta)^2} d\varphi dr \tag{3.33}$$

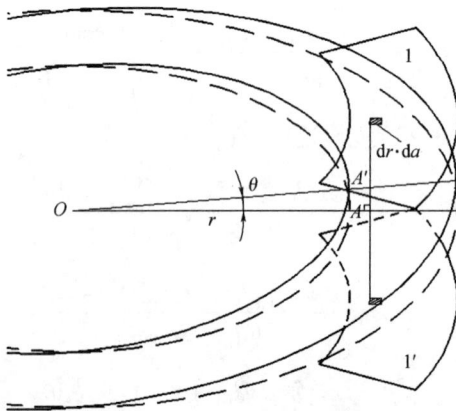

图3.51 质量环发生角位移时电容计算[11]

对整块电极积分,可以得出单块电极产生的静电力矩为

$$T_1 = \int_{r_i}^{r_o} \int_{-\frac{\beta}{2}}^{\frac{\beta}{2}} \mathrm{d}T_1 \tag{3.34}$$

$$T_{1'} = \int_{r_i}^{r_o} \int_{-\frac{\beta}{2}}^{\frac{\beta}{2}} \mathrm{d}T_{1'} \tag{3.35}$$

式中:r_o、r_i 分别表示环的外半径和内半径。

一对差动电极的静电合力矩为

$$T = T_1 - T_{1'} \tag{3.36}$$

静电悬浮加速度计依靠差动静电力平衡加速度引起惯性力,因此,加速度计静电支承系统能够提供的最大静电力决定了加速度计的最大量程。可以通过敏感表头静电力模型估算各轴向上的量程。

z 轴闭环悬浮支承时,依靠轴向上的 4 对差动电极提供静电支承力,反馈电压为 U_{fb},质量环处于平衡位置附近,z 向位移近似为零,即 $z \approx 0$,代入式(3.17),得 z 向静电合力为

$$F_z \approx \frac{4\varepsilon\varepsilon_0\alpha(r_o^2 - r_i^2)U_{\mathrm{ref}}}{d_a^2}U_{\mathrm{fb}} \tag{3.37}$$

不考虑其他弱干扰力的情况下,质量环所受静电力与加速度引起的惯性力相平衡,即 $F_z = ma_z$,有

$$a_z = \frac{F_z}{m} = \frac{4\varepsilon\varepsilon_0\alpha(r_o^2 - r_i^2)U_{\mathrm{ref}}}{\rho\pi(r_o^2 - r_i^2)hd_a^2}U_{\mathrm{fb}} = \frac{4\varepsilon\varepsilon_0\alpha U_{\mathrm{ref}}}{\rho h\pi d_a^2}U_{\mathrm{fb}} = k_{1z}U_{\mathrm{fb}} \tag{3.38}$$

由式(3.38)可知,z 向加速度 a_z 与 z 轴闭环反馈电压 U_{fb} 成正比,比例系数 k_{1z} 称为 z 向加速度测量的标度因数,它由表头的结构参数及预载电压决定:

$$k_{1z} = \frac{4\varepsilon\varepsilon_0\alpha U_{\mathrm{ref}}}{\rho h\pi d_a^2} \tag{3.39}$$

系统设计时有反馈电压不高于预载电压的限定条件,即 $U_{\mathrm{fb}} \leqslant U_{\mathrm{ref}}$,代入式 (3.37)、式(3.38)可以分别得到最大 z 向静电力和 z 轴加速度量程极限:

$$F_{z-\max} = \frac{4\varepsilon\varepsilon_0\alpha(r_o^2 - r_i^2)U_{\mathrm{ref}}^2}{d_a^2} \tag{3.40}$$

$$a_{z-\max} = \frac{4\varepsilon\varepsilon_0\alpha U_{\mathrm{ref}}^2}{\rho h\pi d_a^2} = \frac{4\varepsilon\varepsilon_0\alpha}{\rho h\pi}\left(\frac{U_{\mathrm{ref}}}{d_a}\right)^2 < \frac{\varepsilon\varepsilon_0\alpha}{\rho h\pi}\left(\frac{U_b}{d_a}\right)^2 \tag{3.41}$$

式中:U_b 为极板间静电击穿电压。

预载电压与反馈电压须满足条件:$U_{\mathrm{ref}} + U_{\mathrm{fb}} < U_b$,故 $U_{\mathrm{ref}} < U_b/2$。

定义极板间空气介质的静电击穿场强为 E_b，$E_b = U_b / d_a$，代入式(3.41)，得

$$a_{z-\max} = \frac{4\varepsilon\varepsilon_0\alpha}{\rho h \pi}\left(\frac{U_{\mathrm{ref}}}{d_a}\right)^2 < \frac{\varepsilon\varepsilon_0\alpha}{\rho h \pi}E_b^2 \tag{3.42}$$

由式(3.41)可知，z 轴的量程与质量环的平面形状和尺寸无关，只取决于质量环厚度 h、控制电极所占弧角 α、轴向间隙 d_a 和预载电压 U_{ref}。

式(3.42)表明加速度计在 z 向上的量程理论极限值受表头电极间静电击穿场强的限制，通过提高表头内的真空度可以使击穿场强提高，从而提高量程极限。

参 考 文 献

[1] George T S. INS/GPS Technology Trends[R]. NATO RTO Lecture Series, RTO – EN – SET – 116 (2010).

[2] Nadim M. An introduction to microelectromechanical systems engineering [M]. 2000 Artech House, Inc., 2000.

[3] 董景新. 微惯性仪表—微机械加速度计[M]. 北京:清华大学出版社,2003.

[4] 吴晓春. 扭摆式硅微加速度计结构与加工工艺研究[D]. 北京:清华大学,1999.

[5] 万蔡辛. 高精度"三明治"电容式微加速度计的关键技术研究[D]. 北京:清华大学,2010.

[6] 胡淏. 硅微谐振式加速度计关键技术研究[D]. 北京:清华大学,2011.

[7] 曹宇. 硅微谐振式加速度计结构优化设计[D]. 北京:清华大学,2010.

[8] Toda R, Takeda N. Electrostatically levitated spherical 3 – axial accelerometer[C]. The Fifteenth IEEE International Conference on Micro Electro Mechanical Systems. 2002:710 – 713.

[9] Murakoshi T, Endo Y. Electrostatically levitated ring – shaped rotational – gyro/accelerometer[J]. Japanese journal of applied physics, 2003, 42(4B): 2468 – 2472.

[10] 吴黎明. 静电悬浮微机械陀螺/加速度计的关键技术研究[D]. 北京:清华大学,2008.

[11] 刘云峰. 静电悬浮微机械加速度计关键技术研究[D]. 北京:清华大学,2006.

第4章 微型气流式陀螺

　　传统陀螺的核心部件是高速转子或者质量块和振梁等,这些部件都是固体结构,质量较大,在大冲击或强振动时,会因惯性力过大而造成损坏。微型气流式陀螺是一种新型的角速度测量微型传感器,它采用气体介质代替固体作为运动和敏感载体,实现惯性量的检测,气体的质量很小,从而避免了敏感质量体过大引入的惯性力,而且结构简单、成本低。微型气流式陀螺主要有两种类型:微型热对流式陀螺和微型射流陀螺。其中热对流式陀螺是利用自然对流原理实现气体运动,而射流陀螺是利用机械推动流体从孔或管嘴中喷射出实现射流运动。

　　气流式陀螺结构中由于没有固体质量块和支撑梁结构,因而在抗冲击、大量程等方面有极大的优势。此外,由于省去了质量块等复杂结构,相比于传统的微机械陀螺,其制作工艺简单、成本低。气流式陀螺的另一个独特性能是启动快,上电即工作,因而不需要长时间的启动时间。气流式陀螺由于具有以上性能,因而适用于大过载的装备中,并可以通过多器件的系统组合实现多种功能。

　　驱动流体运动可以通过两种方式:

　　(1)热驱动:流体运动属于自然对流,流速相对较低,加热后的流体发生膨胀而密度下降,在重力作用下上升,周围相对冷的流体填补到空位置上,反复循环而造成热对流传导,达到驱动流体运动的目的。热对流陀螺仪采用该驱动方式。

　　(2)压力驱动:流体运动属于强迫对流,流体运动模式与宏观流体的原理相似,依靠相对压差驱动流体。微流体的驱动可采用压电和静电方式。静电驱动应力小、变形大、响应速度快;压电驱动应力大、变形较小、响应速度快,效率高于静电驱动。但压电驱动时,把压电片贴在硅膜上,对准度以及可靠度都较难把握。射流陀螺仪采用该驱动方式。

　　流场的检测有多种方式,如热线/热膜技术、粒子图像速度场仪技术(PIV)、激光多普勒测速仪技术(LDV)等。为满足微型、高灵敏、快响应等要求,气流式陀螺仪采用热敏电阻丝进行流场或温场的检测。热敏电阻丝利用对流换热的原理进行流场和温度场的测量。

4.1 工作原理及模型

4.1.1 对流换热原理

在气流式陀螺仪中,热敏电阻丝(或称为热线)起了关键的作用,是温度场和流场测量的重要元件。

热线在流场中,是通过三种途径散失其热量的,即:①与运动流体间的对流热交换;②与热线叉杆间的传热;③热辐射。一般情况下,后两种热损失很小,可以忽略。所以,热线的能量平衡关系式如下

$$\frac{dQ}{dt} = P - F \tag{4.1}$$

式中:Q 为热线所具有的热能;P 为电流加热的功率;F 为对流热传递散热的功率。热线的能量由它的温度决定

$$Q = C(T - T_a) \tag{4.2}$$

式中:$C = \frac{\pi}{4} d^2 l \rho_w c_w$ 为热线的热容量;c_w 为热线的比热;ρ_w 为热线密度;d 和 l 分别为热线直径和长度;T 为热线的温度;T_a 为环境温度。

电流加热的功率由电流 I、热线长度 l 和单位长度的电阻 r_w 决定,有如下函数式

$$P = I^2 r_w l \tag{4.3}$$

流体与热线之间的对流换热与流体的物理特性、速度、温度和流动空间大小等因素有关,又与热线表面温度、形状、大小等有关。对流换热的功率 F 可由牛顿公式[1]表示

$$F = h(\pi dl)(T - T_a) \tag{4.4}$$

式中:h 为对流换热系数;$S = \pi dl$ 为热线换热面积;T 为热线温度;T_a 为环境温度。

研究对流热交换的关键是要求解对流热交换系数 h,它一般由流体流速、流体的物理性质、换热表面的几何尺寸、形状等诸多因素决定。如何根据具体情况来确定 h,是一个很复杂的问题,实际应用中常采用试验方法获得。

将式(4.2)、式(4.3)、式(4.4)代入式(4.1)中,可得

$$C \frac{dT}{dt} = I^2 r_w l - \pi dhl(T - T_a) \tag{4.5}$$

热敏电阻丝的一个重要特性是它的电阻会随温度发生变化,这是热线作为温

度敏感和风速敏感元件的基础。电阻和温度的关系可用下式表示

$$r_w = r_0[1 + \alpha(T - T_0) + \beta(T - T_0)^2 + \cdots] \qquad (4.6)$$

式中：r_0 为参考温度 T_0 下的电阻；α 为热线的电阻温度系数；在实际应用的温度范围内，二次项系数 β 通常很小，故可忽略不计。于是有

$$\frac{C}{\alpha r_0} \cdot \frac{dr_w}{dt} = I^2 r_w l - \frac{\pi d l h(r_w - r_a)}{\alpha r_0} \qquad (4.7)$$

式中：r_a 为环境温度 T_a 下的电阻。

热交换系数 $h(W/(m^2 \cdot K))$ 一般由努赛尔数（Nusselt 数）确定[2]，$h = \dfrac{Nu \cdot \lambda}{L}$，其中 λ 为气体导热系数（$W/(m \cdot K)$），L 为壁面特征长度。努赛尔数 $Nu = \varphi(Re, Pr, Gr)$，依据不同的条件有不同的关系式，其中 Re 为雷诺数（Reynolds 数），是惯性力与黏滞力的比值，由流体的运动速度 $v(m/s)$ 决定，$Re = \dfrac{\rho v d}{\mu}$，其中 ρ 为气体的密度（kg/m^3），μ 为气体的黏性系数（或流体的黏度）（$kg/(m \cdot s)$）；Pr 为普朗特数（Prandtl 数），$Pr = \dfrac{\mu c_p}{\lambda}$，其中 c_p 是气体的定压比热容（$J/(kg \cdot K)$）；Gr 为格拉晓夫数（Grashof），从物理意义上可解释为浮升力与黏滞力的比值，由加热温差 ΔT、加速度 g 决定，$Gr = \dfrac{g \rho^2 l_x^3 \beta(\Delta T)}{\mu^2}$，其中 l_x 为到热源的距离，β 为热膨胀系数，ΔT 为热源与周围温度差。

气体对流分为自然对流和强迫对流两种。自然对流是由于流体冷、热各部分的密度不同而引起的；强迫对流是由于压差作用引起的。一般当 $Gr/Re^2 \leqslant 0.1$ 时可以认为主要是强迫对流，当 $10 > Gr/Re^2 > 0.1$ 时自然对流和强迫对流并存，而当 $Gr/Re^2 \geqslant 10$ 时主要为自然对流。强迫对流和自然对流情况下热交换系数 h 由不同的因素决定，如图 4.1 所示。

在稳态的、强迫对流的换热情况下，有各种热交换的经验公式计算 Nu，不同的文献针对不同的结构和条件采用了不同的指数 x（<1）

$$Nu = 0.42Pr^{0.2} + 0.57Pr^{0.33}Re^x \qquad (4.8)$$

强迫对流最经典的热交换公式为 King 氏公式[3]

$$Nu = A + B \cdot Re^{0.5} \qquad (4.9)$$

式中：A 和 B 为与热线几何尺寸、气体参数等相关的常数，一般通过试验方法确定。

自然对流与强迫对流的热交换情形不同，主要取决于由温差和加速度产生的 Gr。对于大空间自然对流换热，其热交换的经验公式为[3]

$$Nu = c(Gr \cdot Pr)^n \qquad (4.10)$$

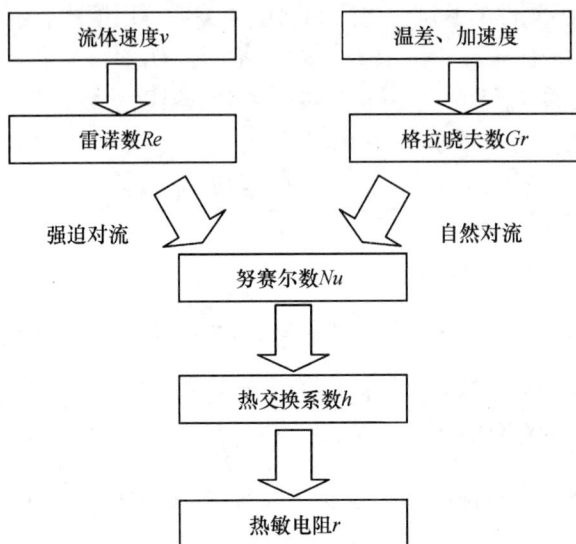

图 4.1　强迫对流和自然对流的热敏机理

而对于有限空间的自然对流换热,其经验公式为[3]

$$Nu = c(Gr \cdot Pr)^n \cdot \left(\frac{h}{\delta}\right)^m \qquad (4.11)$$

式中:h/δ 为有限空间的纵横比。

根据热交换公式,可以估计出热敏丝的电阻值与外界流速信息的关系。对于强迫对流,把 King 氏公式(4.9)代入式(4.7),得到

$$\frac{C}{\alpha r_0}\frac{\mathrm{d}r_{\mathrm{w}}}{\mathrm{d}t} = I^2 r_{\mathrm{w}} l - \frac{\pi \lambda l}{\alpha}\frac{r_{\mathrm{w}} - r_{\mathrm{a}}}{r_0}\left[A + B\left(\frac{\rho v d}{\mu}\right)^{0.5}\right] \qquad (4.12)$$

当热交换处于平衡状态,即 $\dfrac{\mathrm{d}r_{\mathrm{w}}}{\mathrm{d}t} = 0$ 时,得到

$$\frac{I^2 R_{\mathrm{w}}}{R_{\mathrm{w}} - R_{\mathrm{a}}} = A' + B'\sqrt{v} \qquad (4.13)$$

式中:$A' = \dfrac{\pi \lambda}{\alpha r_0}A$;$B' = \dfrac{\pi \lambda}{\alpha r_0}\left(\dfrac{\rho d}{\mu}\right)^{0.5}B$;$R_{\mathrm{w}} = r_{\mathrm{w}}l$,$R_{\mathrm{a}} = r_{\mathrm{a}}l$。式(4.13)给出了气流流速与热敏电阻丝电量之间的相互对应关系,为热线式流速测量的基本原理。

4.1.2　热敏元件的检测方法

在微型气流式陀螺仪中热敏元件是用来检测所在位置的当地温度或当地流速,温度或流速变化反应为热敏电阻值的变化,将热敏电阻作为惠斯通电桥的桥臂

100

电阻,初始热敏电阻使得电桥满足平衡,即电桥输出电压为零,当热敏电阻值发生变化时,电桥平衡被破坏,电桥输出电压,该电压与热敏电阻阻值的变化成正比,因而可以通过检测电桥的输出电压以检测热敏电阻的变化。

采用热敏电阻进行温度测量的原理较为简单,根据热交换原理式(4.5),当热敏电阻在电路工作时的自加热功率很小时,可以认为处于热平衡状态的热敏电阻的温度即为环境的温度,根据热敏电阻和温度关系式(4.6),其电阻的变化能够直接反映环境温度的变化。

气体流速的测量则较为复杂,依据热交换原理,流速测量需要将热敏电阻加热,使其温度高于环境温度,流速的变化将引起热敏电阻边界层对流换热条件的变化,从而造成热敏电阻的温度(或电阻值)发生变化。其原理如式(4.12)和式(4.13)所示。

热式流速测量有恒流式、恒压式和恒温式三种检测方式,三种工作方式各有其优缺点,每一种工作方式分别对应一种特定的电路结构。在具体的应用过程中,工作方式很大程度上决定了测量系统实现的难易程度、系统功耗等,同时,不同的工作方式对热敏元件的要求也会有所差别,因此,有必要根据实际应用情况确定工作方式。下面分别对三种工作方式进行分析。

1) 恒流式

恒流式热线流速传感器的典型电路和静态输出曲线如图4.2所示。电路中包括电源、限流电阻 R_1、可调电阻 R_2 和热线 R_w,其中,$R_1 \gg R_w$,因而热线电阻随风速变化时,通过 R_1 和 R_2 的电流近似不变。电路中也可以直接用一个恒流源给热线供电。由于加热电流 $I = I_w =$ 常数,热线电阻 R_w 和流速 v 间就有一一对应的函数关系。

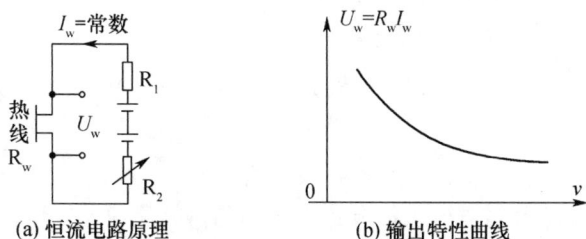

(a) 恒流电路原理   (b) 输出特性曲线

图 4.2 恒流式热线流速传感器电路原理和输出特性曲线

根据式(4.13),令 $I = I_w =$ 常数,得到恒流工作方式下所测流速与热线两端电压 U_w 的关系

$$v = \left(\frac{I_w^2}{B'} \frac{U_w}{U_w - U_0} - \frac{A'}{B'} \right)^2 \tag{4.14}$$

式中：$U_0 = I_w R_a$。输出电压 U_w 与流速 V 的关系如图 4.2（b）所示。可见，热线在测量低流速时的灵敏度高于测量高流速时的灵敏度。

2）恒压式

恒压式热线流速传感器的典型电路和静态输出曲线如图 4.3 所示。将热线放在惠斯通电桥的一臂，电桥桥顶电压桥 U_b = 常数，电桥的两对角电压 U_w 和 U_r 分别接到放大器的反向输入端和同向输入端，放大器对（$U_r - U_w$）加以放大，得到输出电压 U_{out}。电阻 R_2 和 R_3 主要功能是为热线提供固定的参考电压 U_r，该参考电压决定了输出电压 U_{out} 的零位，可通过 R_3 进行调节。电阻 R_1 可用于调节热线工作的过热比 a_R，实际上也就是调节热线的工作温度。为了减小系统功耗，R_2 和 R_3 的阻值选择时远大于 R_1 和 R_w，即电桥桥比很大。当电路各参数确定后，热线电阻 R_w 和流速 v 之间的关系是一一对应的，这便是恒压工作方式的原理。

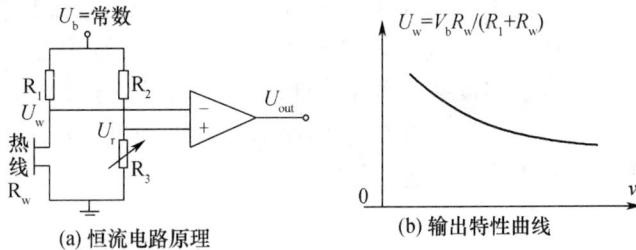

图 4.3　恒压式热线流速传感器电路原理和输出特性曲线

恒压工作方式下，传感器的发热功率随所测流速的增加而增加，这有利于热线维持较高的工作温度，从而提高传感器的动态响应能力，在同样的初始状态下，比恒流工作方式量程大，但灵敏度有所减弱。

由于电桥桥顶电压 U_b = 常数，即

$$I_w (R_1 + R_w) = U_b = 常数 \tag{4.15}$$

$$U_w = \frac{R_w}{R_1 + R_w} U_b = I_w R_w \tag{4.16}$$

结合式（4.13），可以得到恒压工作方式下热线测得的流速 v 与热线两端的电压 U_w 之间的关系

$$v = \left[\frac{1}{B'} \frac{(U_b - U_w)^2 U_w}{(R_1 + R_a) R_1 U_w - R_a R_1 U_b} - \frac{A'}{B'} \right]^2 \tag{4.17}$$

传感器的静态工作曲线如图 4.3 所示，由图可知，恒压与恒流工作特性相似。

3）恒温式

恒温式热线流速传感器的典型电路和静态输出曲线如图 4.4 所示。类似恒压

式,将热线放在惠斯通电桥的一臂,电桥的两对角电压 U_w 和 U_r 分别接到放大器的反向输入端和同向输入端,放大器对 $(U_r - U_w)$ 加以放大,得到输出电压 U_{out}。与恒压式电路不同的是,输出电压又被反馈到电桥为电桥供电,从而构成闭环回路。设热线被电流加热到预定温度后被风冷却使之电阻下降,则电压 U_w 下降,$(U_r - U_w)$ 增加,于是放大器输出电压 U_{out} 提高,反馈电流 I_f 增加,从而使通过热线的电功率加大,使热线的温度回升,电阻随之提高,使电桥重新趋于平衡。因此,风速和输出电压 U_{out} 之间保持一一对应的关系。可调电阻 R_3 用于调节电桥的平衡状态,即:在流速为零时,保证 $R_w R_2 = R_1 R_3$。通过调节 R_1 可调节热线过热比。为了降低系统功耗,同样通过右边桥臂的电流不宜太大,故电阻 R_2 和 R_3 阻值一般取得比较大。

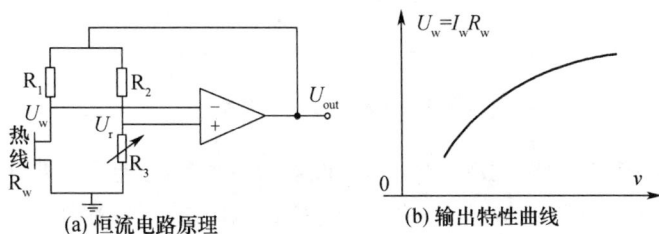

图 4.4　恒温式热线流速传感器电路原理图及工作曲线

令式(4.13)中的 R_w = 常数,将热线工作电流 I_w 对流速 v 求导,可得

$$\left(\frac{\partial I_w}{\partial v}\right)_{R_w = 常数} = \frac{B'\sqrt{R_w - R_a}}{4\sqrt{R_w(A' + B'\sqrt{v})v}} \tag{4.18}$$

由上式可见,曲线的斜率为正值,且流速越小,$\left(\dfrac{\partial I_w}{\partial v}\right)_{R_w = 常数}$ 值就越大,也就是说,热线恒温式工作时,在测量低速时的灵敏度也高于测量高速时的灵敏度。

恒温工作方式下传感器典型的静态特性曲线如图 4.4(b) 所示。根据式(4.17)得到在恒温模式下所测流速 v 与热线两端电压 U_w 的关系为

$$v = \left(\frac{U_w}{B'}\frac{R_w}{R_w - R_a} - \frac{A'}{B'}\right)^2 \tag{4.19}$$

4.1.3　系统信号检测电路

全桥惠斯通电桥已被广泛地应用于电阻测量。其优点是能灵敏地反应出各臂阻值的变化,并能消除电阻温度系数和附加因素的影响。如图 4.5 所示,如果采用恒流源供电,桥路中的四个电阻可以变化,也可以固定,作为参考电阻。当四个电

阻都没有变化时,即 $\Delta R_1 = \Delta R_2 = \Delta R_3 = \Delta R_4 = 0$,则有

$$\Delta U = \frac{R_1 R_4 - R_2 R_3}{R_1 + R_2 + R_3 + R_4} I_0 \qquad (4.20)$$

式中:I_0 为恒流源电流,设 $R_1 = R_2 = R_3 = R_4$,则输出信号为零。当惠斯通电桥中的电阻有所改变时,即可检测出输出信号。

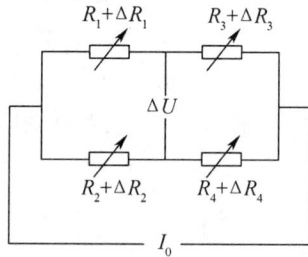

图 4.5 惠斯通全桥电路

在气流式陀螺仪中,一般将 R_1 和 R_2 设置为检测热敏电阻丝,R_3、R_4 为参考电阻,$\Delta R_3 = \Delta R_4 = 0$,检测热敏丝 R_1 和 R_2 的初始电阻值与参考电阻相同,即 $R_1 = R_2 = R_3 = R_4 = R_g$,则有

$$\Delta U = \frac{(R_g + \Delta R_1) R_g - (R_g + \Delta R_2) R_g}{4R_g + \Delta R_1 + \Delta R_2} I = \frac{I R_g (\Delta R_1 - \Delta R_2)}{4R_g + \Delta R_1 + \Delta R_2} \qquad (4.21)$$

式中:ΔR_1、ΔR_2 分别为热敏丝电阻 R_1 和 R_2 随流速或温度的变化;I 为恒流源电流。

气流式陀螺信号微弱,常常被淹没在噪声中,而且存在漂移,即缓慢变化的失调电压难与传感器的信号分离。基于调制和解调原理,采用载波放大器(锁相放大器),可以有效地改善检测品质,消除噪声和失调对输出信号的影响。锁相放大检测原理如图 4.6 所示。

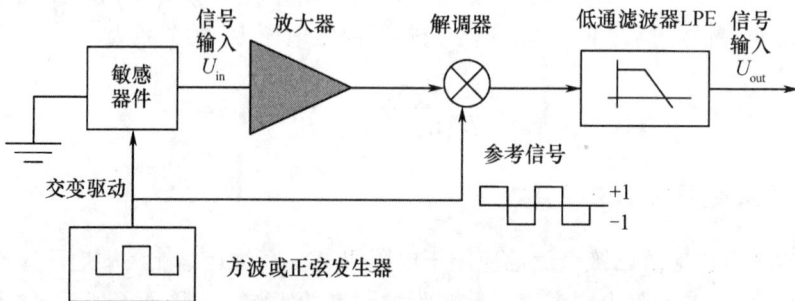

图 4.6 锁相放大检测原理

锁相放大器检测微弱信号采用了互相关解调原理,如图 4.7 所示,利用参考信号与待测有用信号具有相关性,而参考信号与噪声互不相关,就能够(从被测量信号中)检测出与参照信号频率相同的分量。通过相敏解调器及低通滤波器(LPF)将待测有用信号与频率相同的参考信号在相关器中进行互相关运算,从而将深埋在大量的非相关噪声中的微弱有用信号检测出来,达到抑制噪声的目的。解调关系如下

$$\sin(\omega t + \alpha) \times \sin(\omega t + \beta) = \cos(\beta - \alpha)/2 - \cos(2\omega t + \alpha + \beta)/2$$

$$(4.22)$$

式中:$\sin(\omega t + \alpha)$ 为待测信号;$\sin(\omega t + \beta)$ 为参考信号;等式后的第一项为解调出的直流信号;第二项为交流信号,将被低通滤波器滤除。

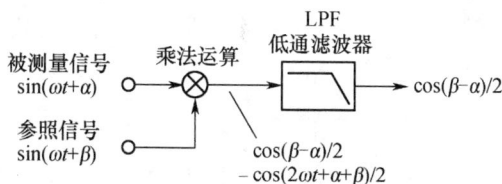

图 4.7　锁相放大器的解调原理

对于气流式陀螺,陀螺信号(即由惠斯通电桥输出的 ΔU 信号)一般要经过锁相放大提取,其调理电路包括惠斯通电桥、放大、解调和低通滤波等,检测调理电路如图 4.8 所示。对于热对流陀螺仪,交变驱动信号作用在加热丝上,即对加热丝施加交变的电压,以使得腔体中的自然对流信号被调制,在外界输入角速度时,被调制的对流信号产生交变的科氏加速度,从而引起对流场和温场的偏斜,使得热敏丝阻值发生变化。应用差动检测电路将热敏丝阻值的变化转化成交变电压。采用基于相关检测的相敏解调方法提取出有用信号,通过低通滤波器、放大器,最终得到直流电压,该电压信号正比于外界输入角速度。交流驱动和相敏检测的方法能有效地抑制低频噪声的干扰,提高检测精度。对于射流陀螺,采用交变电压驱动膜振动,产生交变射流,在外界输入角速度时,由于科氏加速度引起射流偏转,使流过两热敏丝的流速发生改变,热敏丝阻值也随之变化。同样应用差动检测电路将热敏丝阻值的变化转化成交变电压。通过相敏解调、低通滤波、直流放大,最终输出。

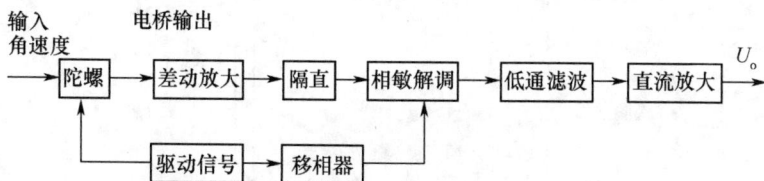

图 4.8　检测调理电路框图

在以上相敏检波电路中,驱动信号作为参考信号与被测信号进行相关运算前,需要经过移相器进行移相,其目的是使解调后的直流信号达到最大,以便于检测,移相器使得 $\beta - \alpha = 0$,从而使得式(4.22)中的 $\cos(\beta - \alpha)/2 = 1$。气流式陀螺仪中运动和敏感的核心部件为气体,气体运动与固体运动不同,常表现出复杂的非线性特征,输出信号的相位常随着角速度的变化而变化,从而影响传感器检测的准确性。为解决这个问题,需要采用正交矢量解调技术。

正交矢量解调技术又称为双相锁相放大技术。双相锁相放大技术采用两路参考信号,一路参考信号与另一路参考信号之间的相位差为90°,即形成正交的两路参考信号,正交的两路参考信号分别与待测信号进行相敏解调,并通过低通滤波,从而获得正交的两路直流解调信号,这两路信号经过简单的代数运算可以计算得到待测信号的幅值和相位。正交矢量解调原理如图4.9所示。

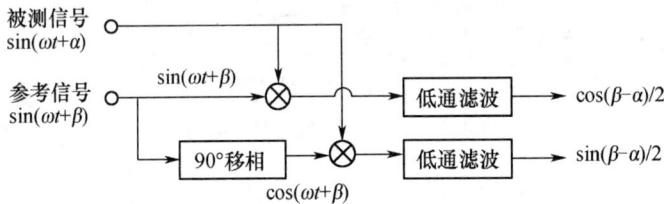

图 4.9　正交矢量解调原理

4.2　微型热对流陀螺

4.2.1　器件结构和工作原理[4]

热对流式陀螺结构简单,包含一个封闭的微腔体、一根分布在中心位置的加热丝、四根对称分布的热敏检测丝,如图4.10所示。其工作原理是:对加热丝实施电

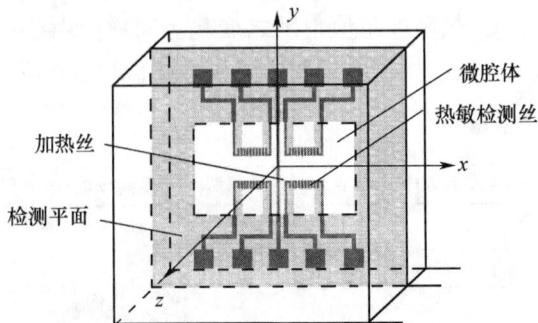

图 4.10　热对流式陀螺仪结构示意图

加热,根据自然对流原理,由于温度分布不均匀以及重力场的作用,在封闭的微腔体中形成气体自然对流。图 4.11 为腔体中自然对流的气流分布。

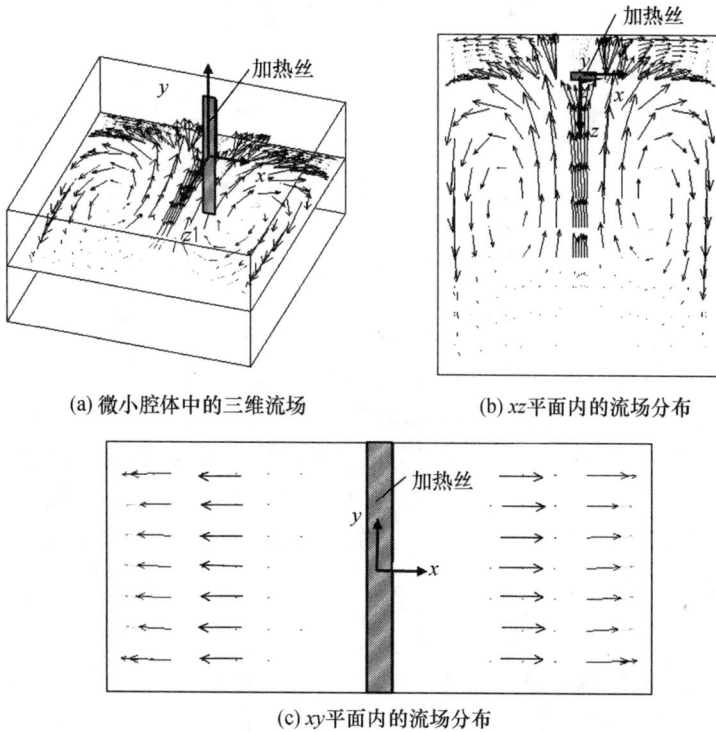

(a) 微小腔体中的三维流场

(b) xz 平面内的流场分布

(c) xy 平面内的流场分布

图 4.11　微腔体中自然对流的气体分布

如图 4.11(c)所示,在 xy 平面内的气体运动产生了以 y 为对称轴的沿 x 方向的等速背向流动,设背向流动速度为 v_x,当有 z 方向上的角速度 $\boldsymbol{\omega}_z$ 存在时,科氏效应将引起沿 y 方向上的哥式加速度 $\boldsymbol{a}_c = 2\boldsymbol{\omega}_z \times \boldsymbol{v}_x$。此时沿 y 方向上的加速度为

$$\boldsymbol{a}_y = \boldsymbol{a}_c + \boldsymbol{a}_y^0 = 2\boldsymbol{\omega}_z \times \boldsymbol{v}_x + \boldsymbol{a}_y^0 \qquad (4.23)$$

即

$$左腔 \quad \boldsymbol{a}_y = 2\boldsymbol{\omega}_z \cdot \boldsymbol{v}_x + \boldsymbol{a}_y^0$$

$$右腔 \quad \boldsymbol{a}_y{}' = -2\boldsymbol{\omega}_z \cdot \boldsymbol{v}_x + \boldsymbol{a}_y^0$$

其中除科氏加速度,还包含牵连加速度 $\boldsymbol{a}_y^0$。由于牵连加速度 $\boldsymbol{a}_y^0$ 在左右两半腔中的大小和方向均相同,而科氏加速度为速度的一次项,且由于左右半腔体中的气体速度方向相反,因此两半腔体中产生的哥式加速度大小相等、方向相反,从而产生流体运动的反向偏转,如图 4.12(a)所示。如果将左右腔体中 y 方向上的加速度进行差分,可以消除其他加速度(如牵连加速度),而仅保留科氏部分。

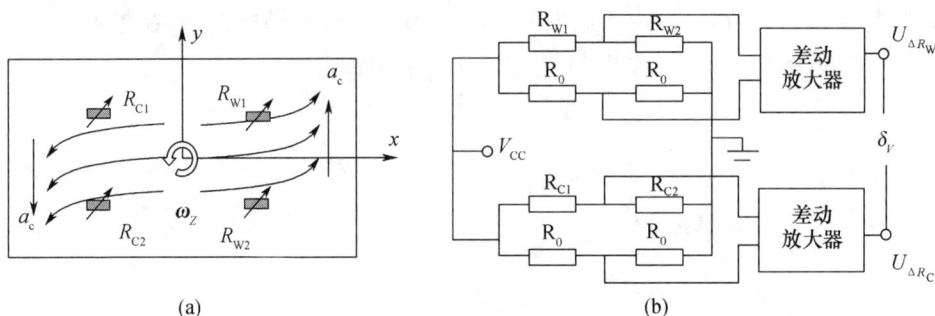

图 4.12　科氏效应引起的气流偏转以及传感器差动检测原理

测量加速度可以通过测量流体沿加速度方向上的偏转,设 xy 平面为检测平面,在检测平面内对称悬空设置四根热敏元件。气体沿 y 方向的偏转流动将使处于同一半腔中的一对热敏元件上的温度产生差异,如采用热敏电阻,则可以与外接参考电阻构成电桥(图 4.12(b)),并通过一级差动检测出气流偏转;如将左右半腔中的一阶差动信号再进行二阶差动,则可以消除非科氏加速度的影响,而仅保留科氏部分。由此,二阶差动信号的大小 δ_V 与科式加速度的大小有关,即与角速度 ω 的大小有关,因而通过检测四根热敏元件上的温度差异可以最终获得角速度信息。

$$\delta_V = U_{\Delta R_W} - U_{\Delta R_C} \propto a_y - a_y' = 4\omega_z \cdot v_x \tag{4.24}$$

该热对流式陀螺除了可以检测 z 向角速度信息,还可以同时检测 x 和 y 向的加速度信息。其检测原理同热对流加速度计,热对流加速度计将在第 5 章中介绍。

4.2.2　系统建模及数值模拟

微小尺度下的热对流是流体运动和传热的一个重要组成部分。由于表体比的增加,表面效应和尺寸效应在微流体运动和换热机制中成为不可忽略的因素。据研究报道[5],微尺度下流动和传热的共性物理机制根据流动和换热介质的努森数(Knudsen)可分为三种类型,气体的努森数 = 分子平均自由程/特征尺度,其中分子平均自由程为 $\frac{1}{\sqrt{2}\,\pi n d^2}$,特征尺度为与流体流动方向垂直方向上的腔体尺寸:①当努森数小于 10^{-2} 时,连续介质假定仍然成立,流体的计算仍然可以采用传统的无滑移边界 N - S 方程等;②当努森数大于 10^{-2} 而小于 10^{-1} 时,虽然连续介质假定仍然成立,但由于各因素(如力、边界)的相对重要性发生变化而导致流动和传热特性的变化,流体计算可以采用滑移边界的 N - S 方程等;③当努森数大于 10^{-1} 时,物体特征尺寸缩小到与载能粒子的平均自由层相当,连续介质假定不再成立,基于连续介质假定的一系列宏观概念和规律(如 N - S 方程、导热方程[6]等)不再适用,需采用其他如 M – C、Boltzmann 方程或分子动力学等。微型热对流陀螺的密封腔体尺度一般在毫米级,腔体中充满了约 1 个标准大气压下的干空气,通过计算分析可知该类结构的努森数小于 10^{-3},因而仍然可以采用连续介质假定下的传统方程进行流体运动和传热的计算。

根据以上分析,建立微腔体中流动和传热耦合的如下控制方程为(考虑流速较低,在能量方程中忽略了气体动能、黏性功和黏性耗散)。

连续性方程(质量方程)

$$\frac{\partial \rho}{\partial t} + \nabla(\rho v) = 0 \tag{4.25}$$

运动方程(动量方程),即 N – S 方程

$$\frac{\partial(\rho v)}{\partial t} + \rho v \cdot \nabla(v) = -\nabla(p) + \rho a + \nabla(\mu \cdot \nabla(v)) \tag{4.26}$$

能量方程

$$\frac{\partial(\rho cT)}{\partial t} + \nabla(\rho cvT) = Q - W + k \cdot \nabla^2(T) - \nabla(pv) \tag{4.27}$$

状态方程

$$\rho = \frac{p}{R \cdot T} \tag{4.28}$$

式中:v 和 p 为流场中速度矢量和压力;ρ 为气体的密度;μ 为气体的运动黏性系数;∇ 为梯度算符;a 为加速度;T 为绝对温度(开氏温度);c 为气体比热容;k 为导热系数;R 为理想气体常数($=287\text{N} \cdot \text{m}/(\text{kg} \cdot \text{K})$);$Q$ 为生热量,$Q = q \cdot s$,其中 q 为生热率(W/m^2),s 为生热面积;W 为边界换热量,$W = h \cdot (T_B - T_B)$,T_B 为气体温度,T_Q 为固体壁面温度。在非边界状态(非加热表面和非外壁面),$Q = W = 0$;在内边界(如加热表面)上,$Q \neq 0, W = 0$;在外边界(外壁面)上,$Q = 0, W \neq 0$。流场速度的边界条件根据位置处于固定边界和运动边界(驱动膜)分别设置为 $v = 0$ 和 $v \neq 0$。对于热对流结构,还需要确定加热丝的边界换热系数 h,$h = \frac{Nu \cdot k}{d}$。在不同尺度下,气体呈现出不同的流动和传热状态。对于腔体特征长度为 1mm ~ 2mm、腔体中充满干空气的情况,可计算得出 $Ra < 10^3$(Ra 为瑞利数,$Ra = \frac{g \cdot \beta \cdot (T_Q - T_S) \cdot L^3}{\mu \cdot a}$,其中 g 为重力加速度,β 为热膨胀系数 0.00375,a 为热扩散系数)。根据文献的报道,当 $Ra < 10^3$ 时 Nu 趋近于 1,而且随 Ra 数变化很小,自然对流较弱,传热主要以导热为主[7],因此对于热对流结构的计算,可取 $Nu \approx 1$。

式(4.25) ~ 式(4.28)中有 ρ、u、v、w、T、p 六个未知变量,而式(4.26)可以写成

三个分量形式的方程,故存在六个控制方程,因而方程组是封闭的,可以通过求解该方程组得到各物理量。热驱动下气体运动包括在浮升力作用下的热对流运动和在压力作用下的热膨胀/收缩运动。热对流运动是由冷热气体密度不同引起,此时N-S方程(4.26)中压力项和体积力项之差,即浮力项作为气体对流的驱动力,因此热对流运动与外界加速度有关;而热膨胀/收缩运动独立于外界加速度,与由温度变化造成的压差有关。基于气体的热对流运动可以构成热对流陀螺,基于气体的热膨胀/收缩运动可以构成热膨胀式陀螺。本书中仅阐述热对流陀螺的工作原理。

基于以上所建立的模型,可以计算热对流陀螺腔体中各点的流速矢量和温度。图 4.13 为计算得到的一组在 xy 平面内的流场和温场分布(假设: $h = 10$ W/(m²·K), $Q = 5 \times 10^5$ W/m², $T_B = 293$K, $a_z = 9.8$m/s²)。

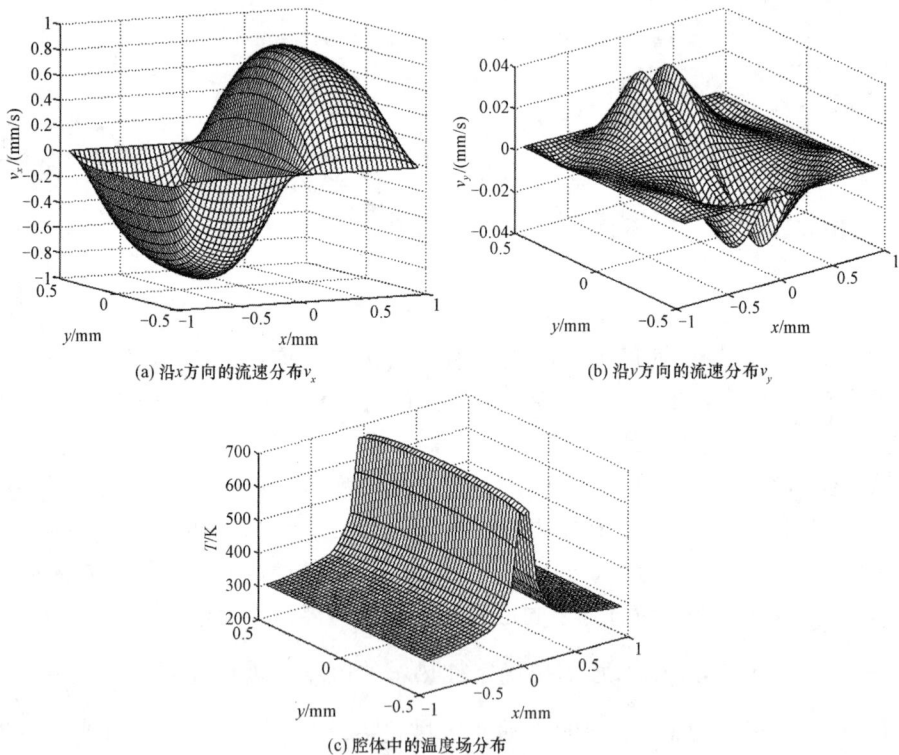

(a) 沿 x 方向的流速分布 v_x

(b) 沿 y 方向的流速分布 v_y

(c) 腔体中的温度场分布

图 4.13 xy 平面的流场和温场分布

由图 4.13 可知,当加热丝加热时,在 z 方向加速度作用下,封闭腔体中的流体将产生热对流运动,该热对流运动在 xy 平面内形成沿 x 方向上的对称背向运动,即在 x 对称位置上的背向运动的速度方向相反、大小相等。由于热对流与所受加速度的大小和方向有关,如果沿 y 或 x 方向上也有加速度存在,以上对称分布的背向热对流将产生偏斜,造成 xy 平面内沿 x 方向的背向流体速度亦不对称,如在 z 方向上作用了 $1g$ 加速度的同时,在 x 方向上又有 $2\text{m}/\text{s}^2$ 或 $4\text{m}/\text{s}^2$ 的加速度存在,此时加热丝所在 xy 平面内沿 x 方向的速度分布如图 4.14 所示,沿 x 的背向运动速度不再对称,发生偏斜。

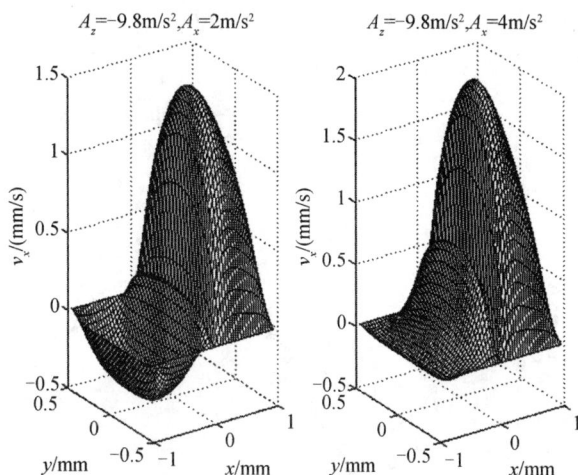

图 4.14　x 轴向加速度造成热对流的流场偏斜

虽然 xy 平面内的微流体背向运动的对称性受到非 z 方向加速度的影响,但根据角速度传感的原理,在进行角速度检测时采用的是背向运动的差动信号,即将 x 对称位置处的流体速度进行差动处理。图 4.15 为 xy 平面内的 x 速度对称差动分

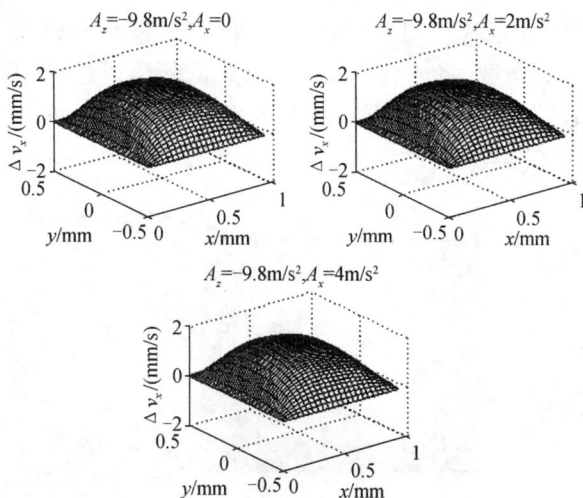

图 4.15　xy 平面内的 x 速度对称差动分布

布。由图 4.15 可知,虽然 x 速度在有非敏感方向(非 z 方向)上的加速度存在时,流场发生偏斜,但对称差动后的信号保持稳定(即不受其他方向上加速度的影响),因而非敏感方向的加速度信号不会对角速度传感造成影响。但基于热对流原理的角速度测量灵敏度依赖于沿敏感轴方向上的加速度大小,加速度越大,角速度测量的灵敏度越高。图 4.16 为在不同 z 加速度作用下的 xy 平面内的 x 速度分布,A_z 表示 z 加速度的大小。

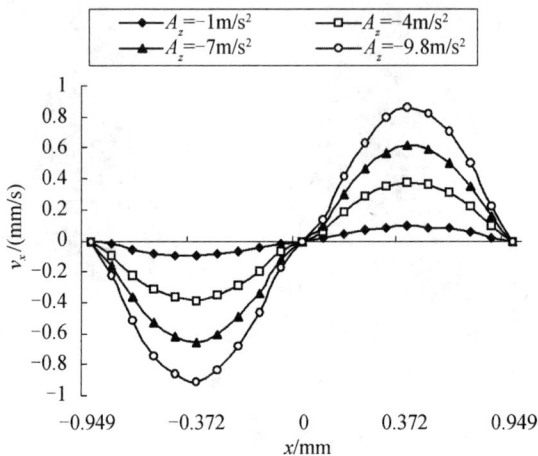

图 4.16 在不同 z 加速度作用下 xy 平面内的 x 速度分布

4.2.3 陀螺加工工艺[8]

热对流陀螺仪由加热器(即加热丝)、温度传感器(即热敏检测丝)和微腔组成。为提高传感器灵敏度,将加热器和温度传感器分层布置,即采用双层结构,如图 4.17 所示。加热器和温度传感器分别用 MEMS 标准工艺加工,然后通过键合工艺装配到一起。

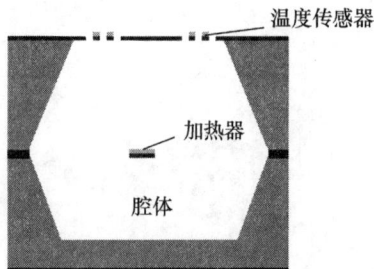

图 4.17 双层结构的热对流陀螺仪

上层加热器采用体硅 MEMS 工艺进行加工,工艺中采用氮化硅薄膜作为加热丝的支承梁和掩蔽层,工艺流程如图 4.18 所示。

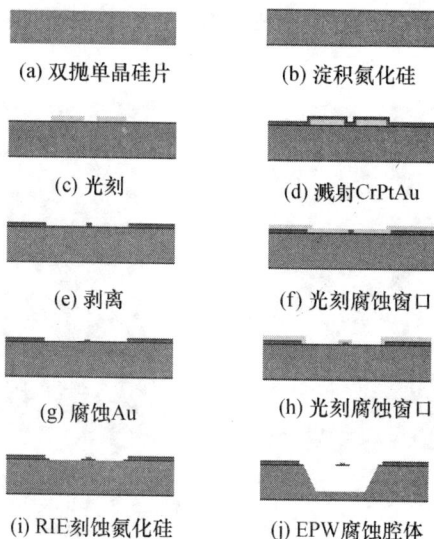

(a) 双抛单晶硅片　　　　(b) 淀积氮化硅

(c) 光刻　　　　　　　(d) 溅射CrPtAu

(e) 剥离　　　　　　　(f) 光刻腐蚀窗口

(g) 腐蚀Au　　　　　　(h) 光刻腐蚀窗口

(i) RIE刻蚀氮化硅　　　(j) EPW腐蚀腔体

图 4.18　热对流陀螺加热丝工艺流程图

下层热敏检测丝采用铂薄膜电阻作为热敏电阻,它具有体积小、灵敏度高、结构简单、响应快等特点。对其采用体硅 MEMS 工艺加工,工艺流程如图 4.19 所示。

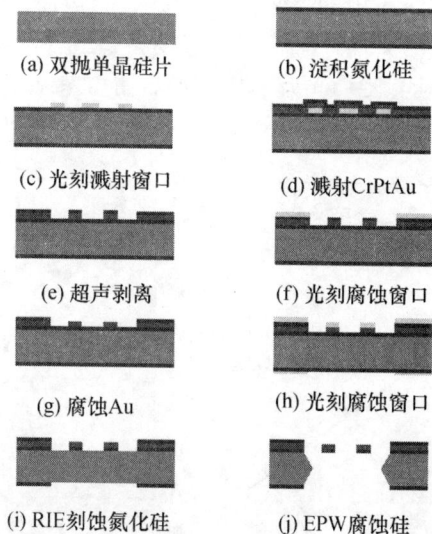

(a) 双抛单晶硅片　　　　(b) 淀积氮化硅

(c) 光刻溅射窗口　　　　(d) 溅射CrPtAu

(e) 超声剥离　　　　　　(f) 光刻腐蚀窗口

(g) 腐蚀Au　　　　　　(h) 光刻腐蚀窗口

(i) RIE刻蚀氮化硅　　　(j) EPW腐蚀硅

图 4.19　热对流陀螺热敏检测丝工艺流程图

113

然后利用对位技术和金硅键合工艺将上下两层圆片键合到一起,构成热对流陀螺芯片。再将管芯装配到管壳内,并进行引线键合,如图4.20所示。最后将管帽封接到管座上形成完整的器件,如图4.21所示(由中国电子科技集团公司第十三研究所加工完成)。

图4.20　热对流陀螺仪封帽前

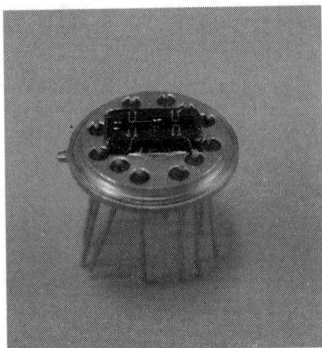

图4.21　热对流陀螺仪两种不同的封装

4.2.4　交叉耦合效应及补偿技术[9]

气流式陀螺中的热对流陀螺是利用微腔中气流运动及热电效应检测角速度量,由于气流运动呈现出多维耦合的特点,因而热对流陀螺不可避免地存在交叉耦合问题,即非传感器敏感轴x或y上的角速度信息与敏感轴z上的角速度信息耦合。

通过测量发现单独沿x轴方向施加角速度会造成检测电路输出信号,测量结果如图4.22(a)所示,图4.22(b)为单独施加z轴角速度产生的检测电路输出信号,可见,x和z轴信号耦合。

(a) x转角速度输出

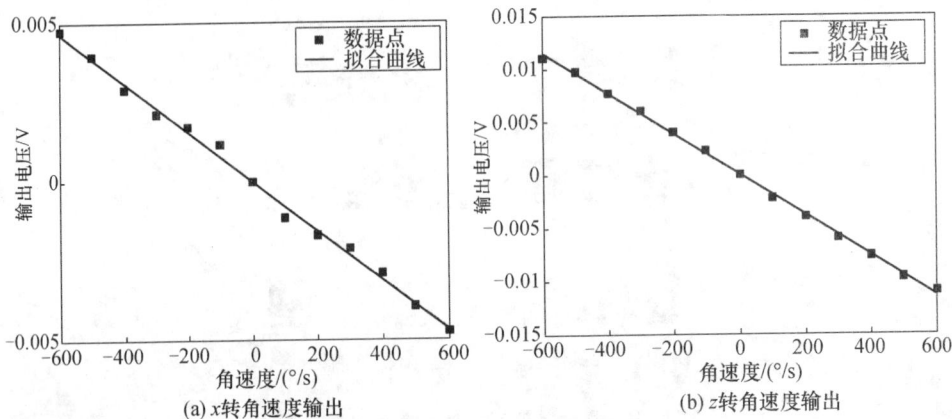

(b) z转角速度输出

图4.22　x和z轴角速度作用下的陀螺输出(转动轴上存在$1g$加速度)

为了分析热对流陀螺的交叉耦合机理,从而找出消除交叉耦合效应的解决办法,我们开展了三维仿真研究,对气流的三维运动进行了模拟。热对流陀螺的工作原理是:假设 z 方向上的加速度为 $1g$,气流运动如图4.23所示,在工作平面上加热丝两侧的气流沿 x 方向,运动方向相反,z 轴上角速度 $\boldsymbol{\omega}$ 将产生科氏力 $\boldsymbol{F}_\text{c}$,科氏力在加热丝两侧方向相反,引起两侧气流朝相反的方向偏转,通过对称布置在两侧的热敏丝检测获得输出。假设沿 x 轴方向存在 $1g$ 的加速度,在工作平面上气流运动如图4.24所示。加热丝两侧腔体内气流在沿 z 方向上运动速度相反,如果此时沿 x 方向有角速度 $\boldsymbol{\omega}$,该角速度将引起科氏力 $\boldsymbol{F}_\text{c}$,该科氏力在加热丝两侧方向相反,与由 z 轴角速度引起的科氏力相同,因此造成耦合。而 y 轴向上的角速度由于加热丝沿 y 方向布置将不会引起有效的沿 y 方向的科氏力,因此理论上说 y 轴角速度不会与 z 轴角速度产生耦合效应。

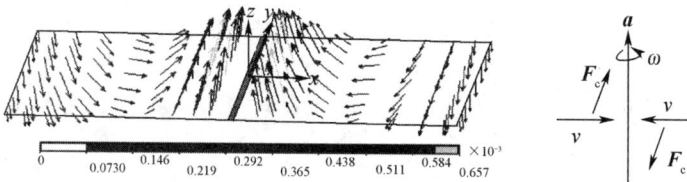

图 4.23　z 轴加速度$(1g)$作用下气体对流运动在工作平面上的表现

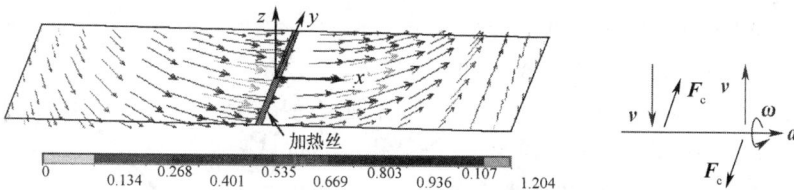

图 4.24　x 轴加速度$(1g)$作用下气体对流运动在工作平面上的表现

根据以上分析可知,热对流陀螺的输出主要受 x 和 z 轴上的加速度及角速度作用,即输出 $u = k_z a_z \omega_z + k_x a_x \omega_x$,其中 k_x, k_z 分别为比例因子。x 轴和 z 轴上的惯性量耦合,通过单一传感器很难将耦合解除。为了解决该问题,我们提出采用多传感器组合的方式,如将两个传感器如图4.25所示进行组合,其中 xyz 为参考坐标系。通过数据融合技术可以解除 x 和 z 轴的耦合。

数据融合方法具体为:首先采用传感器加速度模式测量沿 x 和 z 轴的加速度 a_x 和 a_z,采用传感器角速度模式测量输出 u_1 和 u_2;然后建立两传感器的输入输出模型,即

$$\begin{bmatrix} u_1 \\ u_2 \end{bmatrix} = \begin{bmatrix} a_x \cdot k_x^1 & a_z \cdot k_z^1 \\ a_x \cdot k_z^2 & a_z \cdot k_x^2 \end{bmatrix} \begin{bmatrix} \omega_x \\ \omega_z \end{bmatrix} + \begin{bmatrix} e_1 \\ e_2 \end{bmatrix} \tag{4.29}$$

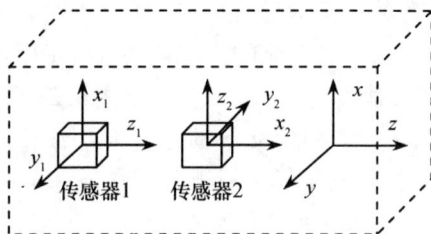

图 4.25　两个传感器组合

式中：$[e_1 \quad e_2]^T$ 为测量噪声；k_x^1 和 k_z^1 分别为传感器 1 沿 x 和 z 轴的比例因子；k_x^2 和 k_z^2 分别为传感器 2 沿 x 和 z 轴的比例因子。

根据式(4.29)，采用最小二乘法确定出角速度

$$\hat{\boldsymbol{W}} = (\boldsymbol{K}^T \cdot \boldsymbol{K})^{-1} \cdot \boldsymbol{K}^T \cdot \boldsymbol{U} \tag{4.30}$$

式中：$\hat{\boldsymbol{W}} = [\hat{\omega}_x \quad \hat{\omega}_z]^T$，$\boldsymbol{K} = \begin{bmatrix} a_x \cdot k_x^1 & a_z \cdot k_z^1 \\ a_x \cdot k_z^2 & a_z \cdot k_x^2 \end{bmatrix}$，$\boldsymbol{U} = [u_1 \quad u_2]^T$。以上估计的误差为

$$\Delta \boldsymbol{W} = \hat{\boldsymbol{W}} - \boldsymbol{W} = (\boldsymbol{K}^T \cdot \boldsymbol{K})^{-1} \cdot \boldsymbol{K}^T \cdot \boldsymbol{E} \tag{4.31}$$

式中：$\boldsymbol{E} = [e_1 \quad e_2]^T$。

采用式(4.30)解除 x 和 z 轴交叉耦合必须满足条件：$\boldsymbol{K}$ 矩阵可逆。当任一加速度 a_x 和 a_z 为零时，该条件不成立，即 $\boldsymbol{K}$ 为奇异矩阵，此时交叉解耦不能实现。为解决该问题，可采用三个传感器的组合模式。三传感器布置如图 4.26 所示，其中传感器 3 的 x 和 z 轴分别与参考坐标系的 x 和 z 轴成 45°交角。

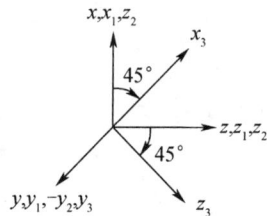

图 4.26　三个传感器组合

根据传感器各轴的分布，建立三传感器的输入输出模型

$$\begin{bmatrix} u_1 \\ u_2 \\ u_3 \end{bmatrix} = \begin{bmatrix} a_x \cdot k_x^1 & a_z \cdot k_z^1 \\ a_x \cdot k_z^2 & a_z \cdot k_x^2 \\ 0.5 \cdot k_1 & 0.5 \cdot k_2 \end{bmatrix} \begin{bmatrix} \omega_x \\ \omega_z \end{bmatrix} + \begin{bmatrix} e_1 \\ e_2 \\ e_3 \end{bmatrix} \tag{4.32}$$

式中：$k_1 = (k_x^3 + k_z^3) \cdot a_x + (k_x^3 - k_z^3) \cdot a_z$，$k_2 = (k_x^3 - k_z^3) \cdot a_x + (k_x^3 + k_z^3) \cdot a_z$。

式(4.32)中的 $\boldsymbol{K}$ 矩阵为 $\begin{bmatrix} a_x \cdot k_x^1 & a_z \cdot k_z^1 \\ a_x \cdot k_z^2 & a_z \cdot k_x^2 \\ 0.5 \cdot k_1 & 0.5 \cdot k_2 \end{bmatrix}$，当 $\boldsymbol{K}$ 矩阵的秩不小于 2 时，由

式(4.32)可以估计出角速度 $\hat{\boldsymbol{W}} = \begin{bmatrix} \hat{\omega}_x & \hat{\omega}_z \end{bmatrix}^{\mathrm{T}}$。而要满足 $\begin{bmatrix} a_x \cdot k_x^1 & a_z \cdot k_z^1 \\ a_x \cdot k_z^2 & a_z \cdot k_x^2 \\ 0.5 \cdot k_1 & 0.5 \cdot k_2 \end{bmatrix}$ 的秩

不小于 2,只要 a_x 和 a_z 不都为零且 $k_x^3 \neq k_z^3$。

通过更多传感器的组合还可以构成 MIMU 系统,实现更多轴加速度和角速度的测量,如采用图 4.27 所示的六个传感器组合模式[9],可以实现三轴加速度和角速度的测量。

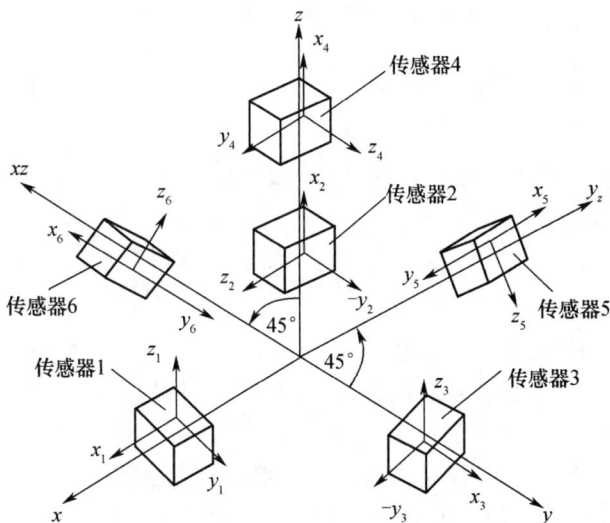

图 4.27 六传感器组合实现三维角速度和加速度的解耦

4.3 微型射流陀螺

4.3.1 器件结构和工作原理

射流陀螺包括驱动薄膜、射流孔或管嘴及热敏检测元件等,如图 4.28 所示。

射流陀螺的工作原理是:薄膜在驱动器(驱动器通常有电磁、静电、压电等几种形式)的作用下产生振动,驱动腔体中的气体通过喷口形成射流,角速度作用产生科氏加速度,使得射流方向偏转,流过热敏电阻会带走热量,引起了热敏电阻阻值的变化,通过对惠斯通电桥输出电压的测量可以检测出角速度的大小。

偏转量的大小和方向由科氏加速度决定,科氏加速度为

$$a_c = 2\boldsymbol{\omega} \times \boldsymbol{v} \tag{4.33}$$

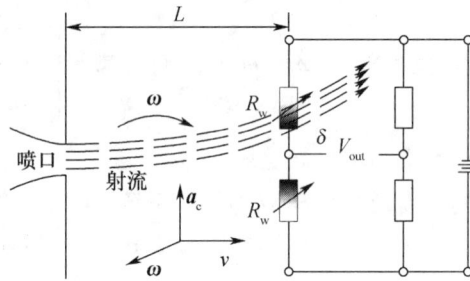

图 4.28 射流陀螺结构和工作原理

两次积分科氏加速度得到偏转量的表达式

$$\delta = \omega v t^2 \tag{4.34}$$

式中:t 为射流从喷嘴到热敏电阻丝的行程时间,等于射流行程 L 与速度的比值,则射流偏转量的表达式为

$$\delta = \omega \frac{L^2}{v} \tag{4.35}$$

从上式可以看出,当射流行程 L、速度 v 都一定时,偏转量只与要测量系统转动的角速度有关,成正比关系。根据这个原理,就可以通过检测偏转量的大小,进而推算出角速度。

与热对流陀螺相似,仅用一束射流的陀螺会受到非科氏加速度的影响,如果采用两束背向运动的射流就可以消除非科氏因素的影响,使得陀螺输出只与角速度相关。为此在射流陀螺结构中可以设计两路射流,采用如图 4.29 所示的微射流陀螺传感器结构。该微射流陀螺包括一驱动腔、两左右对称分布的检测腔,三腔通过射流管相连通,射流管尺寸为微米量级。在驱动腔的上表面设置有驱动膜,驱动膜

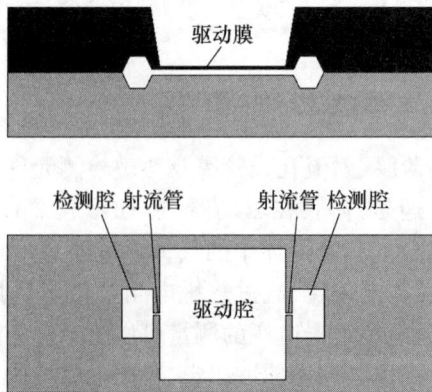

图 4.29 微射流陀螺结构示意图

在周期性电驱动下产生上下振动,从而使驱动腔内的气体通过射流管流入检测腔形成射流,整个结构腔体封闭,以避免与外界环境的串扰。射流在外界角速度作用下产生偏转,由分布在检测腔中的热敏丝感应获得信息,通过后续惠斯通电桥检测出信号,再经过信号的放大以及调制解调处理,得到最终检测信号。

在微射流陀螺中,射流品质对传感器的性能起到关键的作用,射流品质由最大中心流速和射流衰减率来衡量;最大中心流速为射流从喷口喷出来时的流速,射流衰减率为射流轴向速度衰减指数。射流是指从各种孔或管嘴中喷射出或依靠机械推动而进入周围另一流体域内运动的一股流体。射流自孔口或管嘴喷射出来后,根据流动的形态可以将射流划分为以下几个驱区段:起始段、过渡段和主体段,如图 4.30 所示。以平面紊动射流为例,由狭长缝隙或孔口喷出来的射流成为平面射流,可按二维问题分析。E. Forthmann 所测得的不同断面平面紊动射流的流速分布[10] 如图 4.31 所示。可以看到,轴线上流速最大,距轴线越远流速越小。随着距离 x 的增加,中心流速 u_{max} 逐渐减小,流速分布曲线也趋于平坦。

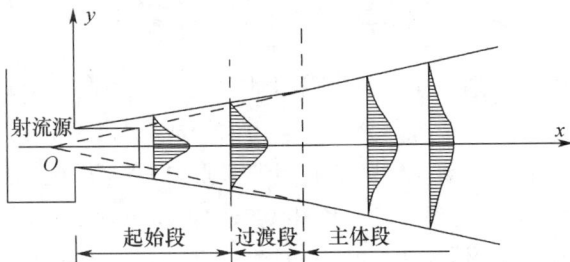

图 4.30　射流

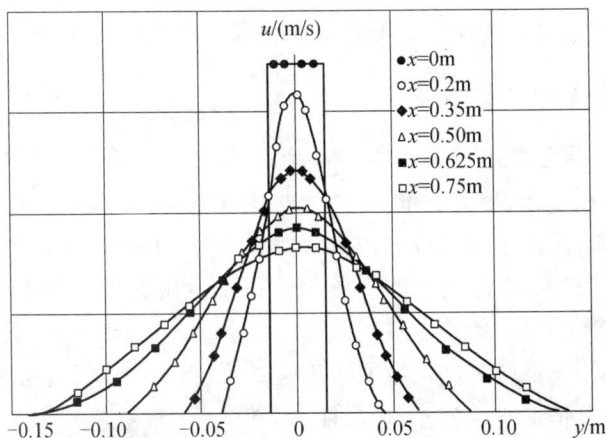

图 4.31　平面紊动射流沿程不同断面的流速分布

119

合成喷[11,12]应用于微射流陀螺仪中可实现稳定、品质优良的射流。合成喷是一种小型或微型的流体器件,由空腔、振动膜、喷口等部分组成,如图 4.32 所示。

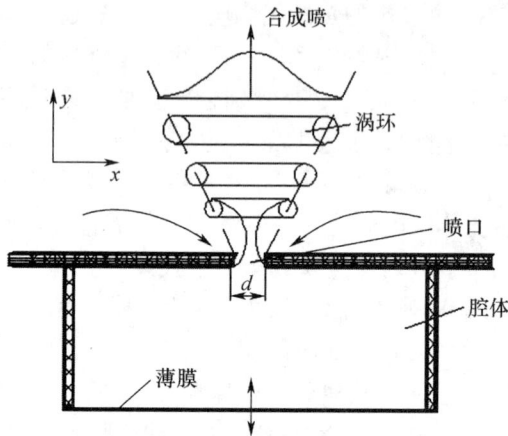

图 4.32　合成喷原理示意图

合成喷的工作过程是周期性的。当驱动器驱动薄膜向上运动时,腔体内压力升高,流体从喷口流出,由于边界分离的作用而形成涡环或涡对,涡环(或涡对)在自身动量作用下向下游运动。当驱动器驱动薄膜向下运动,腔内压力降低,喷口周围的流体被吸入腔体,此时涡环已经离开喷口比较远,其运动不会受到吸入腔体的流体影响。由于驱动器周期性驱动薄膜振动,一系列的涡环得以形成,这些涡环在运动过程中不断损失动量并卷吸周围流体而最终形成紊流喷。合成喷流场的主要特征有:①它是一个零质量流量喷,无需外界流量的补充;②可通过外在输入参数的改变实现对喷总体的控制。③能够形成稳定的中心射流,衰减率小。

4.3.2　数值模拟分析方法[13]

微型射流陀螺涉及电、流、固体结构、热等多物理场耦合,系统耦合计算涉及诸多难点:耦合关系复杂,单元数量大,高度非线性,仿真计算难以收敛,直接进行耦合分析十分困难,无法通过现成的仿真软件直接得到耦合结果,故根据系统工作原理和信号前后传递关系将复杂的多场耦合系统分解为四个相互串联的子系统:流-固-电耦合子系统、流速-科氏加速度子系统、流-热-电耦合子系统和调理电路子系统,四个子系统之间信号依次传递,如图 4.33 所示,各子系统根据各自的特点,分别选择合适的求解方式,进行计算分析。

射流陀螺的驱动方式可采用压电或静电驱动等,以静电驱动的射流角速度传感器为例,在射流角速度传感器的上下电极加驱动电压信号,通过驱动膜的振动驱

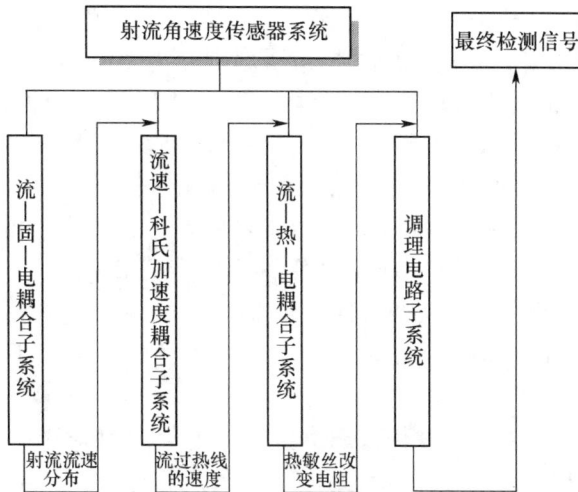

图 4.33　射流陀螺系统分解与建模

动腔体内气体流动,通过射流管在检测腔中形成射流。驱动腔中气体由于受压,压强增大,反过来又会影响驱动膜的运动,产生流—固耦合现象。在流—固—电耦合子系统中,涉及流场、结构、电场等,需要将各域问题方程进行联合求解,包括流体分析的连续方程(4.25)、N－S 方程(4.26),结构分析的运动方程和电控制方程(如静电力方程和压电力方程)等。

$$\{F_i\} + \{F_d\} + \{F_e\} = \{P(t)\} \tag{4.36}$$

式中:$\{F_i\}$ 为惯性力矢量;$\{F_d\}$ 为阻尼力矢量,$\{F_e\}$ 为弹性力矢量;$\{P(t)\}$ 为动力载荷矢量。

在流—固—电耦合子系统中,流—固耦合计算较为复杂,属于分析难点。流—固耦合问题按其耦合机理可分为两大类:第一大类问题为完全耦合,其特征是流体域和固体域部分全部重叠在一起,难以明显分开,如渗流问题;第二大类问题为接口耦合,其特征是耦合作用仅发生在两相交接口上,在控制方程上,耦合是通过流体和固体耦合接口的平衡与协调关系引入。针对射流陀螺中的流—固耦合分析可采用接口耦合分析方法,数值解法主要有两种类型,一是间接耦合法,二是直接耦合法。间接耦合法对固体和流体分别求解,其相互作用只是通过接口条件的迭代而实现耦合,其特点是耦合精度差,但计算简单,往往可以采用现成的流体和固体计算软件实现。而直接耦合法为深层次的耦合求解方法,是将流体域和固体域联合求解,直接解出每个时间步流固接口处的物理性质,其特点是耦合精度高,但计算复杂。

目前可以进行多物理场耦合,且流—固耦合比较典型的仿真软件有 ANSYS、MSC. DYTRAN、CFD – ACE + 等。ANSYS 软件是融结构、流体、电场、磁场、声场分析于一体的大型通用有限元分析软件,流—固耦合采用的是间接耦合法。MSC. DYTRAN 采用基于 Lagrange 格式的有限单元方法(FEM)模拟结构的变形和应力,用基于纯 Euler 格式的有限体积方法(FVM)描述材料(包括气体和液体)流动,对通过流体与固体界面传递相互作用的流体—结构耦合分析,采用基于混合的 Lagrange 格式和纯 Euler 格式的有限单元与有限体积技术,完成全耦合的流体—结构相互作用模拟,属于直接耦合法。CFD – ACE + 是一泛用型 finite volume、pressure based 三维计算流体力学软体,它的特点是易学易用,算法稳定,能够精确耦合所有相关物理现象,其流固耦合分析采用的是直接耦合法。

以下应用 CFD – ACE + 软件采用直接耦合法[14]对微射流进行数值模拟。考虑陀螺为对称结构,为减小计算量,提高计算效率,取其 1/4 模型进行数值模拟分析。图4.34 为计算的射流速度分布云图。

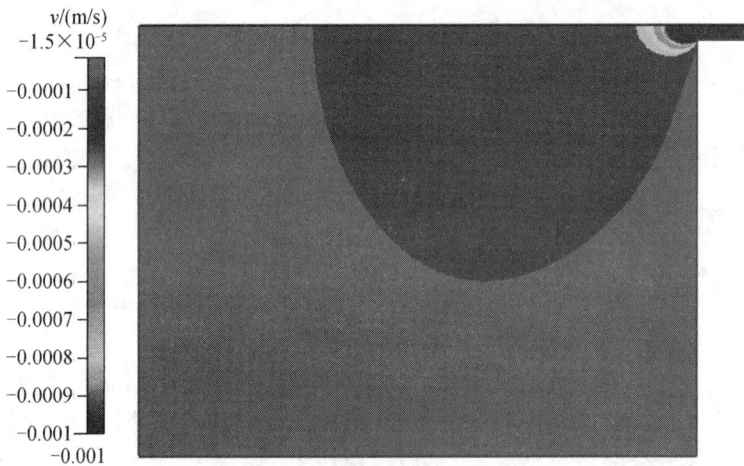

图4.34 射流流速分布云图

射流中心流速的质量与射流管的截面尺寸有关[15]。图 4.35 给出了射流腔内最大中心流速随射流管截面宽高比的变化规律,可以看出射流管截面宽高比增大,最大中心流速先增大后减小,在射流管宽高比为某个值时中心流速达到最大,该射流管宽高比为最优宽高比。图 4.36 给出了射流中心流速衰减率随射流管截面宽高比的变化规律,可以看出射流管截面宽高比越大,衰减指数越小,流速衰减越慢。

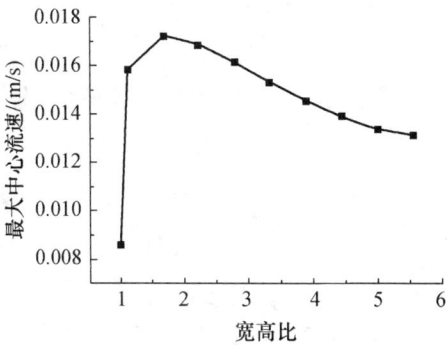

图 4.35 最大中心流速随宽高比的变化规律　　图 4.36 射流衰减系数随宽高比的变化规律

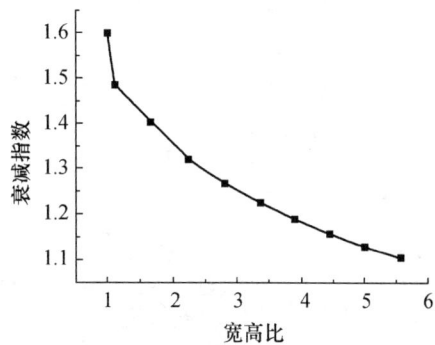

　　由于采用交变驱动方式产生射流,因而射流实际呈现出交变的特性。在数值计算时,给驱动膜加交变电压,驱动腔内流体运动,得到检测腔中射流的流速分布,其最大中心流速分布如图 4.37 所示,可以看出在交变驱动下射流最大中心流速沿纵向(x 方向)迅速地衰减。图 4.38 给出了在喷口处,射流流速沿横向(y 方向)的分布情况。

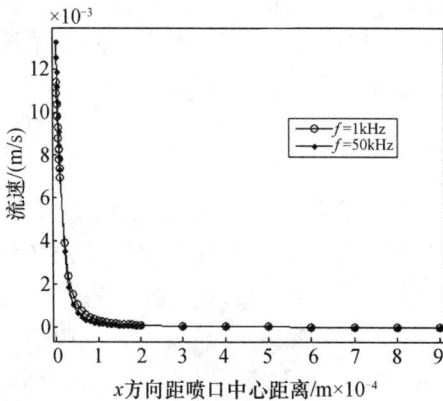

图 4.37 交变射流最大中心流速　　　　图 4.38 射流流速沿 y 方向的速度分布

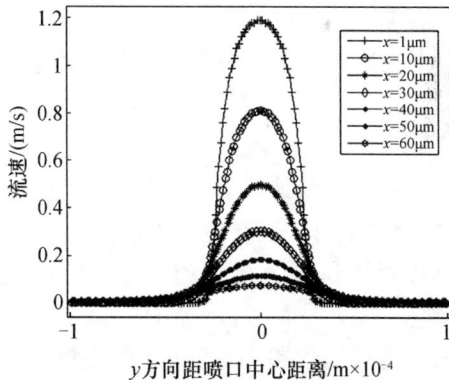

　　可以看到,交变射流后,射流中心流速衰减率增大,流体从射流管喷出后,流速迅速减小,这不利于传感器的测量。若能在交变射流的基础上形成合成喷,则可以在检测腔中一定范围内形成较稳定的射流,从而提高器件的灵敏度。

　　针对引入角速度的系统分析,在流—固—电耦合子系统中直接加角速度进行求解比较困难,难以收敛,所以采用流速—科氏加速度子系统进行分析。在该子系统中,针对科氏力的加入,这里采用了一种简易方法,进行射流偏转的计算,即将检测腔中的射流看成束粒子流,粒子在科氏力作用下产生偏转。首先计算无角速度输入时检测腔中的射流粒子流束,如图 4.39(a)所示。在此基础上,给粒子流加科氏力,计算检测腔内射流流速分布,如图 4.39(b)所示,可以看出角速度的作用使得射流产生了偏斜。

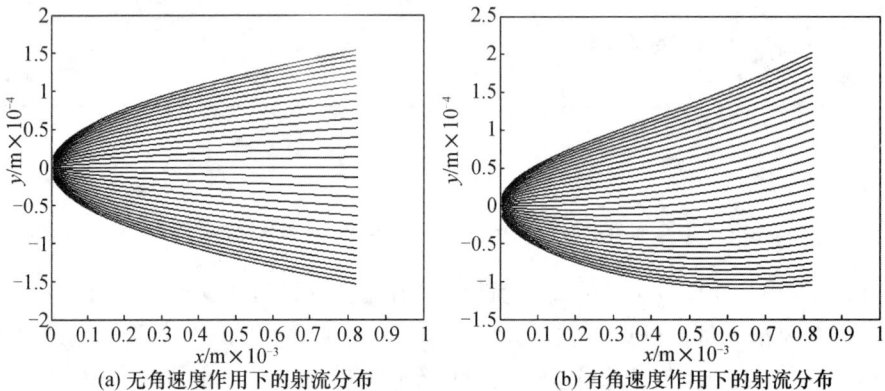

(a) 无角速度作用下的射流分布　　　　(b) 有角速度作用下的射流分布

图 4.39　射流分布

流—热—电耦合子系统是分析热敏电阻检测流场(即检测由角速度产生的射流偏斜)的过程,其分析方法可以参考 4.1.1 节对流换热原理。调理电路子系统的分析参考 4.1.3 节系统信号检测电路。

4.3.3　陀螺加工工艺

微射流陀螺的结构模型(图 4.40)由封闭腔体、振动膜、检测电阻、沟道结构、热敏传感器以及腔体内的气体组成。微射流陀螺结构分上下两片,即结构层(包括半腔体和热敏传感器)和衬底层(包括半腔体和振动膜),基本工艺流程如图 4.41、图 4.42 所示。结构层的制作:首先将硅片双面抛光,然后刻蚀纹膜。在两面生长氧化层和氮化硅,在纹膜一端形成振动膜。淀积热敏电阻、金电极,刻蚀氮化硅、腐蚀氧化层,刻蚀硅,形成结构层的检测腔。衬底层的制作:首先将硅片双面抛光,生长氧化层。腐蚀氧化层,刻蚀腔体,形成衬底层的驱动腔和检测腔。采用金

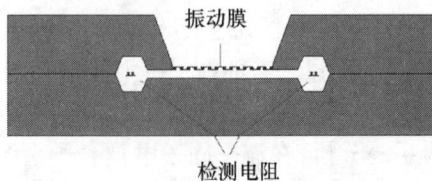

图 4.40　微射流陀螺的结构模型

(a) 双抛硅片

(b) 刻蚀纹膜

(c) 生长氧化层和氮化硅

(d) 淀积温敏电阻

(e) 淀积Au

(f) 刻蚀氮化硅

(g) 腐蚀氧化层

(h) 腐蚀硅

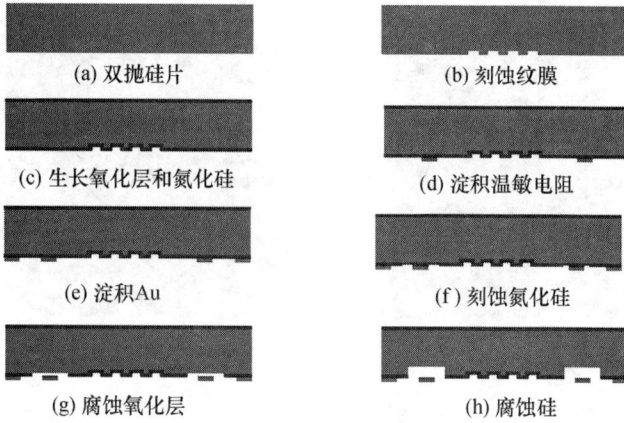

图 4.41　射流陀螺结构层工艺流程图

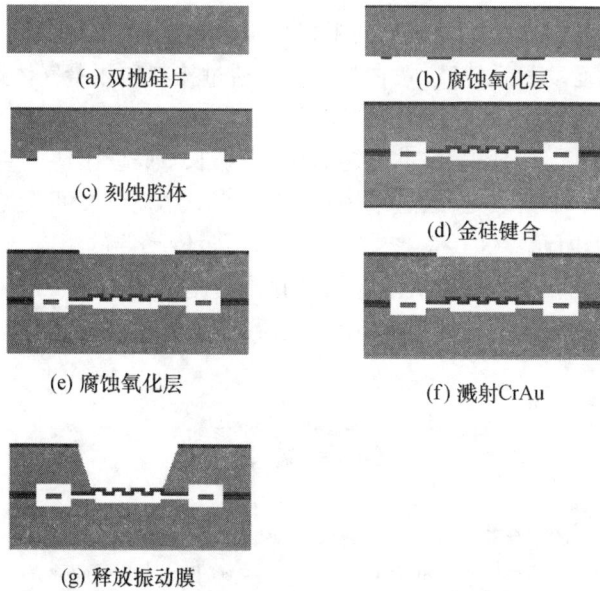

(a) 双抛硅片

(b) 腐蚀氧化层

(c) 刻蚀腔体

(d) 金硅键合

(e) 腐蚀氧化层

(f) 溅射CrAu

(g) 释放振动膜

图 4.42　射流陀螺衬底层以及键合工艺流程图

硅键合,将上下两片键合起来,形成封闭腔。腐蚀结构片的氧化层,溅射 Cr/Au,释放振动膜。工艺完成后,器件加载驱动膜前后的照片如图 4.43 和图 4.44 所示(由中国电子科技集团公司第十三研究所加工完成)。

图 4.43　射流陀螺未加载振动膜

图 4.44　射流陀螺加载振动膜

4.4　总　结

　　微型气流式陀螺仪是一种新型的微机械惯性传感器,它采用气体介质代替常规的质量块作为运动和敏感载体,在微腔体中通过控制和测量气体运动,从而实现惯性量的检测。微型气流式陀螺采用 MEMS 工艺加工,批量生产,其特点在于:结构简单、加工成本低、大量程、抗冲击能力强、寿命长等,适用于某些特殊装备的需求。该器件的另一个特点是:通过采用不同的外围检测模式,可能实现角速度和加速度传感的切换,因而器件具有双重功能。利用多传感器的组合还可以实现气流式微型 MIMU 系统。微型气流式陀螺仪是我国自主研制的一种新型惯性器件,在器件的结构设计、加工、信号处理、测量领域,我国具有完整的自主知识产权。

参 考 文 献

[1] 牟乃让. 流体力学与传热学基础[M]. 北京:机械工业出版社,1984.

[2] Tony A A. A Transient Thermal Analysis Using a Simplified Heat Transfer Coefficient Model[C]. 2001 International Symposium on Advanced Packaging Materials:366 – 371.

[3] 杨世铭. 传热学[M]. 北京:高等教育出版社,1980.

[4] Zhu Rong, Ding Henggao, Su Yan, et al. Micromachined gas inertial sensor based on convection heat transfer [J]. Sensors & Actuators: A. Physical, 2006,130 – 131:68 – 74.

[5] 李娜,过增元,李志信. 方腔自然对流中力的尺度效应[J]. 清华大学学报,2002,42(11):1508 – 1510.

[6] Finnemore E J, Joseph B F. Fluid Mechanics with Engineering Applications (Tenth Edition)[M]. McGraw – Hill Companies, Inc. , 2002.

[7] 范铭,高鹰,吴军. 中小 Gr 数下竖壁自然对流传热特性[J]. 东南大学学报,1998,28(1):68-74.

[8] 吕树海,徐淑静,徐永青,等. 新型 MEMS 热流陀螺的制造[J]. 传感技术学报,2008,21(2):248-251.

[9] Zhu Rong, Ding Henggao, Yang Yongjun, et al. Sensor Fusion Methodology to Overcome Cross-axis Problem for Micromachined Thermal Gas Inertial Sensor[J]. IEEE Sensors Journal,2009,9(6):707-712.

[10] Forthmann E. Uber turbulente Strahlausbreitung[J]. Archive of Applied Mechamics - ARCH APPL MECH,5(1):42-54,1934.

[11] Smith B L, Glezer A. Vectoring of a high aspect ratio rectangular air jet using a zero-net mass-flux control jet[J]. Bull. Am. Phys. Soc., 1994:39.

[12] 罗小兵,李志信,过增元. 合成喷形成的机理分析[J]. 清华大学学报,2000,40(12):86-89.

[13] 赵影. 微流体角速度传感器的研究[D]. 清华大学硕士学位论文,2007.

[14] Lewis R W, Bettess P, Hinton E. Numerical Methods in Coupled Systems[M]. New York:John Wiley and Sons Ltd,April 1984.

[15] 赵影,朱荣,叶雄英. 微腔体内射流特性的研究[J]. 传感技术学报,2007,20(10).

第5章 MEMS 热对流加速度传感器

通常加速度传感器的结构是由一端固定的悬臂梁和悬挂在悬臂梁另一端的检验质量块组成,如图5.1所示。图中上半部分是压阻和压电原理的加速度传感器示意图,下半部分是电容式加速度传感器示意图。这些加速度传感器都是利用悬挂的质量块将敏感加速度转化为力,然后再将力转化为电阻、电压、电容以及隧道电流的变化。由于存在悬臂梁结构和悬挂的检验质量块,使这些传统的加速度传感器存在以下缺点:

（1）结构复杂,加工难度大,成本高。

（2）复杂的活动结构,使这些加速度传感器的抗冲击和抗振动能力差,而且加速度传感器的灵敏度越高,抗冲击、振动能力越差。

（3）采用微机械加工技术研制的这些加速度传感器由于尺寸的缩小,特别是检验质量块的缩小不可避免地带来灵敏度的降低。

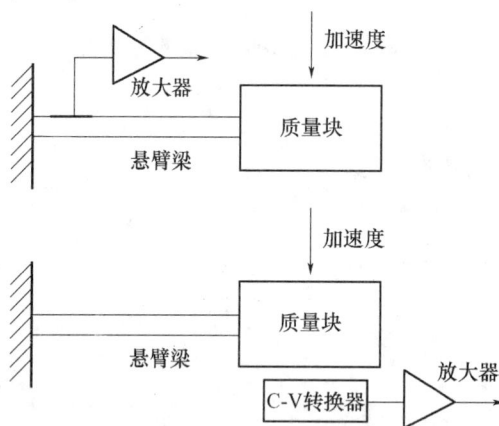

图 5.1 传统的加速度传感器工作原理

微机械热对流加速度传感器[1]是利用气体自然对流在加速度作用下发生改变的原理和微机械加工技术研制而成。这种新型原理的加速度传感器不需要悬挂的质量块,利用气体来敏感加速度,将加速度转化为气体对流的变化,气体对流的变化导致温度场的变化,通过检测温度的变化就可以知道加速度的大小。由于没有了复杂的悬臂梁和悬挂的质量块,热对流加速度传感器的结构大大简化、制作难度降低;更重要的是由于没有了复杂的活动部件,加速度传感器的抗冲击、抗振动能力大大提高,特别适合汽车、坦克、炮弹等高冲击、振动等恶劣环境下使用;热对流加速度传感器的灵敏度与器件尺寸没有直接的关系,可以研制出高灵敏度的微机械加速度传感器,而且传感器灵敏度的提高不会带来抗冲击、抗振动能力的下降,这很好地解决了传统的加速度传感器抗冲击振动能力和灵敏度的矛盾,特别适合于既需要高灵敏度又要求抗高冲击的应用,如智能炮弹等。

本章将较系统地研究微机械热对流加速度传感器的原理、设计、仿真和制造工艺;介绍研制出的多种微机械热对流加速度传感器。

5.1 热对流加速度传感器工作原理

微机械热对流加速度传感器的结构和工作原理如图5.2和图5.3所示。这种加速度传感器由隔热腔体、加热器和一对对称的温度传感器构成。加热器和温度传感器悬在腔体上面。加热器加热使其周围的气体温度升高、密度减小。在重力加速度的作用下,腔体内的气体发生对流。位于加热器相等距离上的一对温度传感器用来测量加热器两边的温度差。器件封装在密封的隔热管壳内,防止外部气流和温度对器件的影响。加速度传感器的敏感方向为温度传感器和加热器平面内与温度传感器垂直的方向。敏感方向无加速度时,腔体内的加热气体只在重力加速度的作用下发生对流,加热器水平两边相等位置上的温度相等,两个温度传感器的输出相等;敏感方向有加速度时,腔体内的气体在重力加速度和外加速度的联合作用下对流,加热器水平两边相等位置上出现温度差,两个温度传感器的输出就产生差异。若两个温度传感器采用热敏电阻,可与外接的两个参考电阻构成电阻电桥。这样外界的加速度信号就可以转化为电桥的输出电压信号。

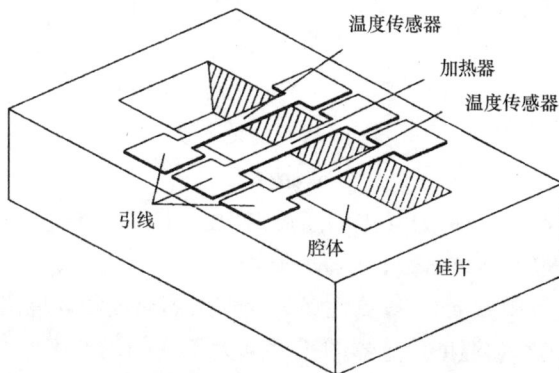

图 5.2 微机械热对流加速度传感器结构示意图

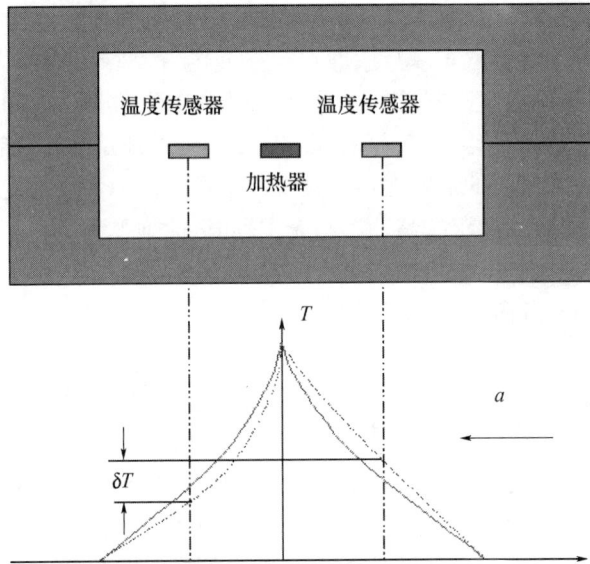

图 5.3　热对流加速度传感器工作原理图

　　根据这个模型,这种加速度传感器的敏感元件为气体,没有了传统加速度传感器的检验质量和悬臂梁,因此其可靠性大大增强,而且量程和灵敏度不受传统理论的限制。

5.2　计算机仿真与分析[2-4]

　　由于微机械热对流加速度传感器的尺寸很小,因此通常流动为层流自然对流,相应的控制方程组如下:

连续性方程　　　　　　　　　　$\nabla \cdot u = 0$ 　　　　　　　　　　　　(5.1)

动量方程　　　　　　$\rho u \cdot \nabla u = -\nabla p + \mu \nabla^2 u + \rho a$ 　　　　　　(5.2)

能量方程:　　　　　　　　$\rho c_p u \cdot \nabla T = \lambda \nabla^2 T$ 　　　　　　　(5.3)

状态方程　　　　　　　　　　$\rho = p/RT$ 　　　　　　　　　　(5.4)

式中:u、ρ、p、T、μ、c_p、λ 分别为气体的速度、密度、压力、温度、动量黏度、比定压热容和热导率;R 为理想气体常数;a 为加速度。

　　作为近似,计算中 μ、c_p、λ 等物性参数取加热器温度和环境温度平均值下的恒定数据。由于加热丝和温度传感器的长度远大于它们的宽度和高度,因此数值模拟中采用二维模型,图 5.4 是微机械热对流加速度传感器简化的几何模型。图中 x 为温度传感器与加热器之间的距离,d 为腔体的高度,D 为腔体的半长,加速度方向向左。为了简化,腔体壁和加热器都取作恒温边界。计算采用 STAR – CD 软件。

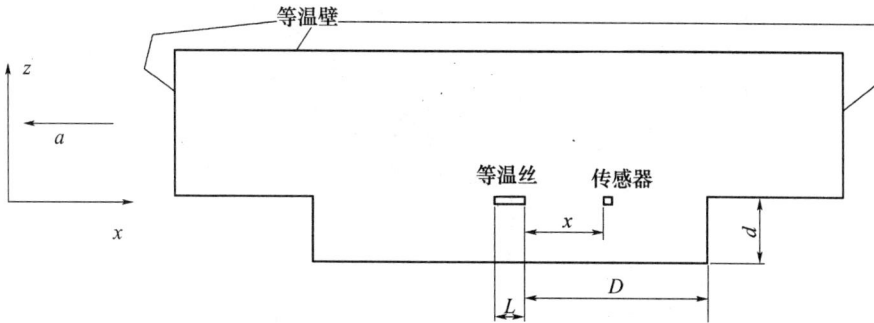

图 5.4 数值模拟采用的热对流加速度传感器的模型简图

5.2.1 线性度分析

对于特定气体的自然对流,决定其流动和传热的主要参数是格拉晓夫数 Gr,也就是说两个温度传感器之间的温差主要受格拉晓夫数影响。而 Gr 由下式决定

$$Gr = \frac{a\beta L^3 \Delta T}{\nu^2} \tag{5.5}$$

式中:a 为加速度;β 为气体的热膨胀系数;ν 为气体的运动黏度;ΔT 为加热器与外界的温度差; L 为加热器的宽度。

对于特定的加速度传感器,气体的热膨胀系数 β,气体的运动黏度 ν,加热器与外界的温度差 ΔT 和加热器的宽度 L 是确定的, 因此格拉晓夫数 Gr 与加速度 a 成正比。

通过数值分析,得到两个温度传感器之间的温差 δT 与格拉晓夫数 Gr 之间关系,如图 5.5 所示。由图可见,当格拉晓夫数 Gr 在 $10^{-2} \sim 10^3$ 之间时,温度传感器之间的温差与格拉晓夫数成正比。由于格拉晓夫数 Gr 与加速度成 a 正比,因此在上述格拉晓夫数范围内,温度传感器之间的温差 δT 与加速度 a 成正比,也就是说热对流加速度传感器是线性的。根据式(5.5),就可以合理地设计热对流加速度传感器的加热器的宽度和工作温度,选择合适的工作气体,使传感器的线性工作范围满足要求。

图 5.6 给出了温度传感器的位置对线性度的影响。图中零纵坐标为线性度误差,它是数值计算值与拟合值之间的误差。注意到当 x/D 在 $0.3 \sim 0.7$ 之间时,线性度误差最小,约为 0.05%。由此可见,将温度传感器置于合理的位置将有利于线性度的提高。

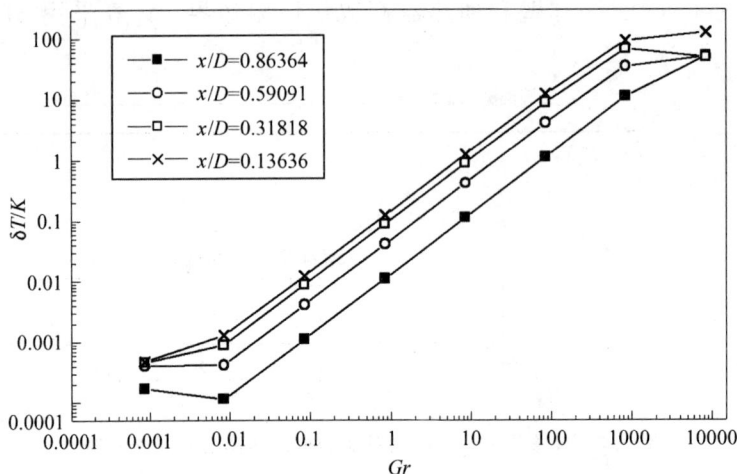

图 5.5 温度传感器的温差 δT 随格拉晓夫数 Gr 的变化

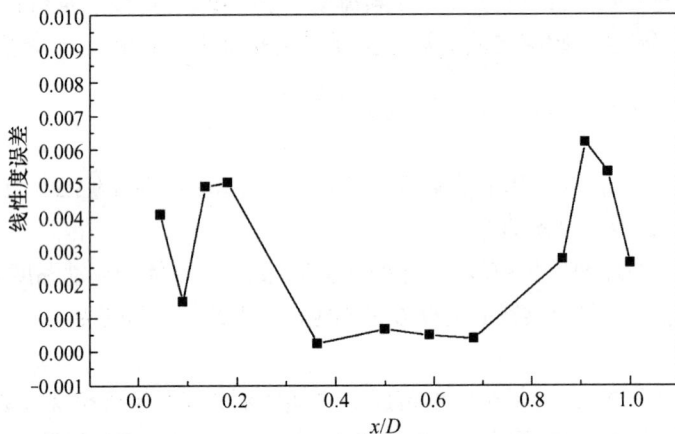

图 5.6 线性度误差与温度传感器位置的关系

5.2.2 灵敏度分析

通过前面的分析知道,在一定范围内温度传感器的温差 δT 与格拉晓夫数 Gr 成正比

$$\delta T \propto Gr \tag{5.6}$$

即

$$\delta T \propto \frac{\beta L^3 \Delta T}{\nu^2} a \Rightarrow \frac{\delta T}{a} \propto \frac{\beta L^3 \Delta T}{\nu^2} \tag{5.7}$$

式中：$\dfrac{\delta T}{a}$ 代表了热对流加速度传感器的灵敏度。由式 (5.7) 可知,它与工作气体的热膨胀系数成正比,与工作气体的运动黏度的平方成反比,与加热器宽度的立方和加热器的工作温度成正比。那么,增加加热器的宽度和工作温度,选择热膨胀系数大、运动黏度小的气体可以增加热对流加速度传感器的灵敏度。由于格拉晓夫数在一定范围内热对流加速度传感器才是线性的,因此通过这些手段增加加速度传感器灵敏度的同时,减小了其最大线性测量的加速度值,也就是减小了加速度传感器的线性量程。

表 5.1 列出了空气、氮气、氢气和二氧化碳四种常用气体在 650K 温度下的热物性参数,从表中可以看出,对于影响热对流加速度传感器灵敏度的参数(β/ν^2),空气和氮气相差很小,二氧化碳最大几乎是空气的三倍,氢气最小只有空气的 1/42。因此选用二氧化碳作为工作气体的加速度传感器灵敏度最高,选用氢气作为工作气体的加速度传感器灵敏度最低。从表 5.1 还注意到,不同气体的膨胀系数基本相同,与气体种类无关。除了氢气以外的其他气体的动力黏度 μ 的差别也比较小。因此,影响加速度传感器灵敏度的主要因素是工作气体的密度,选择分子量大的工作气体有利于提高热对流加速度传感器灵敏度。

表 5.1　不同气体在 650K 温度下的热物性参数

气体	$\beta/(1/K)$	$\rho/(kg/m^3)$	$\mu \times 10^6$ /(Pa·s)	$\nu \times 10^6$ /(m²/s)	$(\beta/\nu^2) \times 10^{-6}$ (s²/K·m⁴)
空气	0.0015	0.5425	32.2	59.9	0.418
氮气	0.0015	0.5281	31.2	59.7	0.421
氢气	0.0015	0.0391	15.1	386.2	0.010
二氧化碳	0.0015	0.8303	28.8	35.1	1.218

图 5.7 是进行计算机数值计算的结果,与理论计算结果相吻合。

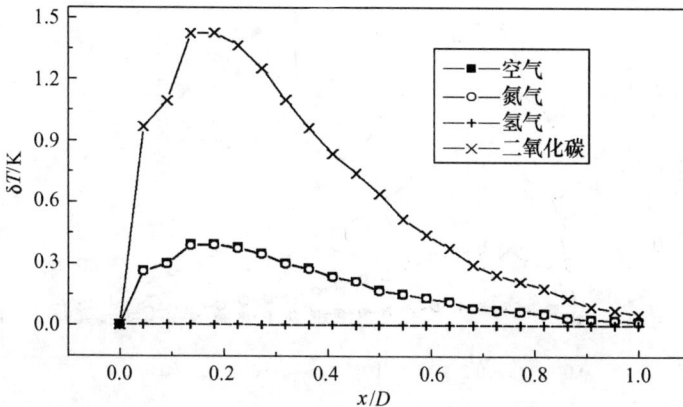

图 5.7　工作气体不同时温差随温度传感器位置的变化

对于给定的器件结构,工作气体(空气)也一定时,对不同的加热器温度
423K、573K、773K 和 973K 分别进行了数值模拟。图 5.8 给出了温度传感器处于
不同位置时,两温度传感器的温差与加热器温度之间的关系。很显然,两个温度传
感器之间的温差随着加热器温度的增加而单调递增,即加热器温度越高,热对流加
速度计的灵敏度越高。

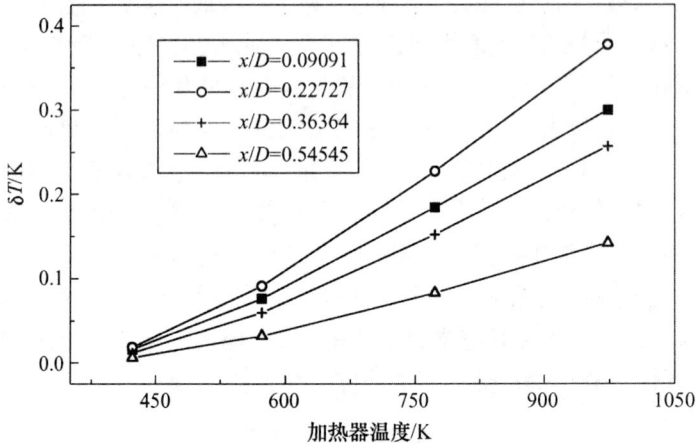

图 5.8 温度传感器在不同位置时温差与加热器温度的关系

从图 5.7 和图 5.8 发现,不管加速度传感器的工作气体改变还是加热器的工
作温度改变,两温度传感器的温差随其位置改变而改变,而且在某一位置时,温差
最大,也就是温度传感器存在一个最佳位置,使加速度传感器的灵敏度最高。为了
进一步验证这个最佳位置,分别对不同的加热器温度和不同的格拉晓夫数情况下,
温差随温度传感器位置的变化进行了数值模拟,结果如图 5.9 和图 5.10 所示。从

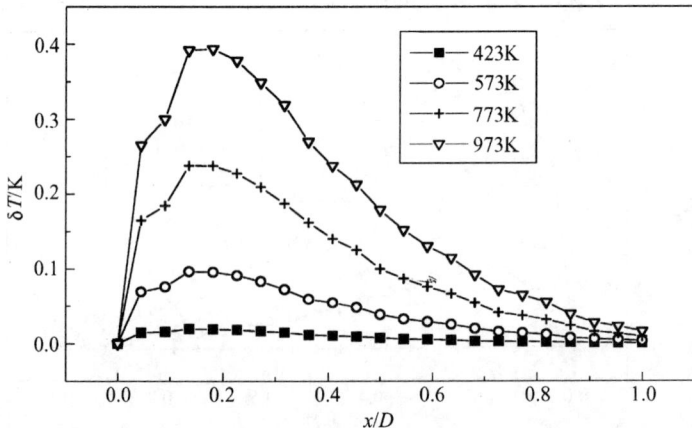

图 5.9 加热器温度不同时温度传感器温差与位置的关系

这两个图进一步证明,无论在何种情况下,都存在一相同的位置,使温度传感器的温差最大。这个最佳位置是 $x/D=0.2$,也就是距离加热器 0.2 倍的腔体半长 D。遗憾的是这个灵敏度最佳位置不在线性度误差最小的范围内,考虑两方面的因素,温度传感器的位置应选在 $x/D=0.3$,即距离加热器 0.3 倍的腔体半长 D。

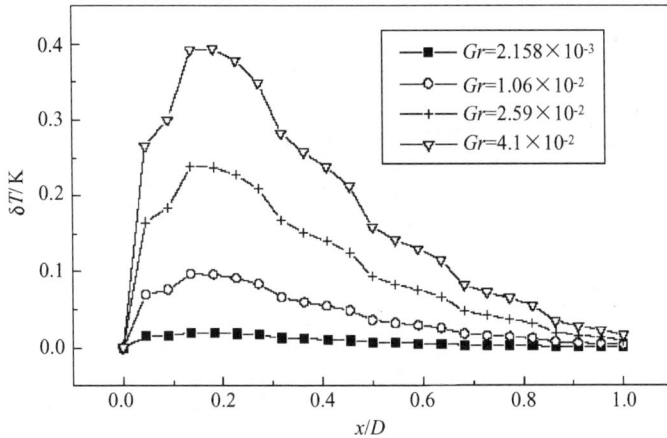

图 5.10　格拉晓夫数不同时温度传感器温差与位置的关系

　　通过数值模拟,还分析了腔体深度对加速度传感器灵敏度的影响。图 5.11(a)、(b)分别为腔体深度 $d=100\mu m$ 和 $d=250\mu m$ 下的流场分布图,图 5.12 为不同腔体深度时温度传感器温差随位置的变化曲线。很明显,图 5.11(b)中的对流强度要大于图 5.11(a)中的情况,增加腔体深度将显著地增加两传感器的温差。这是由于加热器与腔体底部的距离也就是腔体的深度 d 与加热器的宽度几乎为相同量级时,自由对流的空间非常小,边界效应明显,抑止了对流。但是当腔体深度远大于加热器宽带时,进一步增加腔体深度对加速度传感器灵敏度的提高作用不大。

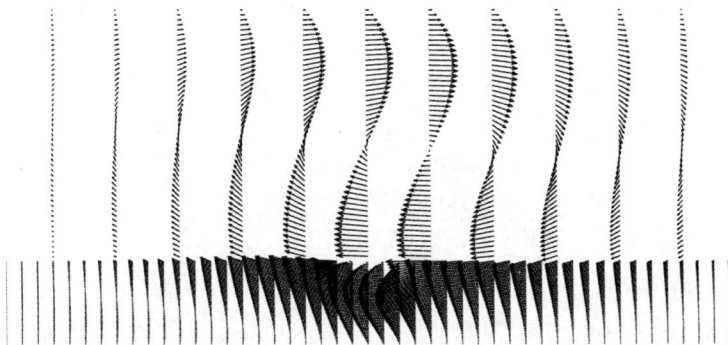

(a) $d=100\mu m$

135

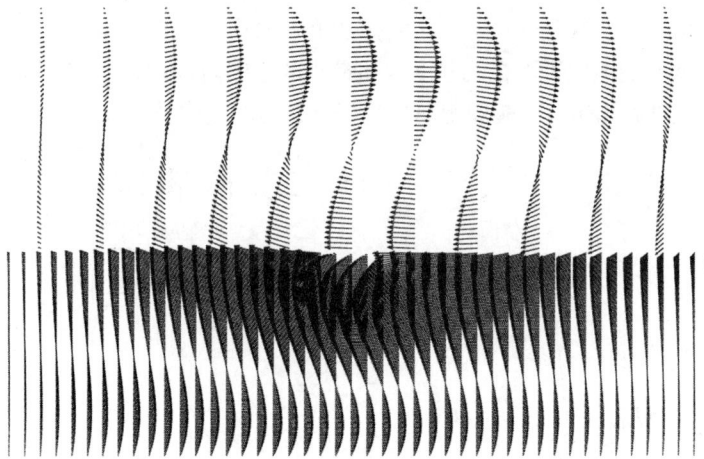

(b) d=250μm

图 5.11　不同腔体深度下的流场

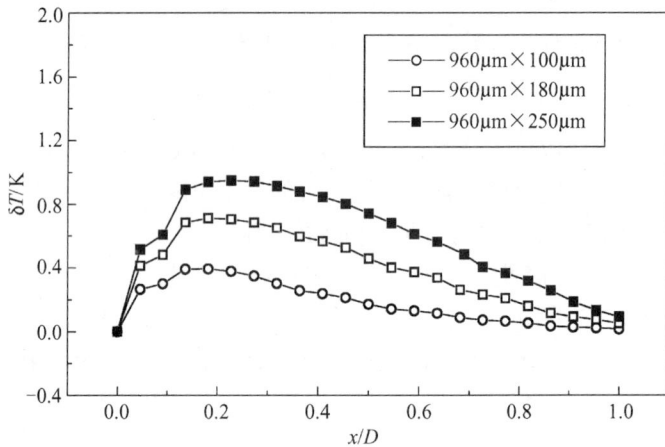

图 5.12　不同腔体深度时温度传感器温差随位置的变化

5.3　结构设计和制作工艺[5]

　　根据前文的分析,分别设计了单轴半桥(图 5.2)和单轴全桥(图 5.13)温敏电阻微机械热对流加速度传感器以及图 5.14 双轴全桥式温敏电阻微机械热对流加速度传感器。

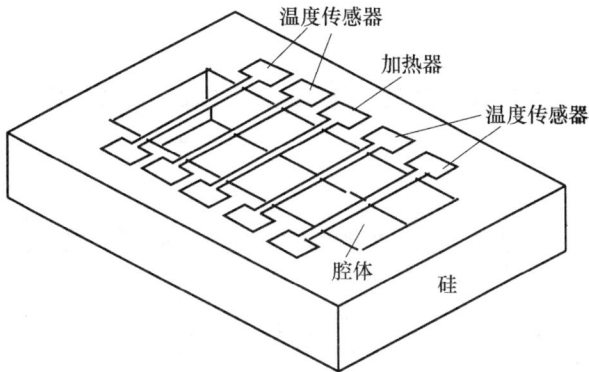

图 5.13　单轴全桥温敏电阻热对流加速度传感器结构示意图

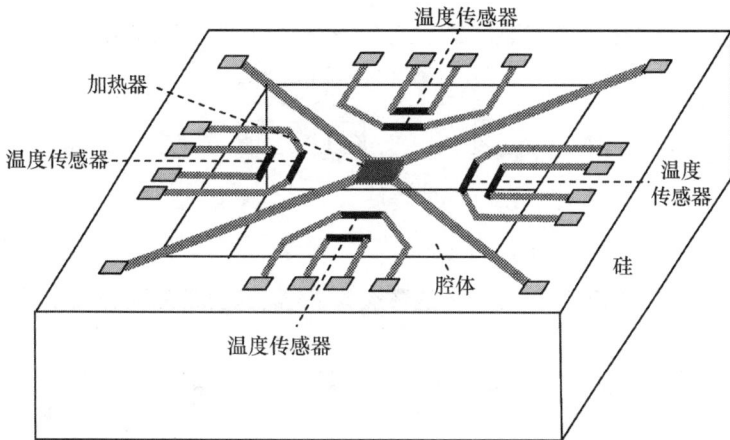

图 5.14　双轴全桥温敏电阻热对流加速度传感器结构示意图

　　这三种微机械热对流加速度传感器的制作工艺完全相同,所不同的只是它们的版图,因此可以将它们制作在同一块掩模版上。微机械热对流加速度传感器的制作工艺流程如图 5.15 所示。

　　加工工艺采用与 IC 工艺兼容的正面体硅工艺,只需要 3 块光刻掩模版,主要工艺是低应力 SiN_x 膜的制作和正面自停止湿法腐蚀释放技术。

　　硅片材料选用电阻率为 $3\Omega \cdot cm \sim 5\Omega \cdot cm$ 的双面抛光 p 型(100)硅片,经过常规清洗处理、烘干后开始以下工艺流程:

　　(1) 通过 LPCVD 或 PECVD 在单晶硅片两面淀积一层低应力厚 SiN_x 膜。

　　(2) 在正面氮化硅膜上进行一次光刻,然后带胶溅射 Cr/Pt/Au 多层金属。

　　(3) 通过剥离工艺形成加热器、温敏电阻和引线及引线键合点;二次光刻将加热器和温敏电阻上的 Au 腐蚀掉;三次光刻后,利用 RIE 干法刻蚀出对流腔体

137

Si ▦ SiN$_x$ ⬚ PR ▨ Cr/Pt/Au ▧ Cr/Pt

(a) LPCVD双面淀积SiN$_x$

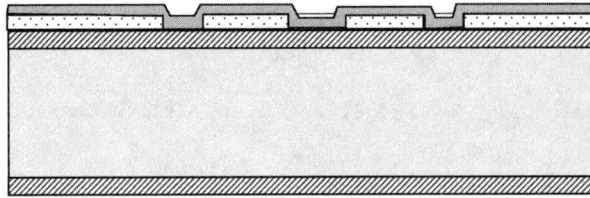

(b) 正面光刻、溅射CrPtAu

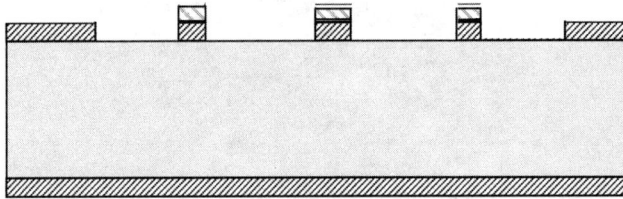

(c) RIE干法刻蚀

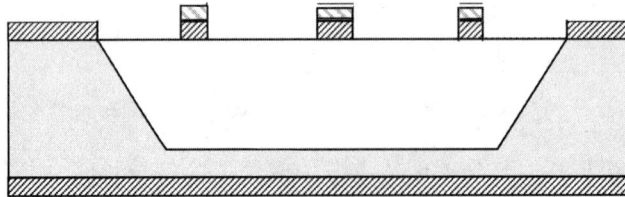

(d) EPW腐蚀Si释放结构

图5.15　微机械热对流加速度传感器工艺流程图

图形。

（4）利用 EPW 湿法腐蚀液，从正面腐蚀出对流腔体结构，同时加热器和温敏电阻被自停止腐蚀释放出来。

热对流加速度传感器芯片加工出来后，通过中测、筛选、装架、键合和储能焊等后工艺，将其封装在 TO – 10 管壳内。图 5.16、图 5.17、图 5.18 分别是加工出来的单轴半桥、单轴全桥和双轴全桥微机械热对流加速度传感器芯片的 SEM 照片。图 5.19 是封装好的微机械热对流加速度传感器的照片。

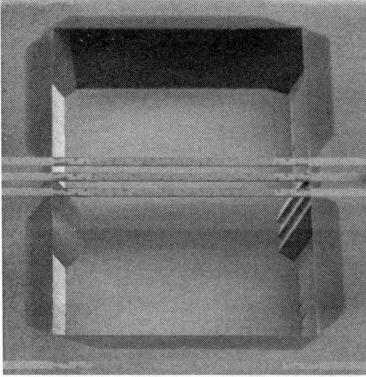

图 5.16　单轴半桥热对流加速度传感器芯片

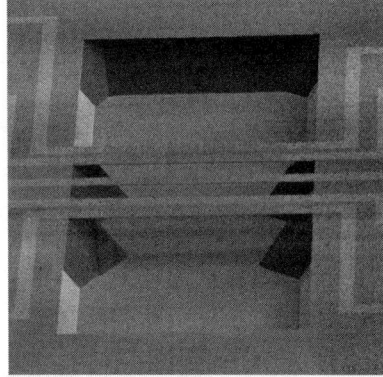

图 5.17　单轴全桥热对流加速度传感器芯片

图 5.18　双轴全桥热对流加速度传感器芯片

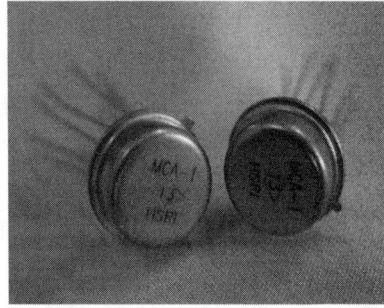

图 5.19　封装好的微机械热对流加速度传感器

5.4　三轴微型热对流加速度传感器[6-7]

5.4.1　三轴热对流加速度传感器工作机理

三轴热对流加速度传感器的结构模型(图 5.20),由密闭的腔体、加热器 Rh、x 轴检测电阻($R_{x1} \sim R_{x4}$)、y 轴检测电阻($R_{y1} \sim R_{y4}$)、z 轴检测电阻($R_{z1} \sim R_{z4}$)和腔体内的气体组成,加热器 Rh 在密闭腔体的中央位置,x 轴检测电阻、y 轴检测电阻、z 轴检测电阻分布在加热器 Rh 沿 x 轴、y 轴、z 轴对称的两侧,每侧各两个电阻。每侧电阻距加热器 Rh 距离相等。三轴共用腔体内的气体作为敏感元件,密闭腔体是防止外部气流和温度对器件性能的影响。

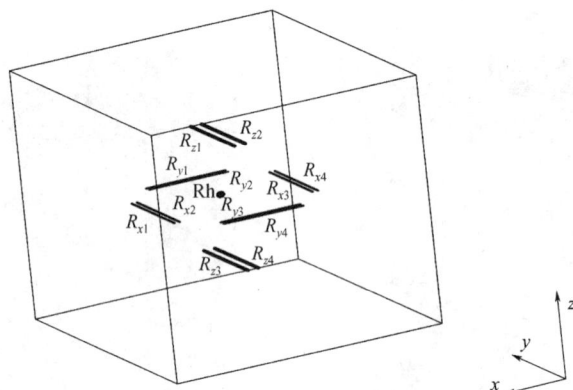

图 5.20 三轴热对流加速度传感器结构模型图

工作时,加热器激励电路使其工作在一个固定的温度,加热使其周围的气体温度升高、密度减小。在重力加速度的作用下,腔体内的气体发生对流,在腔体内形成温度梯度。检测电阻是一种热敏电阻,用来测量该位置的温度。x 轴与 y 轴的结构完全一致,其在水平状态下,敏感方向为温度传感器和加热器平面内与温度传感器垂直的方向。敏感方向无加速度时,腔体内的加热气体只在重力加速度的作用下发生对流,加热器水平两边相等位置上的温度相等,两个温度传感器的输出相等;敏感方向有加速度时,腔体内的气体在重力加速度和外加速度的联合作用下对流,加热器水平两边相等位置上出现温度差,两个温度传感器的输出就产生差异。若温度传感器采用热敏电阻,每个轴向加热器两侧的四个温度传感器构成电阻电桥。这样外界的加速度信号就可以转化为电桥的输出电压信号。

5.4.2 三轴热对流加速度传感器结构设计

1)加热器和温度传感器的空间分布

根据原理分析三轴热对流加速度传感器,要求 x、y、z 三个轴向的电阻完全对称。如图 5.21 所示,将三轴热对流加速度传感器的加热器置于传感器的中心,三对温度传感器等距离对称分布在 x、y、z 三个轴向上。这种结构在 x、y、z 三个轴向上完全对称,并且 x、y、z 三轴共用腔体中的气体作为检测质量。

2)三轴热对流传感器的"三明治"结构设计

三轴热对流传感器采用"三明治"结构,如图 5.22(c)所示,由三层结构组成,为了提高检测灵敏度,三层温度传感器均采用全桥结构。在三个轴向上加热器两侧各有两对温度传感器对称分布在加热器两端构成电阻电桥。第 2 层是一个双轴热对流加速度传感器,如图 5.22(a)所示;第 1 层和第 3 层分别为 z 轴方向上的一对温度传感器,它们等距离对称分布在加热器的上下两侧,如图 5.22(b)所示。

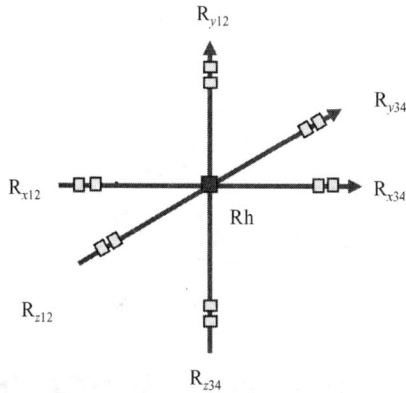

图 5.21　温度传感器和加热器的空间分布示意图

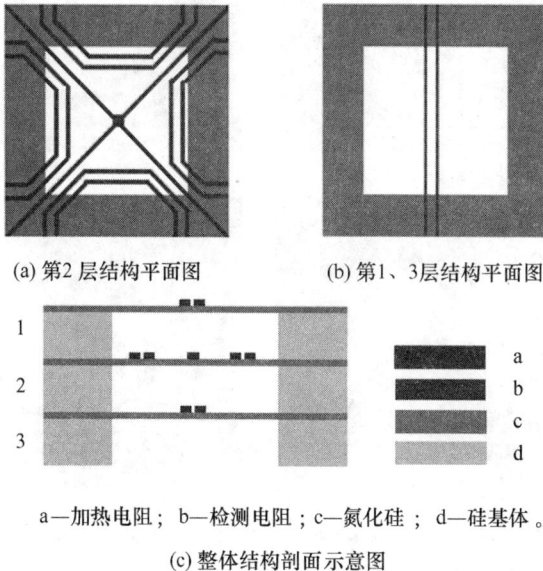

(a) 第 2 层结构平面图　　　　(b) 第 1、3 层结构平面图

a—加热电阻；　b—检测电阻；c—氮化硅 ；　d—硅基体 。

(c) 整体结构剖面示意图

图 5.22　三轴 MEMS 热对流加速度传感器结构示意图

5.4.3　三维流体场的计算机仿真

三维流体场的结构模型如图 5.23 所示。

只有重力加速度时对流场分布和温度梯度如图 5.24(a) 和图 5.24(b) 所示，可以看到,在温度梯度图中,在没有加速度时,与加热器水平对称的两个位置温度相同,与加热器垂直对称的两个位置温度不相等,而存在一个固定的温度差,这个温度差只与重力加速度的大小有关。

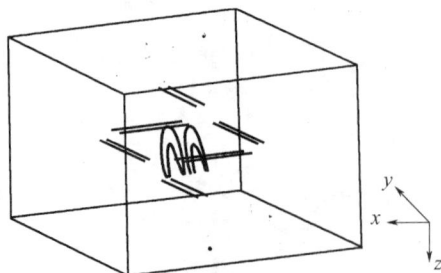

图 5.23 结构模型

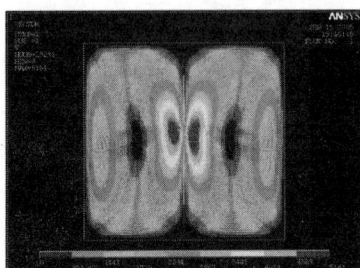

(a) 无横向加速度时对流分布

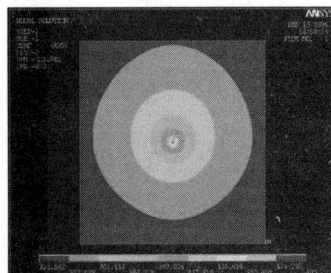

(b) 无横向加速度时温度场分布

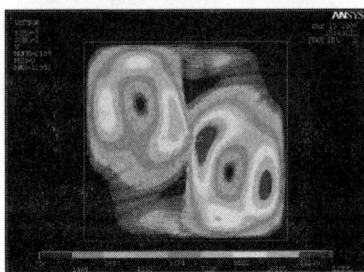

(c) 横向1g时对流分布

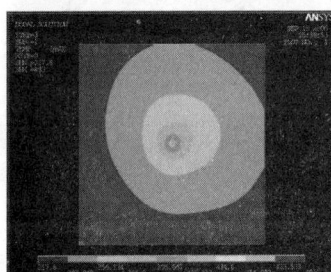

(d) 横向1g时温度场分布

图 5.24 三轴 MEMS 热对流加速度传感器热场仿真图

当出现横向加速度时,对流场受到重力加速度和横向加速的双重作用,相当于两个加速度的矢量和(图 5.25)。

$$a = a_1 + g$$

大小为

$$a = \sqrt{|a_1|^2 + |g|^2}$$

方向为

$$\alpha = \arctan \frac{|a_1|}{|g|}$$

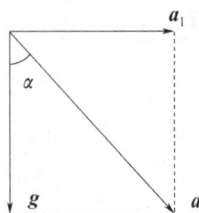

图 5.25 加速度的叠加

在两个加速度作用下,热对流场发生改变(图5.24(c)),温度场也随之改变(图5.24(d)),通过检测温度场的变化,可以得到加速度的方向和大小。

5.4.4 三轴微型热对流加速度传感器三维立体加工

根据三轴微型热对流加速度传感器的结构设计,加热器位于腔体的中心位置,六对温度传感器在三个轴向上对称分布在三维空间中,如图5.26所示。x 轴和 y 轴方向的温度传感器对称分布在同一个平面内,它相当于一个双轴的热对流加速度传感器,可以在单层硅片上实现其结构。z 轴方向的温度传感器垂直于 x 轴和 y 轴构成的平面而且与 x 轴和 y 轴构成的平面有一定的距离。为实现 z 轴方向的温度传感器,在双轴的基础上增加了上下两层结构,利用金硅键合工艺结合到一起,利用体硅工艺形成桥梁的结构。

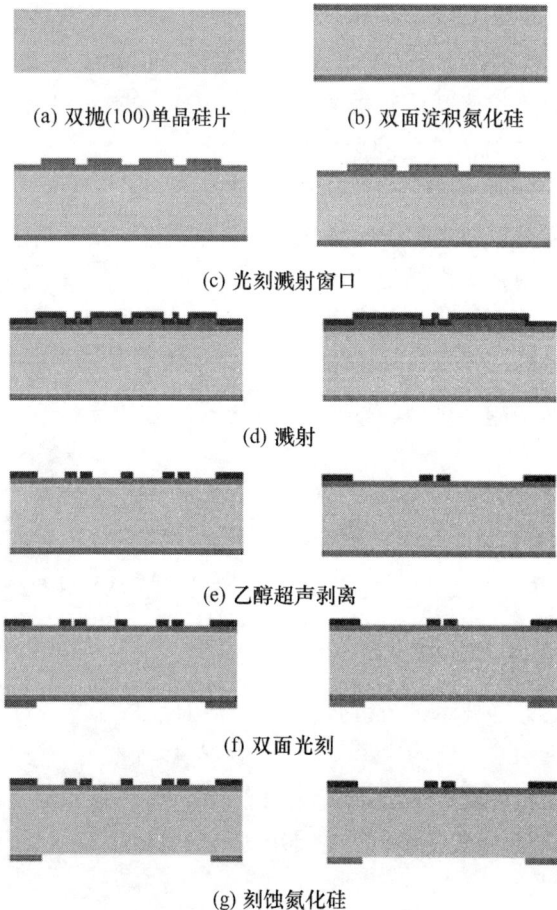

(a) 双抛(100)单晶硅片　　(b) 双面淀积氮化硅

(c) 光刻溅射窗口

(d) 溅射

(e) 乙醇超声剥离

(f) 双面光刻

(g) 刻蚀氮化硅

(h) TMAH湿法腐蚀

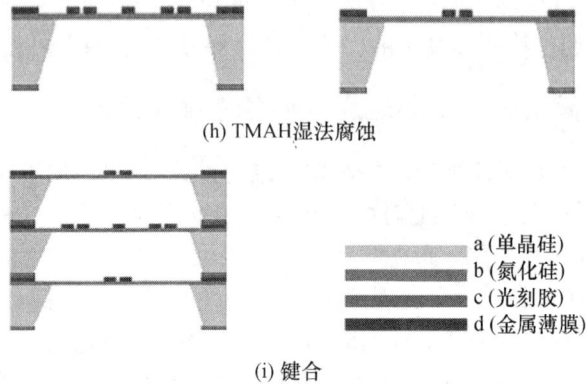

a(单晶硅)
b(氮化硅)
c(光刻胶)
d(金属薄膜)

(i) 键合

图 5.26　热对流加速度传感器工艺流程

三轴 MEMS 热对流加速度传感器采用正面体硅工艺、金硅键合工艺和表面工艺制作,采用这种方案实现了三维立体加工,工艺流程如图 5.26 所示。

(1) 三轴热对流加速度传感器采用双抛(100)单晶硅片作为衬底材料,厚度 300μm ~ 500μm,先常规清洗处理然后烘干。

(2) 淀积氮化硅薄膜,作为掩蔽层和支承梁。

(3) 光刻溅射窗口,温度传感器采用薄膜电阻工艺,在氮化硅薄膜上溅射 Pt 薄膜作为热敏电阻用来测量温度。

(4) 溅射的方式生长薄膜电阻,采用溅射工艺在光刻胶图形化的硅片上溅射薄膜电阻。

(5) 超声剥离,溅射后衬底表面会有一层复合金属层,经过乙醇超声剥离后,实现图形的转移。

(6) 光刻背面刻蚀窗口,进行一次光刻将要进行腐蚀的区域曝露出来。

(7) RIE(Reactive Ion Etch)刻蚀,利用 RIE 干法刻蚀工艺将曝露出的氮化硅刻蚀掉,露出硅衬底。

(8) TMAH(Tetramethylammonium H·roxide)腐蚀,利用 TMAH 湿法腐蚀工艺腐蚀出腔体并释放支承梁。

(9) 金硅共晶键合技术进行键合,采用三层对准技术进行对位,然后在键合机上进行键合。

经过工艺流片,实现了三层结构的三轴 MEMS 热对流加速度传感器,如图 5.27所示,它的六对温度传感器与加热器的距离相同,实现了设计结构,并且实现了批量化加工。

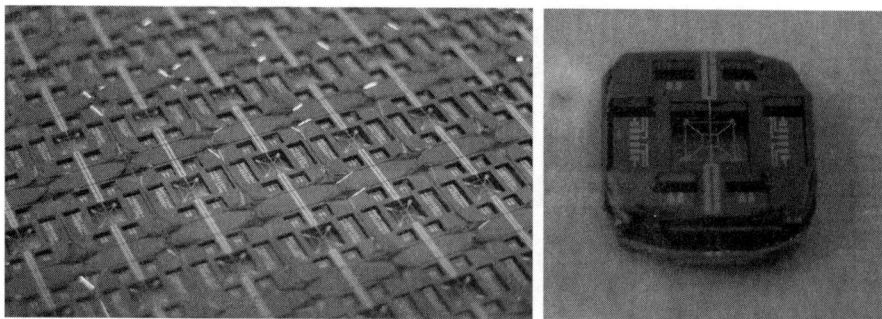

图 5.27　三轴 MEMS 热对流加速度传感器芯片

5.4.5　三轴微型热对流加速度传感器的封装

三轴微型热对流加速度传感器的敏感元件是气体,外部气流和温度会对器件产生影响,所以要对封装进行深入的研究。封装的气密性、封装形式及封装的气体类型都会对器件的性能产生重大影响。

1)封装外壳的热设计

自然对流完全是由不同温度造成流体内部密度的差异引起的,三轴 MEMS 热对流加速度传感器的特性(如零点输出、灵敏度)与边界温度(即外体温度)相关,加热丝在工作时加热到一定温度,产生的对流会对外壳加热并引起温度变化,这种变化与加热丝的工作温度成正比,与外壳的比热容成反比。当加热丝加热温度确定后,只与外壳热容有关。管壳的热容由材料、体积确定。材料选择 ASTM F – 15 合金,即 Fe – 29Ni – 18Co 合金;体积为 $560mm^3$。

2)封装外壳的设计

三轴 MEMS 热对流加速度传感器敏感加速度的机理是封装内气体的热对流,因此需要气密封装,气密封装中最常用的类型是金属封装,它主要是由 ASTM F – 15 合金,即 Fe – 29Ni – 18Co 合金(通常所说的可伐)制成的。在插入式封装的底部冲出引线而设置孔。然后在封装体上生长出一层氧化物。将硼硅酸盐玻璃(一般是 Corning7052 玻璃)绝缘子穿在引线上,放在封装体的孔中。

金属封装的盖板采用台阶式的盖板,也是用 ASTM F – 15 合金按照与封装相同的电镀要求制作的。台阶式的盖帽是用平行缝焊技术或亚弧焊技术实现的。

封装壳体的设计尺寸如图 5.28 和图 5.29 所示。

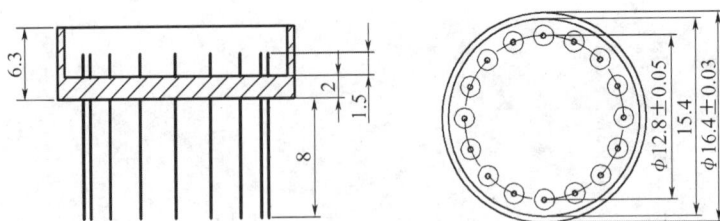

图 5.28　封装外壳尺寸图

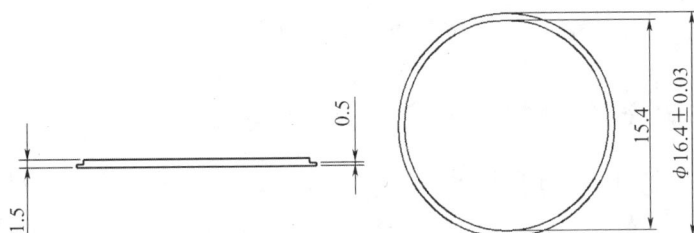

图 5.29　封装盖板设计尺寸

3）封装气体的选择

由于微机械热对流加速度传感器的尺寸很小，因此通常流动为层流自然对流，由前文分析可知，热对流加速度传感器的灵敏度与工作气体的热膨胀系数成正比，与工作气体的运动黏度的平方成反比，选择热膨胀系数大、运动黏度小的气体可以增加热对流加速度传感器的灵敏度。

封装前和封装后的三轴 MEMS 热对流加速度传感器如图 5.30 所示。

图 5.30　封装前和封装后的三轴 MEMS 热对流加速度传感器

5.5 检 测 电 路

检测电路由两部分组成,即加热器温度控制电路和加速度信号检测电路。加热器温度控制电路是将加热电阻加热并维持在一定的温度,不随外界的温度变化而变化;加速度信号检测电路是将由加速度变化引起的热敏电阻的变化转换为电压信号。

5.5.1 加热器温度控制电路的模型和控制电路

热对流加速度传感器加热器温度控制电路是建立在热平衡原理基础上的。当外界环境变化时,加热器温度变化,其电阻值随之变化,电桥失去平衡。此时集成运算放大器会自动改变供给加热器的电流,使加热器恢复原来的工作温度和电阻值,直至电桥恢复平衡。

根据热平衡原理,加热器中的热产生应该等于热耗散,即加热电流在加热器中产生的热量应该等于耗散的热量。对于有限长的加热器,在稳定情况下总的热耗散率为

$$H = QC + QK + QR$$

式中:H 为加热器总的热耗散率;QC 为对流引起的热耗散率;QK 为加热器热传导引起的热耗散率;QR 为加热器热辐射引起的热耗散率。

而加热器单位时间内产生的焦耳热为

$$W = I_H^2 R_H$$

当 $W = H$ 时,加热器温度恒定。

加热器温度控制电路(图 5.31 和图 5.32)是将加热电阻和三个补偿电阻组成电桥,根据加热器的工作温度和相应温度下的电阻值,选择三个补偿电阻的阻值,在温度恒定时,电桥的输出为 0,加热电阻控制电压保持不变;当环境温度发生变

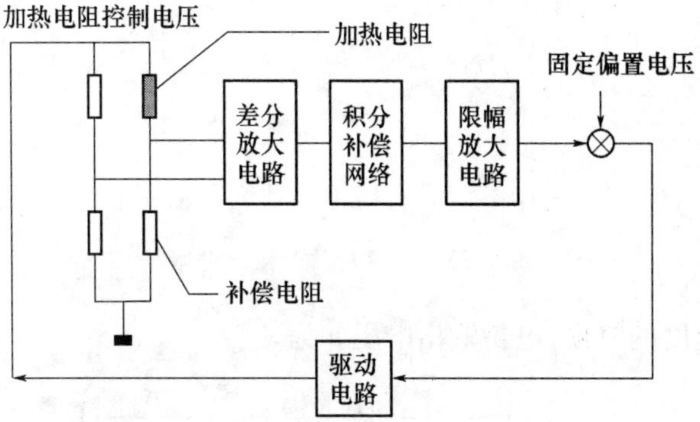

图 5.31　加热器温度控制原理

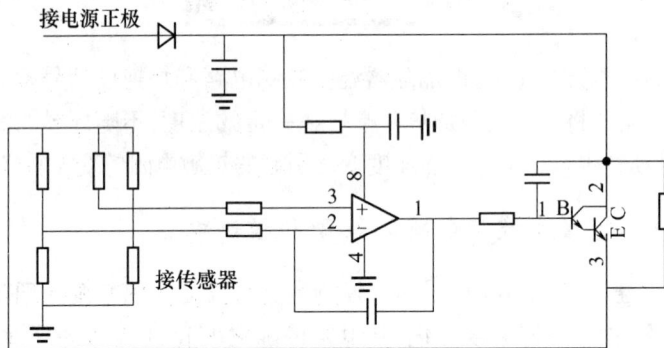

图 5.32　加热器温度控制电路

化时,加热器温度也会受到影响,阻值会发生改变,电桥的输出不为 0,通过误差放大器、积分电路和驱动电路调整加热电阻控制电压,提高或降低加热功率,使加热器温度回到稳定状态。

5.5.2　加速度信号检测电路

　　加速度信号检测电路采用惠斯登电桥电路,电桥的激励主要有恒压、恒流和双恒流三种方式,本电路采用恒压电桥激励方式。

　　加速度信号检测电路采用惠斯登电桥电路,如图 5.33 所示,其中 R_1 和 R_4 在加热器的一侧,R_2 和 R_3 在加热器的另外一侧。

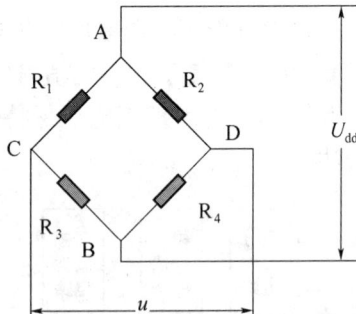

图 5.33　加速度信号检测电路

　　当没有加速度的时候,电桥输出电压 u 为

$$u = u_{BA} - u_{BC} = E\left(\frac{R_1}{R_1 + R_2} - \frac{R_3}{R_3 + R_4}\right)$$

这就是加速度传感器的零位输出。设计时,一般让 $R_1 = R_2 = R_3 = R_4$,那么零位输出就为零。

当有加速度的时候,电桥输出电压为

$$u = u_{BA} - u_{BC} = E\left(\frac{R_1 + \Delta R_1}{R_1 + R_2 + \Delta R_1 - \Delta R_2} - \frac{R_3 - \Delta R_3}{R_3 + R_4 - \Delta R_3 + \Delta R_4}\right)$$

对于温敏电阻铂来说,其温度系数具有很好的线性,假定铂的温度系数为 α,如果 $R_1 = R_2 = R_3 = R_4 = R$,那么 $R_1 = R_2 = R_3 = R_4 = \alpha\left(\frac{1}{2}\delta T\right)R$,则

$$u = u_{BA} - u_{BC} = \frac{1}{2}E\alpha\delta T$$

输出电压 u 与加热器两边的温差 δT 成正比。由于 δT 与加速度 a 成正比,那么电路的输出电压就与加速度成正比。

输出电压经过放大、滤波和补偿电路得到输出电压信号(图 5.34)。K_1 是差分放大器的增益,K_2 是低通滤波器比例放大系数,K_3 是补偿电路比例放大系数,K_4 是限幅放大器增益。

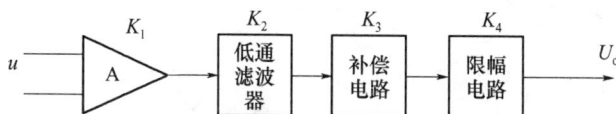

图 5.34　热对流加速度传感器信号检测电路

三轴热对流加速度传感器检测电路照片如图 5.35 所示。

(a) 正面　　　　　　　　(b) 反面

图 5.35　三轴热对流加速度传感器检测电路照片

参 考 文 献

[1] 杨拥军. 体硅微机械加工技术与新型微机械加速度传感器研究[D]. 东南大学博士学位论文,2005.

[2] Luo XB, Yang YJ, et al. An optimized micromachined convective accelerometer with no proof mass[J]. Journal

of Micromechanics Microengineering,2001,11:504 -508.

[3] Luo X B, Li Z X, Guo Z Y, et al. Thermal optimization on micromachined convective accelerometer[J]. Heat and Mass Transfer, 2002, 38.

[4] Luo X B, Li Z X, Guo Z Y, et al. Study on linearity of a micromachined convective accelerometer[J]. Microelectronic Engineering, 2002.

[5] 杨拥军,吝海锋,师谦,等.微机械热对流传感器可靠性研究[J].微纳电子技术,2003,(7,8):317 -320.

[6] 吕树海,杨拥军,徐淑静,等.新型三轴 MEMS 热对流加速度传感器的研究[J].微纳电子技术,2008,(4):219 -221.

[7] 杨拥军,徐淑静,吕树海.三轴热对流加速度传感器[P].中国发明专利,ZL 200710062556.3.

第6章 微惯性系统技术

6.1 微惯性测量单元(MIMU)的基本概念和组成

微惯性测量单元(Micro Inertial Measurement Unit, MIMU)一般包含三个单轴的微加速度计和三个单轴的微陀螺,用来测量物体在三维空间中的加速度和角速度。MIMU 与传统的惯性测量单元相比在体积、质量和成本等方面均具有明显的优势。随着 MIMU 技术的进步和应用领域的不断扩大,微惯性测量单元已经开始与其他多种微传感器相结合,构成功能更多、使用范围更广的广义微惯性测量组合,如 ADI 公司 2011 年推出的第三代 iSensor® MEMS IMU,可用于工业、军用和医疗设备等方面。

6.1.1 MIMU 的发展现状

MIMU 由于成本低、体积小、抗过载能力强而被广泛使用,特别是在武器装备中的大量使用,促进了 MIMU 的长足进步。美国军方对 MIMU 建立了系统的发展规划,如表 6.1 所列,其最终目标是低成本制导弹药用的 MIMU,最终目标价格低于 3000 美元,体积小于 13 英寸^3,相比无控弹,命中率提高 50% 。

表 6.1 美国 MIMU 的发展规划图

项目名称	ERGM	CMATD	MMIMU	LCGEU	CGIMU
实施时间	1995—1997	1996—2000	2000—2002	2002—2004	2002—2009
典型特性	126 英寸^3,6 个单轴 MEMS 传感器,陀螺零偏 500°/h,加表零偏20mg,抗冲击 6500g	13 英寸^3,6 个单轴 MEMS 传感器,陀螺零偏 50°/h,加表零偏 1mg,抗冲击 12500g	8 英寸^3,2 个三轴 MEMS 测量单元,陀螺零偏500°/h,加表零偏20mg,抗冲击6500g	20 英寸^3,2 个三轴 MEMS 测量单元,陀螺零偏 300 ~ 500°/h,加表零偏 10mg	2 英寸^3,1 个六轴 MEMS 测量单元,陀螺零偏 0.3°/h,加表零偏 0.1mg,抗冲击 20000g
样机					

由表6.1可以看出,MIMU各方面性能均得到了提高,主要表现在:

(1)惯性器件集成度不断提高:由 ERGM 用惯性单元的单轴 MEMS 传感器,发展到 CGIMU 惯性单元的六轴惯性组件。

(2)惯性器件精度水平不断提高:陀螺、加速度计零偏由最初的 $500°/h$、$20mg$,发展到 $0.3°/h$、$0.1mg$。

(3)抗过载能力不断增强:由最初的仅能承受 $6500g$ 冲击,发展到可承受 $20000g$ 冲击。

CGIMU 项目主要由 Honeywell 公司和 Draper 实验室共同负责研制,其目标是设计、研制和生产一种能够承受 $20000g$ 以上冲击、陀螺零偏稳定性优于 $0.5°/h$,体积小于 1 英寸^3,成本低于 1200 美元,能够实现与 GPS 深度组合的 MIMU。经过 3 个阶段的发展,已逐渐形成了 HG19×× 系列 MIMU,到 2006 年,其年产量已经达到 60000 只,改进后成本和体积不断缩小,如图 6.1 所示。

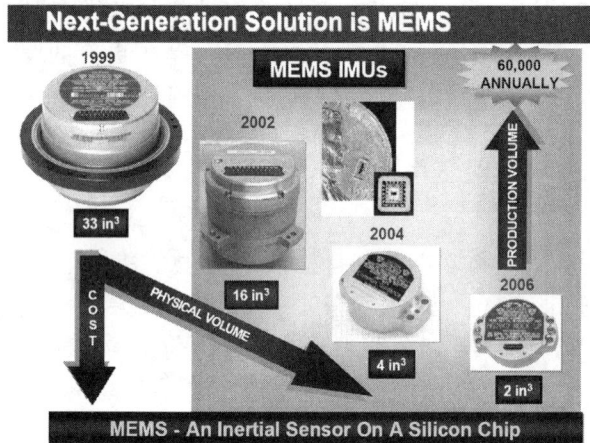

图 6.1　Honeywell 公司的 MIMU 及其发展规划

该产品已在增程制导炮弹、精确打击导弹等新型武器计划中进行了成功的试验。目前,在保证达到全温范围下,其陀螺的测量范围为 $±1000°/s$,标度因子稳定性为 $13×10^{-6}(1\sigma)$,偏置稳定性为 $1.6°/h(1\sigma)$,重复性为 $12°/h(1\sigma)$,加速度敏感性小于 $1°/h/g$,角速率随机游走为 $0.047°/\sqrt{h}$,抗冲击 $20000g$。

BAE System 公司目前已开发出 SiIMU02 型 MIMU,如图 6.2 所示,也已经经过炮射试验。其微机械陀螺采用电磁驱动的振动环结构,该惯性测量单元的性能为:开机重复性陀螺达到 $70°/h$,加速度计为 $10mg$,运行稳定性为陀螺 $5°/h$,加速度计为 $2mg$。陀螺测量范围达到 $±1000°/s$,加速度计测量范围为 $±50g$,带宽 $75Hz$,工作范围为 $-40℃ \sim +72℃$。

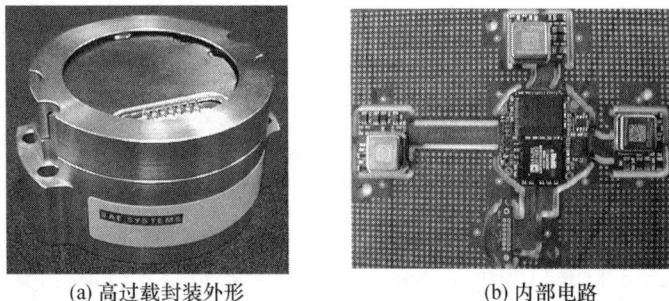

(a) 高过载封装外形   (b) 内部电路

图 6.2   BAE System 公司的 SiIMU02 型 MIMU

Systron Doner 公司和 Boeing 公司合作,推出了战术武器用 MIMU,如图 6.3(b)所示。其陀螺采用的是石英微机械陀螺,图 6.3(a)为其性能最好的产品 QRS11,其短时偏置稳定性可达 7.2°/h。该 MIMU 对陀螺进行了补偿,具有更好的性能。

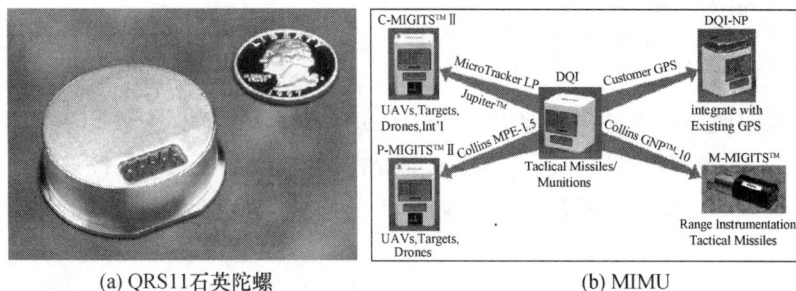

(a) QRS11石英陀螺   (b) MIMU

图 6.3   Systron Doner 公司的石英微机械陀螺及 Boeing 公司的 MIMU

总体来说,国外在微机械惯性测量单元的研究上仍处于领先地位,特别是美欧等发达国家,不仅在器件性能上已经达到了较高水平,同时在小型化、实用化、产业化运作上取得了很大的成功,军用和民用的微机械惯性测量单元产品现均已投入生产和使用,并获得了极大的军事和经济效益。

当前,国外在微机械惯性测量单元技术的发展趋势可概括如下:

(1)小型化:进一步考虑电路、结构的小型化,设计紧凑和热优化的安装、减振结构,并利用 ASIC 技术将电路集成,减小产品体积。

(2)实用化:提高 MIMU 的环境适应性,包括温度、振动、冲击等,特别是多种炮射武器装备所要求的抗高过载能力是当前 MIMU 的研究热点。

(3)高精度:进一步提高其中的惯性仪表性能指标,特别是微机械陀螺性能指标。据报道,在实验室条件下,微机械陀螺零偏稳定性现已达到 0.05°/h 的范围内(如 Honeywell 公司、Sensor 公司、L3 公司)。

（4）组合化：发展与 GPS 及其他微传感器进行组合的研究方法，在提高导航精度的情况下降低系统总体成本并提高性能。

6.1.2　MIMU 的组成

MIMU 一般包括微惯性敏感元件组件、信号处理单元、信息解算单元、通信单元、电源单元等，其他辅助单元包括卫星接收机、磁传感器、压力传感器等。

惯性敏感元件组件（Inertial Seneors Assembly，ISA）是 MIMU 的核心组件，它为系统提供了最基本的敏感功能和性能基础。该组件包括微机械陀螺、微机械加速度计、机械安装基准座、连接电缆等。

信号处理电路由高性能的 A/D 转换器和数字信号处理电路组成，用以完成陀螺和加速度计的信号转换、控制和处理功能。

信息解算单元通常由嵌入式 CPU 或 DSP 以及外围控制电路组成，用以完成系统导航信息的解算功能。

通信单元完成系统与外部其他系统的通信和电气隔离，以保证正常的数据传输和安全保障功能。

电源模块的功能是将外部提供的电源变换成系统中敏感元件和数字电路所需的稳定的、低噪声的多路电源，并滤除来自外部和内部的各种电磁干扰。

减振器的功能是衰减载体的高频振动，用以为惯性仪表提供一个良好的工作环境。

辅助单元用以提供其他有用信息，完成与惯性单元的信息融合，从而提高 MIMU 的性能。

根据国外 MIMU 发展的情况，要实现体积小、重量轻，必须采用一体化设计技术，在电路、机械结构上尽量减少冗余部分，尽可能实现电路、结构的共用；并采用高密度的电路和结构集成技术，进一步实现轻小型化的 MIMU。

6.2　MIMU 的基本种类和工作原理

MIMU 由于成本低，可大批量生产，目前已被广泛使用，如航姿参考系统、微惯性/卫星组合导航系统、多传感器融合系统、无陀螺导航系统等中均有应用。本节着重介绍各种系统的工作原理。

6.2.1　微机械航姿参考系统

微机械惯性传感器已被用于低成本航姿系统中并获得初步成功，发展前景较好。该传感器的使用大大降低了 AHRS 的成本，为其应用于各种小型飞机提供了有利条件。美国航空航天局(NASA)为此专门发布了一份报告,对低成本航姿系统的技术、市场和生产进行了评估。可以说,该领域的研究情况代表了目前微机械惯性传感器用于惯性姿态测量的发展水平。

微机械 AHRS 包括三轴微机械速率陀螺、三轴微机械加速度计和三轴磁强计。它能依靠重力矢量和地磁矢量作为参考信息来修正陀螺积分后的角度漂移。此外,系统还采用了惯性姿态测量与飞机上其他测量设备组合来进一步提高姿态测量精度,具体包括利用风速计、静态气压计和气温计来提供飞机的空速、高程、垂直速度和马赫数等。通过合理的构造数据融合算法(Kalman 滤波器),这些信息能够不同程度地对飞机姿态进行修正,明显提高姿态测量精度。为了避免机体铁磁性物质对地磁场的干扰,将磁强计单独安装在远端。基于以上方案研制的航姿系统主要性能见表6.2[1]。

表6.2 典型微机械 AHRS 性能

状态 测量	姿态角 俯仰 & 横滚 / 航向	姿态角速度
测量范围		±100°/s
分辨力	0.01	0.06/s
静态精度	±0.5 / ±1.0	
动态精度	±1.0/ ±2.0	
工作温度	−40℃ ~ +85℃	
电源	10～36 V(DC), 1.5A@28V	
体积/质量	4.3″(W) ×5.25″(D) ×4.5″(H) / 4.5 磅	

微机械 AHRS 包括三只微机械陀螺(测量载体角速度)、三只微机械加速度计(测量重力矢量)和三轴磁强计(测量地磁矢量)。每种传感器的三个轴正交配置,如图6.4所示。此外,还包含 A/D 数据采集和嵌入式计算机 DSP 进行数据采集和处理单元。

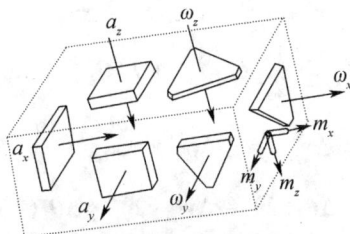

图6.4 微机械 AHRS 的传感器配置

微机械航姿参考系统组成框图如图 6.5 所示。传感器输出信号由 A/D 数据采集单元送入 DSP 中,进行数据调理和误差补偿后,经过坐标变换,通过卡尔曼滤波器进行数据融合,以获得航向角和水平姿态角的最优估计。

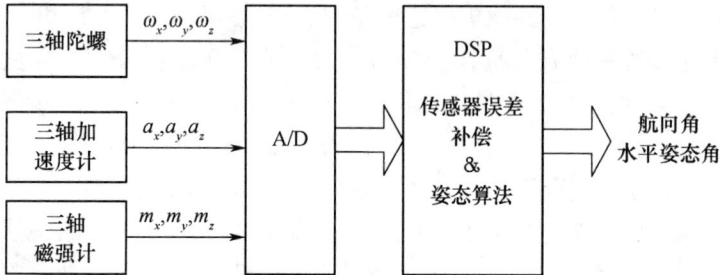

图 6.5　微机械 AHRS 的系统组成框图

微机械航姿参考系统的技术难点在于磁强计的信号很容易受到干扰,因此对于磁干扰补偿算法的研究显得尤为重要。

6.2.2　微型惯性导航系统

惯性导航技术是根据给定的初始导航信息,通过测量载体相对惯性空间的线加速度和角速度,计算出载体在相应坐标系下的姿态、速度和位置等信息的导航技术。惯性导航系统不依赖于任何外部信息,具有完全自主式的特点,广泛应用于航空、航天、航海、大地测量等军用和民用领域[2]。

对于低成本的微惯性导航系统,宜选用捷联惯导的方式。图 6.6 所示为捷联惯导系统原理图,利用三只微陀螺和三只微加速度计的信息,经过解算,可以得到所需要的各种导航信息。

例如导航坐标系采用北东地地理坐标系,记为 n 系。组合系统的捷联坐标系记为 b 系。

速度更新算法为

$$\boldsymbol{v}_k^n = \boldsymbol{v}_{k-1}^n + \Delta \boldsymbol{v}_{f,k}^n + \Delta \boldsymbol{v}_{g/\mathrm{cor},k}^n \tag{6.1}$$

$$\Delta \boldsymbol{v}_{f,k}^n = \frac{1}{2} \big[\boldsymbol{C}_{n(k-1)}^{n(k)} + \boldsymbol{I} \big] \boldsymbol{C}_{b(k-1)}^{n(k-1)} \Delta \boldsymbol{v}_{f,k}^{b(k-1)} \tag{6.2}$$

$$\Delta \boldsymbol{v}_{f,k}^{b(k-1)} = \Delta \boldsymbol{v}_{f,k}^b + \frac{1}{2} \Delta \boldsymbol{\theta}_k \times \Delta \boldsymbol{v}_{f,k}^b + \frac{2}{3} (\Delta \boldsymbol{v}_{f,k}^b(1) \times$$
$$\Delta \boldsymbol{\theta}_k(2) - \Delta \boldsymbol{v}_{f,k}^b(2) \times \Delta \boldsymbol{\theta}_k(1)) \tag{6.3}$$

式中:$\Delta \boldsymbol{v}_{f,k}^n$ 为由比例引起的速度补偿量,算法中包括双子样划船效应补偿和旋转效应补偿;$\Delta \boldsymbol{v}_{g/\mathrm{cor},k}^n$ 为有害加速度补偿项。

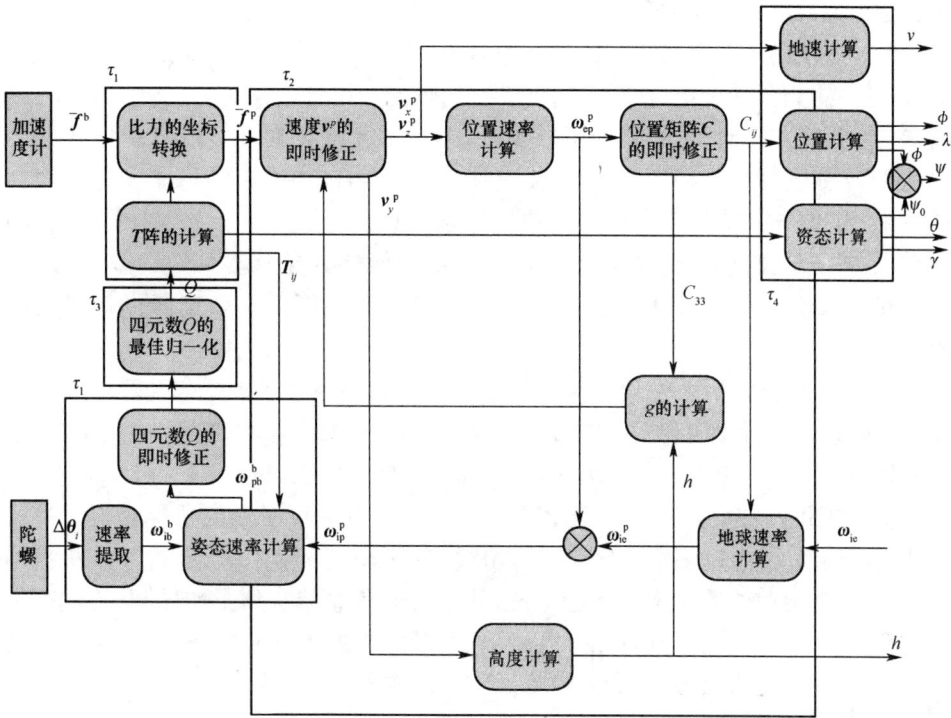

图 6.6 捷联惯导系统原理方块图

位置更新算法为

$$C_e^{n(k)} = C_e^{n(k-1)} - \omega_{e,n}^{n(k)} \times C_e^{n(k-1)} \tag{6.4}$$

式中：C_e^n 为地球坐标系到导航坐标系的坐标转换矩阵；$\omega_{e,n}^{n(k)}$ 为导航系相对地球坐标系角速度在导航坐标系的投影。

姿态更新算法为

$$Q_{b(k)}^{n(k-1)} = Q_{b(k-1)}^{n(k-1)} \otimes Q_{b(k)}^{b(k-1)} \tag{6.5}$$

$$Q_{b(k)}^{n(k)} = Q_{b(k-1)}^{n(k)} \otimes Q_{b(k)}^{n(k-1)} \tag{6.6}$$

$$\boldsymbol{\varphi}_k = \Delta\boldsymbol{\theta}_1 + \Delta\boldsymbol{\theta}_2 + \frac{2}{3}(\boldsymbol{\theta}_1 \times \boldsymbol{\theta}_2) \tag{6.7}$$

式中：$\boldsymbol{\varphi}_k$ 为载体坐标系旋转矢量；$\Delta\boldsymbol{\theta}_1$ 和 $\Delta\boldsymbol{\theta}_2$ 分别是更新周期中前半个周期和后半个周期的陀螺输出角增量。此算法进行了优化双子样圆锥补偿。

微型捷联惯导与传统捷联惯导相比，由于其陀螺精度较低，不足以感受地球自转角速度，因此微机械捷联惯导系统的初始对准一般采用动基座对准，而不用传统的静基座自对准。动基座对准主要包括传递对准和采用辅助信息的动基座对准。

这里对传递对准的工作原理做一个简单的介绍。

惯导系统的静基座自对准的基本原理是,对准时惯导系统的载体处于静止状态,通过对重力矢量和地球自转矢量的测量,惯导系统自行独立确定初始姿态。当载体处于运动状态时,则需要利用外界导航信息进行初始对准。精确制导武器的发射平台往往具有高精度惯导系统。在武器发射前,用发射平台的高精度惯导系统(主惯导)校准未对准的武器惯导系统(子惯导),估计并消除子惯导的姿态误差的方法,称为传递对准。相比采用其他外界导航信息的动基座对准,传递对准具有不受外界干扰、可靠性高、传递的信息更全面和数据更新率更高的优势。

以航空制导炸弹为例,传递对准是用机载主惯导系统的数据与弹载子惯导系统的相应数据进行比对和匹配的过程。在传递对准中,参考的基准是主惯导系统,而不是静基座对准中参考的重力矢量和地球自转角速度矢量。

主惯导和子惯导工作的时序如图 6.7 所示[3]。在 t_0 时刻主惯导开机后进行静基座初始对准;t_1 时刻主惯导完成初始对准并进入导航工作状态,此后载机携弹起飞;弹体发射前的 t_2 时刻,将主惯导提供的导航信息装定到子惯导,开始进行传递对准;通过 T_3 时段的传递对准,在 t_3 时刻,装定误差得到有效修正,传递对准结束,子惯导进入导航状态,此后可投弹。

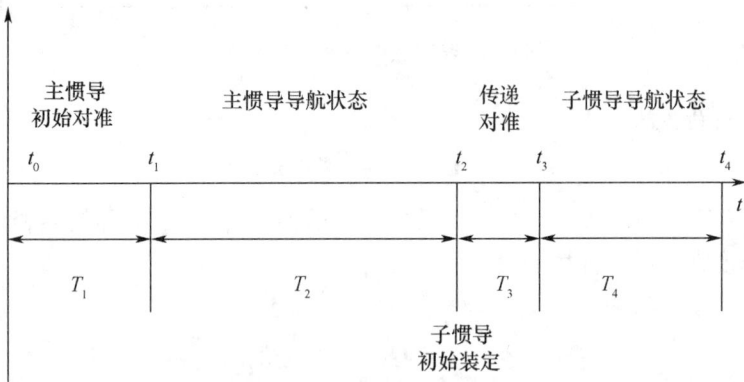

图6.7　主惯导和子惯导工作时序示意图

需要注意的是,子惯导相对主惯导的名义安装位置和姿态是已知的,但因为子惯导没有精确地定位,故子惯导相对主惯导的名义安装姿态和实际安装姿态一般不重合,而是存在安装误差角。但安装误差角不会很大,一般不超过2°,可视为小角度。传递对准前,子惯导的初始姿态是用主惯导的姿态换算作为子惯导名义安装位置的姿态,进行子惯导姿态的初始装定。因此传递对准中,子惯导的初始失准角误差一般同样不超过2°,在传递对准建模中可视为小角度。

惯导系统的静基座自对准的方位精度是由东向陀螺的偏移决定的。捷联导航系统自对准的理论最高精度表达式为

$$
\begin{bmatrix} \delta\psi_N \\ \delta\psi_E \\ \delta\psi_D \end{bmatrix} = \begin{bmatrix} -\dfrac{\nabla_E}{g} \\ -\dfrac{\nabla_N}{g} \\ \dfrac{\varepsilon_E}{\Omega_N} - \dfrac{\nabla_E\tan L}{g} \end{bmatrix}
\tag{6.8}
$$

式中:$\delta\psi_N$、$\delta\psi_E$ 和 $\delta\psi_D$ 为北、东和地三向的姿态对准误差;∇_N 和 ∇_E 为加速度计偏移;ε_E 为东向陀螺偏移;L 为当地地理纬度;Ω_N 为地球自转角速度在北向的分量;g 为当地的重力加速度。

由式(6.8)可知,对许多精确制导武器采用的陀螺漂移为 $1°/h$ 的战术级惯性器件,若采用静基座自对准,方位对准误差将超过 $5°$,对准误差过大;若采用陀螺漂移在 $10°/h$ 量级的微机械陀螺,自对准误差将更大。因此,武器惯导的初始对准多采用传递对准方式。

影响传递对准估计精度和收敛速度的主要因素有四个:子惯导的惯性仪表的精度,载机机动方式和机动时间,传递对准滤波器的设计,以及机翼挠曲变形和振动等环境干扰。子惯导多采用低成本惯性仪表,一般比主惯导的精度低几个数量级,因此子惯导的惯性仪表误差是传递对准的主要误差源之一。由于弹体的挂载存在安装误差角,用主惯导的姿态直接装定子惯导存在误差,故传递对准中需要载机进行一定的机动,以提高滤波器的可观测性,从而实现对子惯导的对准。载机在飞行过程中,受机动和气流的影响,机翼等结构存在挠曲变形和振动,环境因素复杂,对传递对准存在不利影响。

微惯性导航系统的技术难点在于传感器本身精度的限制,不能满足纯惯性导航的精度要求,因此必须与其他辅助导航设备融合才能使用。

6.2.3 微惯性卫星组合导航系统

惯性元件误差是惯性系统的主要误差源,且惯导系统误差随时间的推移迅速积累。IMU/GPS 组合导航系统可以有效地利用各自的优点,进行系统间的取长补短以减小系统误差,提高系统的性能。但微惯性卫星组合导航系统 Micro Inertial and Satellite Integrated Navigation System 由于其惯性器件精度较低,在卫星失锁的情况下,纯惯导的误差会迅速积累,因此大多应用在工作时间较短的场合。

6.2.3.1 组合导航的类型

常见的 IMU/ GPS 组合系统有松组合和紧组合两种组合方式[4]。

松组合:GPS 接收机只是单向地为 INS 提供辅助的观测信息,接收机本身保持独立,组合后 GPS 接收机的抗干扰能力以及动态跟踪能力没有得到任何改善。

紧组合:一方面,GPS 接收机向 INS 提供精确的位置和速度信息辅助;另一方面,INS 还同时向 GPS 接收机提供动态实时的速度信息,辅助接收机内部的码/载波跟踪回路,以提高 GPS 接收机的抗干扰能力和动态跟踪能力。

松组合的精度比紧组合低,但松组合方法简单而且容易实现。由于航空制导炸弹的飞行时间非常短(小于 2min),因此 INS 与 GPS 的组合采用松组合方式,以保持两者的相对独立,提高系统可靠性。整个组合导航系统为闭环结构,Kalman 滤波器的误差估计及时反馈到 INS 机械编排进行修正,以避免发散,其结构如图 6.8 所示。

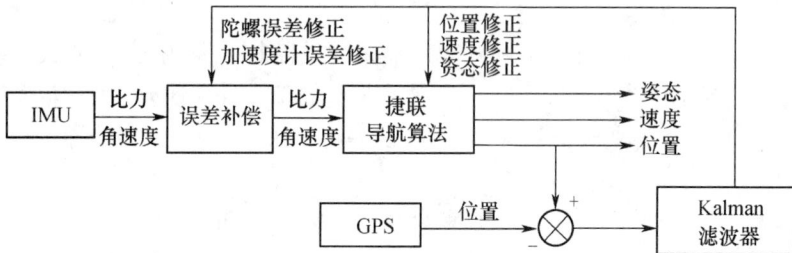

图 6.8 松组合 IMU/GPS 结构示意图

6.2.3.2 组合导航滤波算法

组合导航滤波(Filtering Algorithm of Integrated Navigation)算法采用 21 个状态的增广 Kalman 滤波器(EKF),状态矢量 X 定义见表 6.3。

INS 误差状态模型采用基于计算坐标系的 PSI 角模型。

滤波器的状态方程可写为

$$\dot{X} = FX + GW$$

对上式进行离散化,离散化状态方程为

$$\overline{X}_k = \boldsymbol{\phi}_{k,k-1} X_{k-1} + W_{k-1}$$

式中:$\overline{X}_k$ 为 k 时刻状态参数预测矢量;X_{k-1} 为 $(k-1)$ 历元的状态矢量,其估计值为 $\hat{X}_{k-1}$;W_{k-1} 为系统噪声;$\boldsymbol{\phi}_{k,k-1}$ 为离散后的状态转移矩阵。

表 6.3 状态矢量 X 定义

状态矢量	变量维数
位置误差	3
速度误差	3
姿态误差	3
陀螺偏置误差	3
加速度计偏置误差	3
陀螺标度因子误差	3
加速度计标度因子误差	3

取 GPS 和 IMU 输出的位置矢量作为观测量(松组合),构造量测方程。设 GPS 的经、纬度输出为 $[\lambda_{GPS} \quad L_{GPS}]$,IMU 的经、纬度输出为 $[\lambda_{IMU} \quad L_{IMU}]$,令

$$Z_k = \begin{bmatrix} X_{\mathrm{GPS}} - X_{\mathrm{IMU}} \end{bmatrix}$$

量测方程为

$$Z_k = HX_k + V_k$$

式中：Z_k 为观测矢量；H 为测量矩阵；V_k 为 k 时刻的测量噪声；$\{W_k\}$ 和 $\{V_k\}$ 是互不相关的零均值白噪声序列。有 $E\{W_kW_j\} = Q_k\delta_{kj}$ 及 $E\{V_kV_j\} = R_k\delta_{kj}$，$Q_k$ 为系统噪声的方差矩阵，R_k 为测量噪声的方差矩阵。则 Kalman 滤波方程为

时间传播方程

$$X_{k/k-1} = \boldsymbol{\phi}_{k,k-1} \hat{X}_{k-1}$$

$$P_{k/k-1} = \boldsymbol{\phi}_{k,k-1} \hat{P}_{k-1} \boldsymbol{\phi}_{k,k-1}^{\mathrm{T}} + Q_{k-1}$$

测量修正方程

$$K = P_{k/k-1}H^{\mathrm{T}}\begin{bmatrix} HP_{k/k-1}H^{\mathrm{T}} + R_k \end{bmatrix}^{-1}$$

$$X_k = X_{k/k-1} + K\begin{bmatrix} Z_k - HX_{k/k-1} \end{bmatrix}$$

$$\hat{P}_k = \begin{bmatrix} I - KH \end{bmatrix}P_{k/k-1}$$

微惯性卫星组合导航系统的技术难点在于惯性信号与卫星信号的融合，因此目前的研究热点是组合导航方式及导航算法。

6.2.4 无陀螺捷联导航系统

用加速度计代替陀螺仪，并且从加速度计测量的比力中解算出载体的角速度，进而只用加速度计来组成捷联惯导系统，称为无陀螺捷联惯导系统（The Gyroscope Free Strapdown Inertial Navigation System，GFSINS）。

由于 GFSINS 的加速度计直接安装在载体上，而不是安装在平台上，所以它也是一种捷联惯导系统。理论上，要描述一个物体在空间的运动，需要 6 个独立参量，即 3 个描述质心位移的参量和 3 个描述绕质心转动的参量。3 个独立参量需要至少 3 个测量元件来测量。目前，在实际应用中，捷联惯导系统都用加速度计组件和陀螺组件分别测量载体的质心运动和绕质心的转动。理论力学的研究成果说明用加速度计也可以测量载体绕质心的转动，但加速度计必须安装在载体的非质心处。也就是说只用加速度计也可以测量用于描述物体空间运动的全部信息。

目前的研究发现无陀螺捷联惯导系统适用于大动态范围、导航时间较短的载体的惯性制导。GFSINS 舍弃了陀螺，从而避免了有陀螺捷联惯导系统因陀螺的小动态范围性能所引起的一些难以解决的关键技术问题。GFSINS 与有陀螺捷联惯导系统相比其具有以下优点：

（1）成本低：由于不使用结构复杂、加工难度大、维护困难的陀螺，所以成本较低。

（2）能耗小：加速度计同陀螺相比，没有高速旋转体，功耗小，且不需要复杂的电源。

（3）动态范围大：相比陀螺而言，加速度计的测量范围更大，线性度更好，所以其构成的无陀螺惯导系统动态测量范围大。

（4）反应快：加速度计启动时间快。

（5）寿命长：结构简单，加工精度较低，所以寿命长。

（6）可靠性高：陀螺的组成零件较多且结构复杂，加速度计组成零件少且结构简单。

由于无陀螺捷联惯导系统具有的优点，加之随着新型高精度加速度计的出现和滤波技术的发展，其应用前景是非常好的，有可能成为捷联惯导系统今后主要的发展方向之一。无陀螺惯导系统不需要陀螺测量角速度，而是利用加速度计比力信号计算角速度，由此带来的一系列特点使它特别适合于反辐射子弹（一种战术导弹）等飞行时间较短的航行体上。

早在 1962 年，Victor B. Corey 简单地论述了采用线加速度计测量角加速度的原理，提出了一种加速度计的简单编排方程，在 1965 年，V. Krishnan 论述了通过安装在以稳定速度旋转的圆盘上的线性加速度计测量载体角速度和线加速度方法的数学原理；随后 Alfred R. Schuler 在 1967 年提出利用线加速度计测量物体的旋转运动的想法，并提出了多种加速度计的配置方式；1975 年 A. J. Padgaonkar 等人提出了一种采用 9 加速度计的力学编排方式计算载体角加速度和线加速度的方法；1982 年，Shmuel J. Merhav 在前人的基础上进一步研究了借助于旋转或振动加速度计组成无陀螺的惯性测量组件，论述了从加速度计的输出信号中分离线加速度和角速度的方法；1991 年，Algrain 断言至少需要 6 个加速度计即可测量物体的线加速度和角加速度；1994 年，Jeng－Heng Chen 发表了一种使用 6 个加速度计进行测量的新颖设计，Chi－Chang J. Ho 研究了 GPS 和 6 加速度计无陀螺惯导系统的组合问题；1999 年，Lee 在 Chen 的基础上给出了利用 6 个加速度计测量物体旋转运动的解法；2001 年，Chin－Woo 给出了一个决定加速度计配置方式是否可行的充分条件；2002 年，Lee 又对其滤波算法进行了改进[5]。

国内的学者近几年来也做了不少的研究工作，例如：1997 年，哈尔滨工程大学的马澍田等人撰写的 9 加速度计无陀螺捷联惯导系统用于鱼雷制导的研究报告等。但总的来说，无陀螺捷联惯导系统还远没有像有陀螺捷联惯导系统那样引起人们的足够重视，其工程应用方面的研究就更少。分析造成这种状况的原因，一方面是人们对它的认识还不够深入，另一方面是加速度计的性价比还不够高，使用加速度计数量的增加会造成系统成本的增加。但是随着近年来新材料的出现，加工技术及数字计算机的发展，高精度加速度计的不断问世，滤波技术、组合导航技术的发展,无陀螺捷联惯导系统的研究具有重要的意义和广阔的应用前景。

无陀螺惯导系统的技术难点包括:

(1)高精度加速度的研制。由误差分析可知无陀螺捷联惯导系统的误差来源主要是加速度计的误差,所以开发研制高精度的加速度计势在必行。

(2)加速度配置方式。无陀螺捷联惯导系统与加速度计的安装位置和敏感方向是密切相关的。现有的各种加速度计配置方式都存在着误差积累较快、装配要求严格等缺点。所以一个合理、优化的加速度计配置方式是解决无陀螺捷联惯导系统各种问题的关键。

(3)高精度的角速度解算方法。对于无陀螺捷联惯导系统,角速度解算是至关重要的一步,角速度解算的精度直接影响捷联姿态算法,从而影响到系统的导航精度。目前的角速度解算方法的误差是随时间 t 的增长而积累的,因而限制了无陀螺捷联惯导系统的应用范围,只能适用于航行时间较短、角速度变化范围较大的载体的惯性导航。所以,研究出一套误差随时间积累缓慢或不随时间积累的高精度的角速度解算方法是将来研究的重点。

(4)更好的滤波方法。为了提高导航精度,减小误差积累以及加速度计漂移的影响,传统的滤波方法如 Kalman 滤波和最小二乘滤波方法已经不能满足要求,而更多地采用改进型 Kalman 滤波、多分辨率滤波、鲁棒滤波等。如何提高导航误差的收敛速度,已成为目前无陀螺捷联惯导系统算法中的一个重要问题。

(5)组合导航系统的研究。由于目前无陀螺捷联惯导系统的导航精度只能达到中等精度,为了提高导航精度,可引进其他导航信息进行辅助,如 GPS 与无陀螺捷联惯导系统的组合导航,地磁传感器与无陀螺捷联惯导系统的组合导航等。其中地磁传感器与无陀螺捷联惯导系统的组合导航具有安装方便、成本低、稳定、精度较高等优点,因而是一种有前途的组合导航方式。

6.2.5 多传感器融合系统

相比于传统的惯性器件和系统,微惯性器件和系统测量精度不高。通常采用多传感器组合可以获得多种物理参数,利用信号融合技术可以把不同的传感信息融合在一起,从而提高测量精度及其他性能指标。利用 MIMU 和其他传感器融合还可以实现多种功能的微系统,如应用于微型飞行器的微型自动驾驶系统、应用于医疗监测的人体姿态传感系统等。一般多传感器融合系统 Multi – Sensor Fusion System 对体积小、质量轻、功耗低和电磁兼容等提出较高要求,其技术难点在于多功能器件的一体化集成设计和多信息数据融合技术。

一个完整的多传感器融合系统需要兼顾以下内容:系统集成设计、信号采集和处理、数据融合计算、误差补偿等。其中,误差补偿需要包括偏置补偿(硬件或软件补偿)、增益补偿(软件补偿)、线性化处理(软件补偿)、耦合误差补偿 Cross - sensitivity(软件补偿)和系统误差补偿(初始对准误差补偿及正交装配误差等)。

本节以微型自动驾驶系统为例介绍多传感融合系统的组成和工作原理。

微型飞行器(MAVs)因其小巧轻便、机动灵活、成本低廉、隐身性强,能携带任务载荷执行特定的任务,无论在军事还是民用领域都有广阔的应用前景。由于微型飞行器体积小、速度低、带载荷能力差,很多常规飞行测控系统不再适用,需要采用微型器件和系统。随着 MEMS 技术的发展,基于 MEMS 技术的微型自动驾驶仪也相应产生。而目前世界上公开的具有代表性微型自驾仪有:专用型的"Black Widow"和"Micro STAR"微型飞行器的机载测控系统、通用型的 MicroPilot 公司的 MP2028、英国伯明汉杨大学(Brigham Young University)的微型自动驾驶仪(Kestrel Autopilot)和国内清华大学研制的多系列微型自动驾驶仪等[6-9]。

基于 MEMS 的微型自动驾驶仪是微型飞行器的核心电子系统,它为微型飞行器提供控制与导航、指令与数据传输、利用任务载荷完成预定任务等功能。微型自动驾驶仪是一个微型化的复杂系统,包括 MEMS 传感器组、微型处理器、无线通信系统、电源管理单元等。为提高电子系统的集成度和各方面性能,同时降低体积和重量,运用集成设计技术成为必要的选择。集成设计主要包括多传感器组合与信号融合、各子系统的协调运作、功能的复用和与飞机本体的一体化设计等。一个典型的多传感器融合系统——载体 MEMS 测控组合如图 6.9 所示[6]。它将微型加速度计、陀螺、磁强计、高度传感器和速度传感器等多个 MEMS 传感器和微型处理器组合一体,并通过多个接口连接微型 GPS、微型摄像单元、微型通信单元和微型记录单元,经过信号处理,实现姿态、位置和运动信号的检测、控制、传输和记录等功能。该微机电传感系统总体质量仅数克,功耗小于 1W。

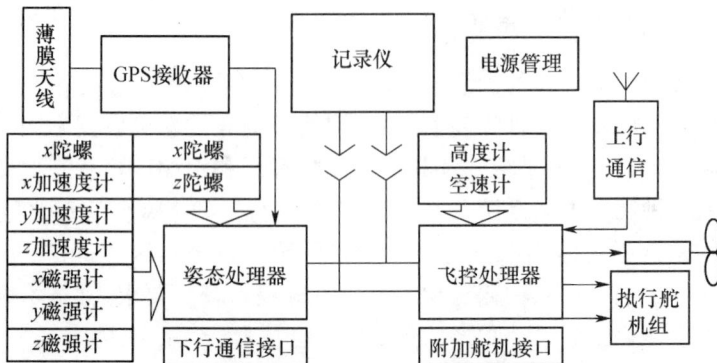

图 6.9 载体 MEMS 测控组合

微型飞行器上的测控系统还可以根据需要,进一步组合其他微型传感器,如一种新型的载体测控系统(图 6.10),包括自动驾驶仪和翼表流场传感系统两部分[10]。自动驾驶仪是以微处理器为核心,外围包括输入、传感器单元和输出。它的输入即为接收机和通信模块信号的输出[10]。系统中的传感器包括 MEMS 三轴陀螺、MEMS 三轴加速度计和 MEMS 压力传感器。通过陀螺仪和加速计的信号融合可以解算出姿态信号,还可以结合微磁传感器解算出航向信息;通过 MEMS 绝压传感器测量大气压强的变化来实现高度测量;通过采用 MEMS 压差传感器测量流速在空速管内造成的总压与静压的压力差来实现风速测量。翼表流场传感系统集成了分布在机翼前缘的微热膜流速传感器阵列和相应的信号检测电路,以及机载 FLASH。微热膜流速传感器阵列采集翼表多点流场信息,通过数据融合可以实现对微型飞行器风速、迎角和侧滑角信号的测量。翼表流场传感系统亦是自动驾驶仪的一部分,两者共同组成机载微型测控系统。

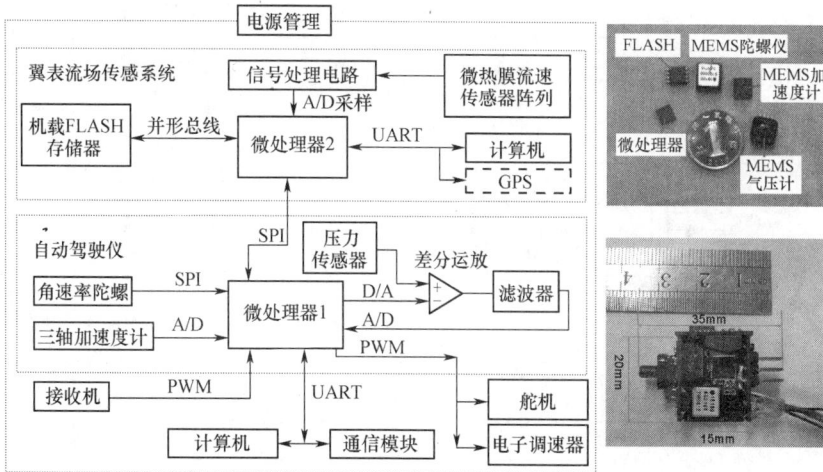

图 6.10　微型飞行器的新型测控系统

多传感器融合系统中姿态测量是核心内容,微机电姿态测量是以 MEMS 器件构成的微型姿态测量系统,其硬件一般包含:三轴 MEMS 速率陀螺及其外围电路、三轴 MEMS 加速度计及其外围电路、三轴 MEMS 磁强计及其外围电路、A/D 转换、微处理器(CPU)和标准串行通信电路。其算法、软件包含传感器信号处理(包括数据采集、A/D 转换、滤波、标定)、误差补偿和姿态解算、姿态平滑等。姿态解算按照等级可以分为:①磁方位水平算法;②组合捷联算法。磁方位水平系统为最简姿态测量系统[11],传感器只需要三轴加速度计和三轴磁强计,基于重力场和地磁场进行姿态和航向的解算,该方法只适用于静止状态下的姿态估算,在运动情况下重力加速度测量由于受运动加速度的影响,造成虚假垂线,因此不适用。组合捷联系统由三轴 MEMS 速率陀螺、三轴 MEMS 加速度计、三轴 MEMS 磁强计组成[12]，如图 6.11 所示。三轴速率陀螺与三轴加速度计构成组合导航系统中的捷联子系统部分，算法采用四元数法通过积分分别得到载体当前的姿态角和位置。由三轴加速度计和三轴磁强计构成的基于重力场和地磁场的方位水平仪作为辅助子系统，数据融合常采用 Kalman 滤波来实现。两组系统通过冗余互补，从而实现系统最优，并抑制误差的增长。组合系统还可以综合红外信息[13,14]和 GPS 信息进行姿态解算，实现融合系统的姿态测量，如图 6.12 所示。

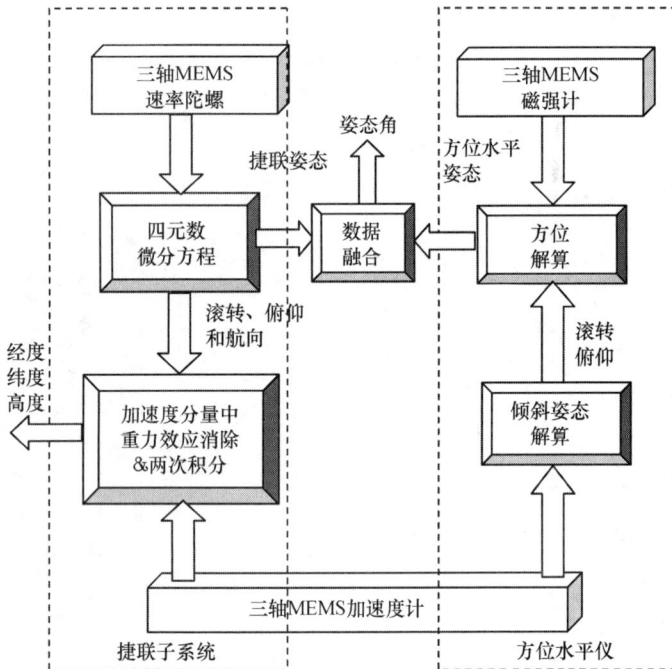

图 6.11　组合捷联系统的姿态解算流程

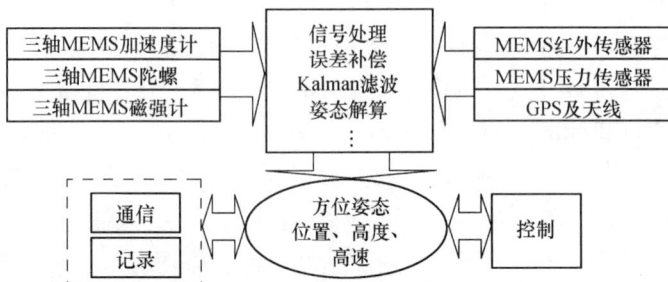

图 6.12　组合测控系统

6.2.6 多轴单片集成系统

MIMU 另外一个发展方向是多轴单片（Multi – axis Single – chip）集成技术[15,16]。

目前研究较多的是两轴/三轴集成加速度计,一种类型就是三个各自独立的检测质量及相应的电容检测和反馈电路集成在一个硅片上,每个检测质量都有各自的接口电路;另一种类型是对一个检测质量块同时实现多轴力平衡,采用相同的气隙电容通过多路检测感知电容位置,并分别反馈实现力平衡。

五轴集成惯性器件的研究目前也正在进行,代表性器件就是悬浮微陀螺/加速度计,其检测质量块通常采用回转体结构,并且完全释放,与基底无任何机械连接。通过可控的静电力将质量块悬浮在壳体腔的中心位置,利用力平衡式闭环伺服回路,检测三轴线加速度;利用检测质量高速旋转产生的陀螺效应,检测两轴的角速率变化。

6.2.6.1 两轴/三轴微加速度计

单芯片三轴微加度计的微敏感器件可分为单敏感质量和多敏感质量两种型式,各自具有优缺点。

1）单敏感质量结构

只有单一敏感质量,可敏感三个方向的加速度输入,结构紧凑,尺寸小;缺点是测量加速度时交轴耦合相对较大。

2）多敏感质量结构

有两个或三个独立的敏感质量用于敏感三个正交方向上的加速度输入,既能精确保证三个敏感方向的正交性,又可减小交轴耦合程度;缺点是尺寸相对较大。

1998 年 AD 公司以成功推出双轴加速度计产品系列,量程为 $2g \sim 50g$。如 ADXL202,量程是 $2g$,噪声指标为 $500\mu g/Hz^{1/2}$;ADXL250 的量程为 $50g$。

图 6.13 是 ADXL202 的功能框图。ADXL202 的集成电路板如图 6.14 所示[17]。除此之外,AD 公司还将一个单轴加速度计和一个双轴加速度计联合封装成为三轴加速度计。

美国加州大学伯克利分校在一个质量块上实现了 3 轴加速度输入的测量,这种加速度计类似于将两个平面加速度计和一个体加速度计组合在一起[18]。图 6.15 是其结构示意图,图 6.16 是其在分别受 z 轴和 x 轴加速度输入时的结构仿真。

整个电路(包括敏感元件和检测电路)被集成在了 4mm × 4mm 的芯片上,其集成电路照片如图 6.17 所示。

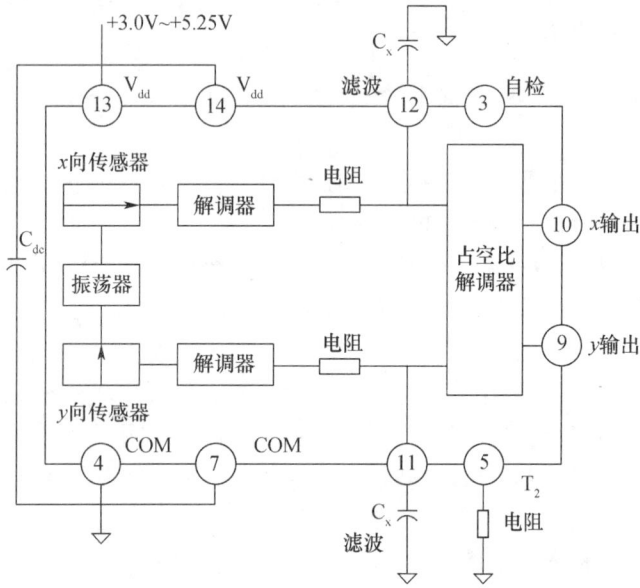

图 6.13　ADXL202 功能框图

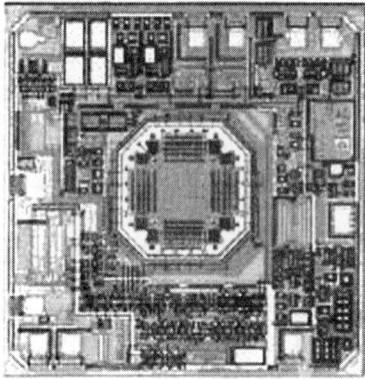

图 6.14　ADXL202 的集成电路板

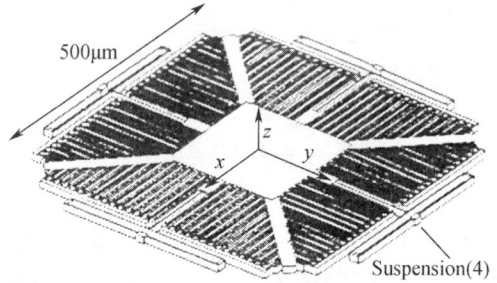

图 6.15　三轴加速度计结构图

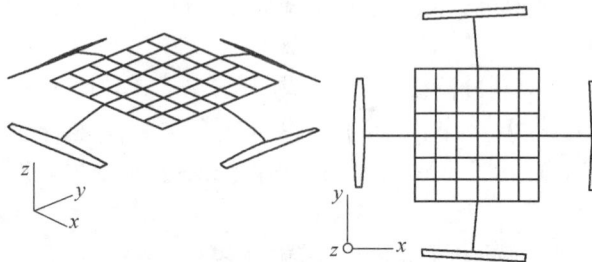

图 6.16　在 z、x 轴敏感方向上的位移

168

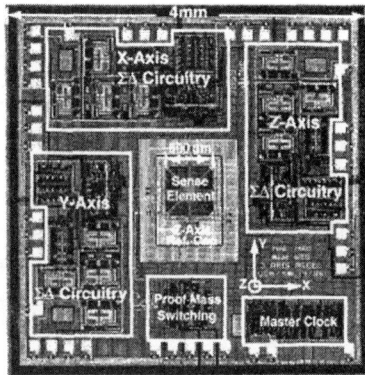

图 6.17　三轴加速度计芯片

　　清华大学于 2004 年对单芯片集成三轴加速度计进行了首次探索研究:设计三轴加速度计的微敏感表头结构并取得工艺流片的成功,研制出单芯片三轴微加速度计原理样机。

　　采用三敏感质量的微敏感器件方案,即在单一芯片上集成两个正交排布的梳齿式敏感结构(分别用于敏感 x、y 轴加速度)及一个扭摆式敏感结构(用于敏感 z 轴加速度),如图 6.18 所示[19]。

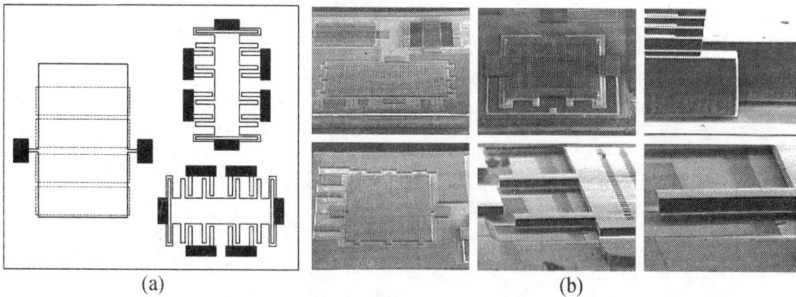

图 6.18　单芯片三轴敏感器件结构方案及 SEM 照片

6.2.6.2　五轴集成微陀螺/加速度计

　　静电悬浮转子式微陀螺/加速度计可实现高精度线加速度和角速度测量,它在结构上借鉴了以往 MEMS 器件中的玻璃—硅—玻璃"三明治"结构[20],悬浮原理上借鉴了静电陀螺仪[21],加转原理借鉴了可变电容式微电机[22,23]。这种静电悬浮的微惯性器件的显著特点是:可多轴单片集成,实现用单一敏感质量检测两轴角速度及三轴加速度;相对于振动式微陀螺有较高的角速度分辨力;具有较高的灵敏度和温度稳定性;无需高电压和高真空,易微小化集成等。

　　静电悬浮微惯性仪表的研究始于静电悬浮微电机的研究[24-31],美国和日本早在 20 世纪 90 年代初就开始了这项技术的研究,目前日本已在实验室成功地研制出静电悬浮微陀螺/加速度计[32]。国外研究转子式悬浮微惯性仪表的单位有:日本东北大学、美国 SatCon 技术公司[33-35]、日本 Tokemic 公司、英国南安普顿大学等。国内的研究单位有:浙江大学、上海微系统所、上海交通大学和清华大学。

球半导体公司(Ball Semiconductor Inc.)、日本东北大学(Tohoku University)和东机美株式会社(Tokimec Inc.)三方合作,利用球半导体公司的专利工艺技术于 2002 年研制成功 MEMS 静电球形悬浮三轴加速度计[36],如图 6.19 所示。通过三轴静电力平衡控制将 ϕ1mm 的单晶硅球悬浮在球腔中,实现三轴加速度检测,其噪声水平为 $40\mu g/Hz^{1/2}$。

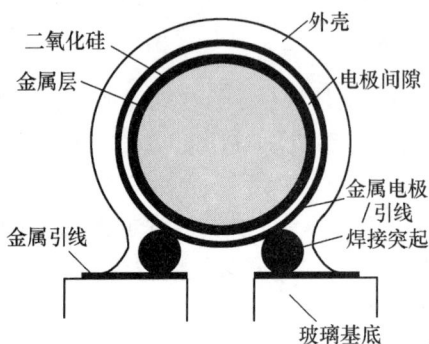

(a) 结构图　　　　　　　　　　　　　(b) 外形图

图 6.19　球半导体公司等研制的球形悬浮加速度计

日本东机美株式会社和日本东北大学从 1995 年开始致力于静电悬浮微陀螺/加速度计的工程化研究[37],2003 年研制出能同时测量三轴线加速度和两轴角速度的环形转子式微陀螺/加速度计[38](图 6.20)。转子转速达到 74000r/min,工作带宽为 20Hz,陀螺灵敏度优于 0.01°/s,噪声密度为 0.002(°/s)/$Hz^{1/2}$,加表灵敏度优于 0.2mg,噪声密度为 $50\mu g/Hz^{1/2}$。悬浮表头结构可见图 3.44 所示。

英国南安普顿大学(Southampton Univ.)研制了一种圆盘式静电悬浮加速度计[39],如图 6.21 所示,质量块为电镀镍圆盘,直径为 1mm,厚度为 200μm,采用 $\Sigma\Delta$ 调制电路实现对圆盘的悬浮控制[40,41],在工艺上采用 UV - LIGA 加工[42]。

上海交通大学自 2001 年以来从事转子式悬浮陀螺的研究,先后提出了磁悬浮微陀螺[43]和静电悬浮微陀螺[44]两种方案。2006 年成功研制磁悬浮微陀螺原理样机,采用 ϕ2.2mm、厚度为 20μm 的铝转子,在真空环境下转子转速为 4000r/min,角速度分辨率为 3°/s[45]。设计的轮式静电悬浮微陀螺如图 6.22 所示,陀螺的轴向过载为 4g,径向过载为 3g,转子直径和厚度分别为 4mm 和 250μm。在工艺方案上采用了 SU - 8 UV - LIGA 技术和微组装技术。

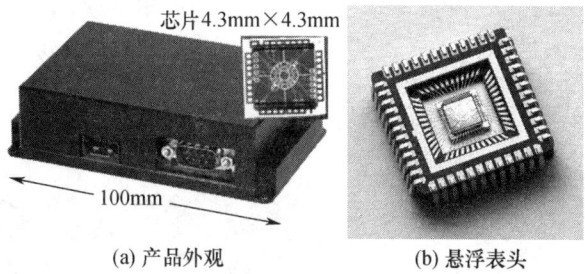

(a) 产品外观   (b) 悬浮表头

图 6.20 环形转子式微陀螺/加速度计

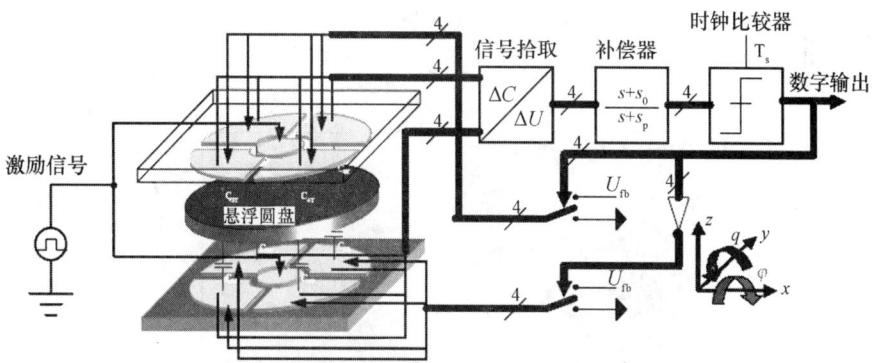

图 6.21 南安普顿大学静电悬浮加速度计模型

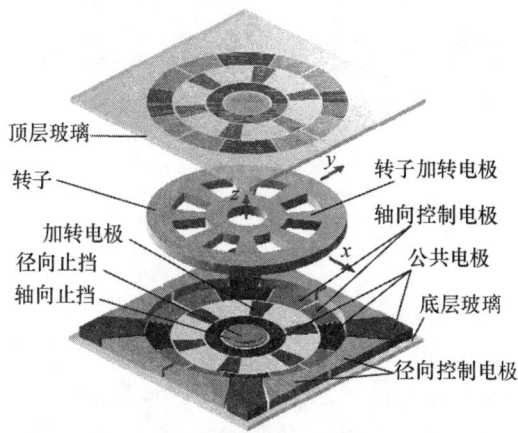

图 6.22 上海交大转子式静电微陀螺结构示意图

    清华大学自 2003 年开始静电悬浮微机械陀螺/加速度计的研究, 2006 年实现基于三自由度静电悬浮的单轴微加速度计原理样机[46], 其结构如图 6.23、图 6.24

所示,测试分辨率为 $1mg$,2008 年实现了基于数字控制方案的五自由度悬浮的三轴微加速度计原理样机[47],2011 年实现了五自由度悬浮并加转,研制出五轴集成的微陀螺/加速度计原理样机。

(a) 下层玻璃及金属电极   (b) 下层玻璃与中间硅层结构   (c) 玻璃—硅—玻璃结构

图 6.23 　清华大学静电悬浮微加速度计结构示意图

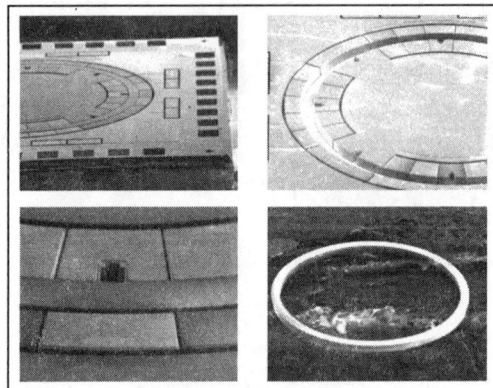

图 6.24 　敏感结构 SEM 照片

6.3 　MIMU 的应用和发展

MIMU 因其低功耗、低成本、微小型等优点,自问世以来,便在武器装备、机器人、航空航天、车辆和船舶等领域得到了广泛的应用。这些领域都对传感器有如下的要求:成本低,能被安装在小的空间里,能靠电池供电工作。而微机械传感器可以轻易满足这些条件,易于被集成为嵌入式系统,方便使用。一般来说,通常的能测量 6 个自由度的传统惯性传感器一般需要 10 万元以上的成本,而采用 MEMS 惯性传感器,其成本可降至数万元,而且体积可以显著变小,功耗更是小到只需数瓦的地步。而且由于其采用硅微工艺,相对于传统的惯性传感器,其可靠性得到了极大的提高,能承受大的冲击和振动,适用于较恶劣的环境,因而应用前景非常广阔。

6.3.1　武器装备

根据 Draper 实验室的报告,MIMU 的性能指标达到战术级水平($1°/h$,$1mg$),就可满足多数战术武器系统需求。

展望 21 世纪的信息化战场,未来的武器系统必须向数字化、智能化和小型化发展,常规兵器的制导化、制导武器的小型化已成为必然趋势。首先,常规兵器的制导化可以提高其命中精度,而制导部分的小型化可以为武器战斗部提供更多的空间,均可增强杀伤力;其次,小型化的武器也有利于后勤保障,符合战争需要;另外,随着数据网络和转换技术的发展,制导、导航和控制将从智能化系统进一步向分布式系统发展,推动这一进步的一个重要因素就是使用小型廉价的 MEMS 惯性元件。小型化使得 MEMS 惯性导航系统将在未来的军用市场中占据越来越显著的地位。

从最近几场局部战争可以看出,未来战争的主要模式将是在核威慑条件下的高技术、高强度局部常规战争。在常规武器中,各种精确制导战术武器,因其精度高、射程远、火力强、机动性好、经济可靠等诸多技术优点而倍受各国军方的青睐,各种先进精确制导战术武器是未来战争的主角。同时,现代战争要求传统武器系统从使用无导引能力的常规弹药向使用精确制导弹药转变。

目前,在精确制导武器的导航与制导系统中,重点发展以捷联惯性导航系统为主体的各种组合导航与复合制导系统。先进军事国家的战术导弹导航与制导系统和精确制导弹药多采用或加装 MINS/GPS 组合导航系统。在最近几场局部战争中,美国把 MINS/GPS 组合导航与制导系统应用于导弹武器系统,使其联合直接攻击弹药(JDAM)、联合防区外武器(JSOW)、防区外对地攻击武器(SLAM)、常规巡航导弹(CALCM)、高速反辐射导弹(HARM)等具有很高的命中精度和良好的性能,取得了令人瞩目的战果。

其中,最为引人瞩目的精确制导武器当属联合直接攻击弹药(JDAM)(图 6.25)。20 世纪 80 年代末,美国海/空军计划实施一项称为"先进炸弹系列"的研究计划,旨在研制一种低成本、高精度的常规制导炸弹。1991 年海湾战争之后,美军开始实施"恶劣天气用精确制导弹药"(AWPGM)计划,目的是针对第三代激光制导炸弹在战争中暴露出来的各种缺点,发展具有昼/夜、全天候、防区外、投射后不管、多目标攻击能力的第四代制导炸弹。具有惯性/卫星定位组合制导特点的 JDAM 就是最先研制成功的第四代制导炸弹[48]。

JDAM 的制导控制装置由制导控制部件(GCU)、炸弹尾锥体整流罩、尾翼控制舵机、尾翼和电缆组件等构成。GCU 是 JDAM 制导炸弹的核心部件,包括 Rockwell

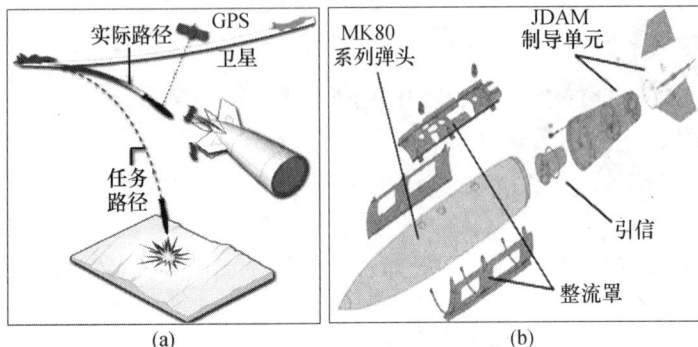

图 6.25　JDAM

公司 Collins 航空通讯部生产的 GPS 接收机模块、Honeywell 公司制造的环形激光陀螺 HG1700、波音公司 McDonnell 飞机武器部研制的任务计算机和电源模块。各集成电路装在截头圆锥体内,外部装上锥形保护罩,以防止电磁干扰和其他环境因素影响;GPS 接收机采用 2 个天线,分别装在炸弹尾锥体整流罩前端上部(侧向)和尾翼装置后部(后向)。在结构上,IMU 与 GPS 接收机采用紧耦合的组合方式,适用于具有较大机动过载和立体弹道的高动态使用环境。任务计算机根据来自 GPS 接收机和 IMU 给出的炸弹位置、姿态和速度信息,完成全部制导和控制功能的解算,并输出相应的控制舵面偏转信息,控制炸弹飞向预定攻击目标。由于 JDAM 采用武器舱内挂方式,在投射之前炸弹不可能跟踪卫星,因此必须在投弹前进行传递对准和信息传送等工作,将所需要的几类关键任务数据加载在炸弹上,以保证炸弹从飞机武器舱内投射之后,弹载 GPS 接收机能快速获取由机载 GPS 接收机跟踪的 4 颗卫星。JDAM 系统精度分为 GPS/INS 方式和纯 INS 方式两种。系统设计要求当弹药以 60° 水平角方向命中目标时,GPS/INS 方式的命中精度将不超过 13m(CEP),纯 INS 方式的命中精度不超过 30 m(CEP)。

　　Interstate 电子公司研制的集成 GPS/IMU 系统将用于海军的增程型制导武器(ERGM),图 6.26、图 6.27 和陆军 XM - 982 炸弹。该系统集成在一个很小的线路板上,再安装到炸弹的鼻锥内,整个线路板进行了加固,以承受发射时高过载环境影响,并能在强干扰环境下快速获取 GPS 信号。它使用一个微处理器来处理 GPS 数据和来自 MEMS 惯性测量装置的数据。在陆军的 XM - 982 中,发射前 GPS 的信息通过小型感应系统装入弹丸。炮弹发射后,在稳定飞行至弹道最高点之前,弹丸继续搜集 GPS 的数据并对惯性测量装置进行适时修正,如果 GPS 的信号受到干扰,可用惯性测量装置将弹丸导向目标。

174

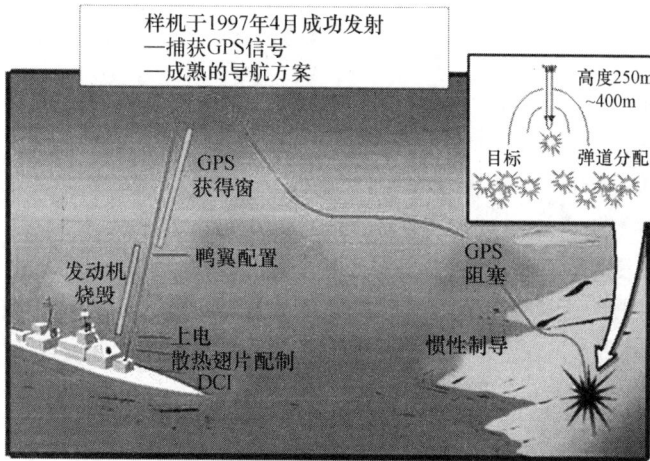

样机于1997年4月成功发射
—捕获GPS信号
—成熟的导航方案

GPS
获得窗

鸭翼配置

发动机
烧毁

上电
散热翅片配制
DCI

高度250m
~400m

目标   弹道分配

GPS
阻塞

惯性制导

图 6.26　ERGM 发射过程

ERGM Specifications

Length:	5.1ft	1.55m
Diametr:	5.0in	127mm
Range Max:	41nm	76km
Weight:	110lb	50kg

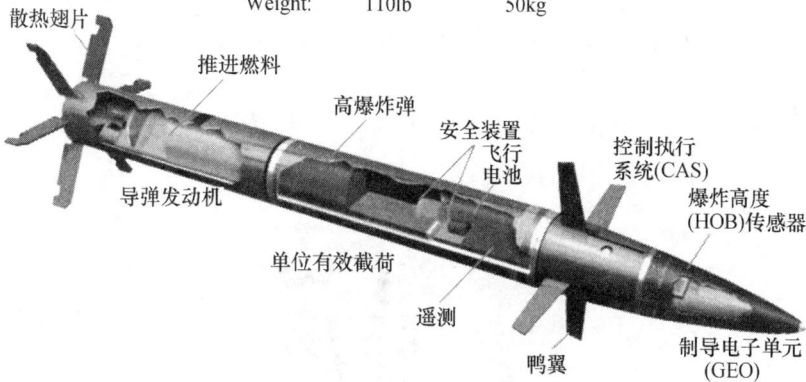

散热翅片

推进燃料

高爆炸弹

安全装置
飞行
电池

控制执行
系统(CAS)

爆炸高度
(HOB)传感器

导弹发动机

单位有效截荷

遥测

鸭翼

制导电子单元
(GEO)

图 6.27　ERGM 结构图

另外,Rockwell 公司等均有自己的产品,法国陆军武器工业集团(Giat)也在研制名为鹈鹕(Pelican)的精确增程炸弹,都采用 GPS 加低成本 MEMS 惯性测量装置。

总之,国外在组合导航方面起步早,已经有成熟的产品,其在制导弹药领域正在向以 MEMS 惯性传感器为主的小型化、低成本方向发展。与卫星导航系统组合来提高精度,采用 MEMS 导航系统是未来战术导弹导航系统的一大趋势。

6.3.2　航空航天

相对于惯性导航系统,基于 MEMS 器件的航姿参考系统对陀螺仪和加速度计的性能指标放宽了要求,降低了系统成本。

基于 MEMS 器件的航姿参考系统采用小体积、低成本的 MEMS 陀螺仪和加速度计,通过数字磁罗盘测量载体的磁航向角,经过磁偏角补偿和航姿解算,得到载体的航向角和姿态角。因而,其具有体积小、造价低、易于形成小批量生产等特点。

近几年来,微型无人飞行器兴起,它是一种极小的飞行器,要求惯性元件体积小、重量轻,功耗低。但是传统的惯性元件体积大、成本高、功耗大。因此只有 MEMS 惯性元件可以满足要求[49,50]。

美国 Crossbow 技术公司推出的 AHRS500(图 6.28)是一个姿态和方位参考系统,能在高动态下提供稳定的横滚角、俯仰角和方位角信息。其 MIMU 由三个微机械陀螺仪、三个加速度计和三个磁强计组成。各传感器在室内进行校正,然后将校正参数和温度补偿曲线写到系统的存储器中。传感器输出的模拟信号通过一个同步采样 16 位 A/D 转换系统以 32kHz 的速率转换成数字信号,数据经过一个 FIR 滤波器以超过 1kHz 的速率输送到数据存储器中,再由 DSP 一步根据校正表格完成温漂、失调、标度因数、偏差等的补偿。AHRS500 在姿态的递推算法中采用四元数法,用一个四阶 Runge – Kutta 积分器递推运载体的位置、速度和姿态;精密的时间基准信号采用 GPS 的 1 脉冲/s,通过串行通信口接收 GPS 的测量信号,由数据处理器 DSP 进行综合处理;Kalman 滤波器融合了加速度计、陀螺仪、磁强计和 GPS 的数据,提供对导航状态和传感器参数的校正。

图 6.28　AHRS500

微型卫星在所有系统和分系统中全部体现微型制造技术成果,并能执行卫星应有的功能,质量约为 0.1kg ~ 10kg。纳米卫星是依靠一种分布式的体系结构完成自身功能,并将尺度减至最小可能的微型卫星,其质量范围约小于 0.1kg。随着卫星尺寸和质量向小型化发展,现有的卫星用惯性姿态敏感与控制装置已不能满足要求,必须由尺寸更小、质量更轻的微型惯性器件来代替。而纳米卫星更是在硅基片上堆砌各种专用集成微型仪器的芯片卫星,集成制导、导航、控制、姿态控制、热控制、能源和通信等功能,因而要求惯性器件的集成度更高、性能更好。微小卫星姿态确定系统对所采用的器件在质量、体积与功耗等方面有严格的限制,按目前的技术成熟度,常用的姿态敏感器件有磁强计[51]、太阳敏感器、星敏感器、陀螺等[52]。

(1)磁强计。磁强计用来测量地磁场的强度与方向,其质量小、功耗低、可靠性高,是微小卫星最常用的姿态敏感器。但利用磁强计进行姿态确定易受地磁模型不准确的影响,并且在测量时易受卫星本体剩磁的干扰,因此,安装有磁强计的微小卫星对磁洁净度有很高的要求,一些卫星采用一根直杆将磁强计伸出星体。

(2)太阳敏感器。主要有模拟式太阳敏感器和数字式太阳敏感器。由于太阳是一个亮天体,信号强度大,所以太阳敏感器精度高,功耗、质量也较小,也是微小卫星上常用的敏感器,但只能在光照区使用。

(3)星敏感器。星敏感器的定姿精度很高,可达到角秒级,功耗质量也较大,但随着 MEMS 技术的发展,星敏感器的微型化也成为可能。

(4)陀螺。光纤陀螺等虽然精度高,但质量、功耗较大,质量较小的微小卫星一般难以承受。随着 MEMS 技术的发展,MEMS 陀螺将来有望在微小卫星上获得广泛应用。

6.3.3 车辆

随着电子技术、测控技术和计算机技术的发展,汽车本身电子产品含量越来越高,所采用的技术手段涉及自动导航系统、速度控制系统、防滑控制系统、碰撞自动检测系统、乘员保护系统、碰撞识别系统等。在这些系统中,也将大量用到惯性器件。

由于汽车生产批量大,要求这些系统的成本更低、尺寸小、可靠性好。而微惯性器件恰恰拥有这几方面的优势,因此 MEMS 陀螺仪和 MEMS 加速度计也已经广泛地应用到这些先进的汽车电子产品中。车辆导航对 MEMS 惯性器件的要求比武器装备的要求低。

车载导航系统的概念最初起始于 20 世纪 60 年代末,当时采用航位推算(DR)/地图匹配技术(DM)实现车辆的定位与导航。航位推算系统通常由里程表、角速率陀螺、磁罗盘、微处理器等组成。由于这种航位推算系统容易产生误差积累,定位精度低,故需要利用数字地图匹配进行校正。尽管如此,单纯的航位推算系统误差还是较大,动态定位精度也较低,所以其实用性受到极大的限制。20世纪 80 年代欧洲的"CITY PLOT"车载航位推算系统、美国的 Etak Navigator、荷兰

Philips 公司的"CARIN"车辆定位系统、德国的 ALT – SCOUT 车辆路线制导系统、英国的"Autoguide"车辆导航系统等就属于这类系统,这些系统被称为第一代车辆定位导航系统。20 世纪 80 年代末,GPS 定位技术的广泛应用,使得 GPS 技术很快应用到车辆的定位与导航中。由于在任一时刻,地球上任一目标都能通过 GPS 定位系统得知其三维坐标、三维速度和准确时间,在车辆上安装 GPS 接收机,便能获知汽车位置、运行速度和运行方向。但是,车载 GPS 接收机的定位精度通常受到卫星信号状况和道路环境的影响。在一天内,不同时间及不同地区卫星信号的状况差别很大,有时甚至不能接收到正常的 GPS 信号。另外,当车辆行驶在隧道内、高层建筑附近及林荫道上时,也不能正常接收到卫星信号,从而无法定位。因此,尽管车载 GPS 定位导航系统的定位精度比早期的航位推算系统的精度提高了一步,实用性得到了很大改善,但单纯的 GPS 定位系统仍存在着定位精度有时较低、可靠性不高的问题。从 20 世纪 90 年代开始,国外进行 GPS 组合导航技术在车辆导航中的应用研究。目前,国外几家公司已经提出了自己的车辆导航系统,如法国的 CARMINAT 车辆组合导航及信息系统,美国 General Motor 公司实验室研制的"TRAVERTEK"车辆导航及信息系统,日本 Sumitomo 电子公司研制的 Sumitomo 汽车电子导航系统,美国 Ford Motor 公司和 Chrysler Motor 公司等提出的 IVHS 智能车路系统(图 6.29)等,这些系统被称为第二代车辆导航系统。它们的共同特点是

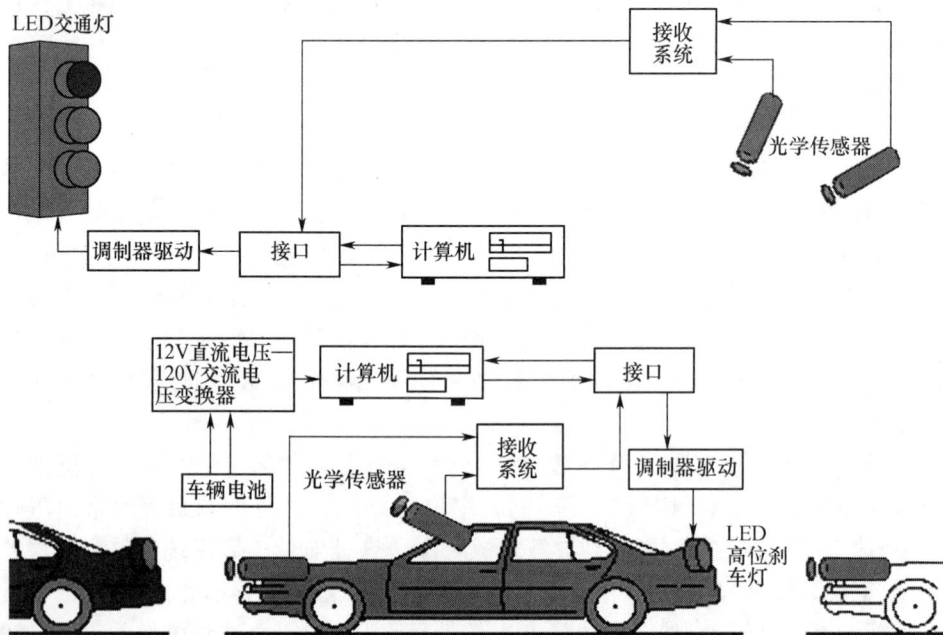

图 6.29　智能车路系统

178

车辆的定位精度比第一代系统有极大提高,都是利用 GPS 组合导航技术来提高定位精度及导航系统的可靠性。目前,国外许多研究人员都在致力于组合导航定位系统的研究,把进一步提高车辆的定位精度和降低系统的成本作为努力研究的目标。

相比较而言,我国的车辆导航系统的研究只是刚刚起步,但采用 GPS 进行车辆导航的定位系统在最近几年已经有了很大的发展。目前,在我国政府及有关部门的重视下,有些企业、公司已经开发、研制出了一些车辆导航和监控系统,并初步投入了使用,但这些系统都不是很完善,有待进一步研究和改善[53]。

6.3.4 船舶

精度水平给 MEMS 惯性器件在船用惯性设备中的应用带来了很大困难,因此国内外有关船用 MEMS 惯性技术的研究报道较少[54]。

船载卫星天线测姿系统(图 6.30)的主要任务是稳定卫星天线,使之对准赤道上方地球同步卫星,保证在船舶运动的情况下天线能够始终接收到卫星信号。惯性姿态测量模块中的 MEMS 陀螺仪检测载体发生三轴旋转后的转动量,其作为反馈值,驱动二自由度伺服系统,进而修正天线位置,使天线成为随动控制系统。同时,利用惯性测量单元中的加速度计和磁强计的输出信号对陀螺漂移进行补偿。由于 MEMS 陀螺仪的漂移较大,天线系统的静态精度由检测天线信号强度的场强计保证。另外,在初始对准的时候还需要利用场强计协助进行卫星搜索[55]。

图 6.30 船载卫星天线测姿系统图

6.3.5 石油勘探

石油勘探的工作环境较为恶劣,要求传感器耐高温、耐冲击。这对 MEMS 器件的环境适应性提出了更高的要求。

石油勘探采用类似于地震勘探的方法,先用人工方法产生地震波,再通过布置于地表的传感器(即检波器)检测地震波在不同地质层的反射信号,最后对该信号进行分析处理即可得到地质结构图或油藏分布图。

随着地震勘探的发展,对传感器提出了更高的要求。传统的检波器采用一种磁电式的速度传感器,它存在动态范围小(低于40dB)、带宽低(低于100Hz),可靠性低等不足。随着 MEMS 技术的兴起与发展,研制的新型 MEMS 加速度计在石油勘探领域正逐步取代传感的检波器,成为石油勘探和地震测量中的重要传感器。此技术的应用将大大降低石油勘探成本,提高勘探精度。

目前,石油勘探业正向高精确勘探方向发展。在加入 WTO 以后经济全球一体化的背景下,国外市场需求也将进一步发展,每年国际市场上高精度石油地震勘探传感器的需求量约为600万只,产业化前景非常可观。

美国的 I/O 公司于 2000 年首次开发出以 MEMS 加速度传感器为核心的新型数字地震检波器。该公司声称其数字检波器经过 15 年的研究和开发,2年的野外可靠性试验,1 年的试验性作业,用于验证数据质量。同时法国的Sercel 公司也在进行以 MEMS 为核心技术的加速度传感器的研制,用于石油勘探。

石油勘探用 MEMS 加速度计的特点是:灵敏度高、轴向抗干扰强、动态范围大、带宽高、不用温度补偿、一只可取代多只传统检波器。

6.3.6 机器人

人体运动姿态测量系统还可以用于工业机器人手臂的自动监控,实现包括机座、立柱、手臂、腕关节和手部等运动部件的姿态稳定和姿态控制。

在机器人的运动过程中要不断检测机器人的运动状态,以实现对机器人的运动控制。基于 MEMS 惯性传感器的姿态检测系统可以用于检测机器人运动时的姿态,用以控制机器人的运动和平衡。MEMS 惯性器件体积小、抗冲击力强、可靠性高、成本低。如日本 Murata 公司研制的两轮平衡仿人机器人村田顽童(图 6.31)[56],利用 MEMS 陀螺和振动传感器等惯性传感器组成的机器人姿态检测系统,能够实时、准确地检测机器人的偏转角、倾斜度和弯曲度,从而实现两轮自平衡机器人的平衡控制。机器人配备导航系统,可按照预设线路自主行驶。利用陀螺仪测定前进方向,通过通信模块与控制计算机之间进行数据交换,从而实现准确行驶,并且可以进一步计算行驶距离。由振动传感器检测出由凹凸路面和高低差所带来的对车体的冲击度,并将此信号传送给控制电路。在遇到前方障碍物时,机器人能脚不落地而保持停止。陀螺传感器和先进的控制技术是实现此功能的关键。不仅在仿人机器人上可以采用以上技术,在飞行器、车辆、水下载体等其他机器人系统中,MIMU 的应用亦非常广泛,可以用于姿态、位置等信息的检测,并为载体控制提供参考信息。

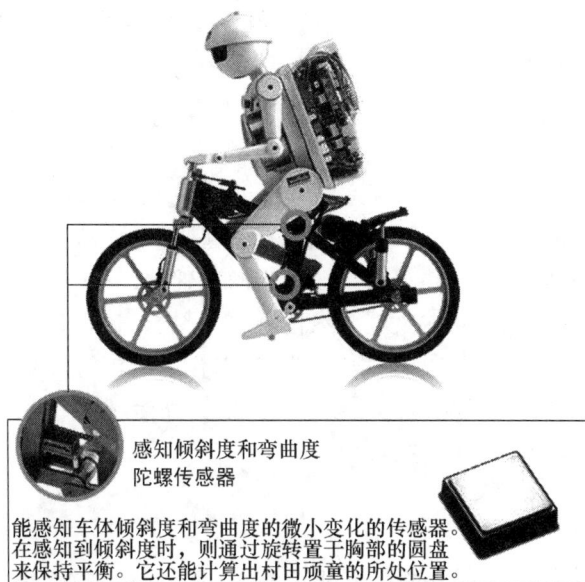

感知倾斜度和弯曲度
陀螺传感器

能感知车体倾斜度和弯曲度的微小变化的传感器。在感知到倾斜度时,则通过旋转置于胸部的圆盘来保持平衡。它还能计算出村田顽童的所处位置。

图 6.31　日本 Murata 公司研制的两轮平衡仿人机器人

MIMU 系统由于具有独立、易用的特点,而在机器人领域有广泛的应用前景。

6.3.7　医疗健康

MIMU 在医疗健康方面的应用主要在于对肢体运动的监测和分析。肢体运动是一种复杂的生物运动,其主要有两种形式:一种是大脑中枢支配的运动,称为随意运动;另一种是不受大脑支配的运动,称为不随意运动,如肌腱反射引出的运动。参与肢体运动的器官有多种,任何一种器官受到损伤,均可导致运动障碍,而不同器官损伤所导致的运动障碍各有特征,对肢体运动进行动态检测就可区分疾病的种类。肢体运动检测有多种不同的方法,主要有:基于视频图像处理的动态监测和基于 MEMS 传感器的肢体运动监测方法。视频图像动态监测需要专用设备,成本高、携带不便。

基于 MEMS 传感器的肢体运动动态监测是利用微型传感器动态测量肢体运动对空间感应场的反映。如采用 MEMS 加速度计、磁场计、速率陀螺等器件动态测量肢体在重力场、磁场中的分量以及角速度等状态,由通信传输至监控机,进行数据处理和分析,从中找出运动状态。这种方法的特点是:结构简单,数据处理容易,成本低廉[57]。

肢体运动的动态监测技术可以在多方面得到应用,如肢体运动功能评估、配合电刺激等控制方式的肢体康复治疗等。肢体运动功能评价是脑卒中及脊髓型颈椎病康复治疗的主要依据[58-59]。目前的评价依据只是评价者对患者功能状态的综合印象,评价的测量环节主要靠目测完成,手段较为粗糙。为提高对肢体运动功能检测和评价的精确性和规范性,采用传感器动态检测运动过程,在线或离线分析运动轨迹、速率等参数,给出定量的运动评估指数,是目前生物医疗领域的一个热点研究方向。而功能神经肌肉电刺激系统主要通过施加多次重复运动模式信息,刺激患者的神经肌肉,使运动神经产生兴奋,并引起肌肉骨骼运动。在系统中,及时、准确地给出运动状态和运动趋势是反馈控制的基础。

肢体运动动态监测与其他生理参数传感器相结合,还可以进行其他生理疾病的监测和诊断。如与微型呼吸流量传感器[60]结合可以进行阻塞性睡眠呼吸暂停综合征、哮喘和慢性阻塞性肺病等呼吸疾病的监护和治疗,与无线传输模块相结合可实现体域网远程诊断监护系统[61]。

6.3.8 消费电子

微惯性测量组件(MIMU)也在逐渐走入人们的日常生活,其目的在于掌上电脑和移动电话等便携式消费电子设备的导航应用及运动检测。

消费类电子对 MIMU 的要求最主要的是成本低,可靠性好。

为了从竞争者中脱颖而出,消费电子公司在不断寻求具有新异功能的产品,这些电子公司把运动和导航等功能加载到游戏、移动手持电子设备、数码相机、电视远程控制、运动和健身等设备中。采用多个微惯性传感器组合,并与其他多种微传感器(如磁传感器、压力传感器、温度传感器等)集成,通过多传感器数据的信息融合来达到最优性能。为了在消费电子产品中使用,微惯性测量组件必须小、轻、低功耗、低成本,而对测量精度则要求不高。ST(意法半导体)、美国 ADI 等公司相继推出其组合产品 iNEMO v2 和 ADIS16488,可应用于游戏机、便携导航设备等。利用微惯性测量组件的运动和导航模块正在变得更小、更便宜,而且具有更高的能量效率,其应用前景十分广阔。

参 考 文 献

[1] 牛小骥. 微机械姿态测量单元及其用于卫星电视天线稳定的研究[D]. 清华大学博士论文,2002.

[2] 刘危. 基于 MEMS 的低成本 MIMU 的应用研究[D]. 国防科学技术大学博士论文,2004.

[3] 孔星炜. 用于微捷联惯导系统的传递对准技术研究[D]. 清华大学博士论文,2010.

[4] 马云峰. MSINS/GPS 组合导航系统及其数据融合技术研究[D]. 东南大学博士论文,2006.

[5] 曹咏弘,祖静,林祖森. 无陀螺捷联惯导系统综述[J]. 测试技术学报,2004,(3):269 –273.

[6] 宋宇宁,基于微机电系统(MEMS)的微型自动驾驶仪研究[D]. 清华大学博士学位论文,2006.

[7] 蔡瑜. 红外低平仪及其在微小型飞行器姿态测量中应用研究[D]. 清华大学博士学位论文,2008.

[8] 熊威. 基于 MEMS 传感器的微小型固定翼无人机测控技术研究[D]. 清华大学博士学位论文,2011.

[9] 张福星. 柔性翼微型飞行器控制技术研究[D]. 清华大学硕士学位论文,2008.

[10] 张福星,朱荣,刘旭东,等. 基于 MEMS 技术的微型飞行器测控系统研究[J]. 仪器仪表学报增刊,2008,
    29(4).

[11] 朱荣,周兆英. 基于 MEMS 的姿态测量系统[J]. 测控技术,2002,21(10).

[12] Zhu Rong, Zhou Zhaoying. A Small Low – cost Hybrid Orientation System and Its Error Analysis[J]. IEEE
    Sensors Journal, 2009,9(3):223 –230.

[13] 蔡瑜,刘京涛,叶雄英,等. 红外地平仪在微型飞行器姿态测量中的应用[J]. 兵工学报, 2007, 28
    (12):1519 –1522.

[14] 蔡瑜,叶雄英,朱荣,等. 基于两轴红外地平仪的全范围角度测量方法[J]. 清华大学学报,2008,48
    (8):1290 –1293.

[15] Ho C. Experimental and theoretical investigation of a six – degree – of – freedom translational – rotational accel-
    erometer sensor:[D]. Troy, New York: Rensselaer polytechnic institute, 1991.

[16] Takao H, Matsumoto Y, Seo H, et al. Analysis and design considerations of three – dimensional vector accel-
    erometer using SOI structure for wide temperature range[J]. Sensors And Actuators A – Physical, 1996,
    55(2 –3): 91 –97.

[17] ANALOG DEVICES. Low Cost ±2g Dual Axis MEMS Accelerometer with Digital Output.

[18] Lemkin M A, Berhard E, et al. A 3 – Axis Force Balanced Accelerometer Using a Single Proof – Mass[C].
    Transducer'97. 1997.

[19] 刘云峰. 微机械加速度计的结构优化设计与实验研究[D]. 北京:清华大学精密仪器与机械学
    系,2003.

[20] Hedenstierna N, Habibi S, Nilsen S M, et al. Bulk micromachined angular rate sensor based on the 'butter-
    fly' – gyro structure[C]. Interlaken, Switzerland: The 14th IEEE International Conference on MEMS, 2001,
    178 –181.

[21] 高钟毓. 静电陀螺仪技术[M]. 北京:清华大学出版社, 2004.

[22] Behjat V, Vahedi A. Minimizing the torque ripple of variable capacitance electrostatic micromotors[J]. Jour-
    nal of Electrostatics, 2006, 64(6): 1483 –1486.

[23] Jeon J U, Woo S J, Higuchi T. Variable – capacitance motors with electrostatic suspension[J]. Sensors And
    Actuators A – Physical, 1999, 75(3): 289 –297.

[24] Jeon J U, Higuchi T. Induction motors with electrostatic suspension[J]. Journal of electrostatics, 1998, 45
    (2): 157 –173.

[25] Ghalichechian N, Modafe A, Lang J H, et al. Dynamic characterization of a linear electrostatic micromotor
    supported on microball bearings[J]. Sensors and Actuators A: Physical, 2007, 136(2): 496 –503.

[26] Kaajakari V, Lal A. Micromachined ultrasonic motor based on parametric polycrystalline silicon plate excitation
    [J]. Sensors And Actuators A – Physical, 137(1): 120 –128.

[27] Williams C B, Shearwood C, Mellor PH, et al. Modelling and testing of a frictionless levitated micromotor

[J]. Sensors And Actuators A – Physical, 1997, 61(1 – 3): 469 – 473.

[28] Shearwood C, Ho K Y, Williams C B, et al. Development of a levitated micromotor for application as a gyroscope[J]. Sensors And Actuators A – Physical, 2000, 83(1 – 3): 85 – 92.

[29] Behjat V, Vahedi A. Minimizing the torque ripple of variable capacitance electrostatic micromotors[J]. Journal of Electrostatics, 2006, 64(6): 1483 – 1486.

[30] Zhang W, Meng G, Li H. Electrostatic micromotor and its reliability[J]. Microelectronics Reliability, 2005, 45(7 – 8): 1230 – 1242.

[31] Dufour I, Sarraute E, Francais O, et al. Simulation of self – control of an electrostatic micromotor for an intravascular echographic system[J]. Sensors And Actuators A – Physical, 1997, 62(1 – 3): 748 – 751.

[32] Murakoshi T. Electrostatically levitated ring – shaped rotational – gyro/accelerometer[J]. Journal of applied physics, 2003, 42: 2468 – 2472.

[33] Hawkey T, Torti R, Johnson B. Electrostatically controlled micromechanical gyroscope: United States, 5353656. 1994.

[34] Hawkey T J, Torti R P. Integrated microgyroscope: Proceedings of SPIE. 1992, 1694: 199 – 207.

[35] Torti R, Gondhalekar V. Electrostatically suspended and sensed micro – mechanical rate gyroscope[C]. Orlando, USA: Proceeding of SPIE,1994, 2220: 27 – 38.

[36] Toda R, Takeda N. Electrostatically levitated spherical 3 – axial accelerometer[C]. The Fifteenth IEEE International Conference on Micro Electro Mechanical Systems,2002: 710 – 713.

[37] Esashi M. Saving energy and natural resource by micro – nanomachining[C]. The 15th IEEE International Conference on MEMS,2002:220 – 227.

[38] Murakoshi T, Endo Y. Electrostatically levitated ring – shaped rotational – gyro/accelerometer[J]. Japanese journal of applied physics, 2003, 42(4B): 2468 – 2472.

[39] Houlihan R, Kraft M. Modeling of an accelerometer based on a levitated proof mass[J]. Journal of micromechanical and microengineering, 2002, 12: 495 – 503.

[40] Gindila M V, Kraft M. Electrostatic interface design for an electrically floating micro – disc[J]. Journal of micromechanical and microengineering, 2003, 13: 11 – 16.

[41] Houlihan R, Koukharenko E, Sehr H, et al. Optimisation, design and fabrication of a novel accelerometer[C]. 12th International Conference on TRANSDUCERS, Solid – State Sensors, Actuators and Microsystems, 2003, 2: 1403 – 1406.

[42] Kraft M, Farooqui M M, Evans A G R. Modeling and design of an electrostatically levitated disc for inertial sensing applications[J]. Journal of micromechanical and microengineering, 2001, 11: 423 – 427.

[43] 吴校生, 陈文元, 张卫平. 磁悬浮转子微陀螺及其悬浮力与稳定性的分析[J]. 传感器技术, 2003, 22(12): 12 – 14.

[44] Cui F, Chen W. Design of electrostatically levitated micromachsined rotational gyroscope based on UV – LIGA technology. Bellingham WA, USA: 2004, 5641: 264 – 275.

[45] Wu X, Chen W. Development of a micromachined rotating gyroscope with electromagnetically levitated rotor[J]. Journal of micromechanics and microengineering, 2006, 16(10): 1993 – 1999.

[46] 刘云峰. 静电悬浮微机械加速度计的关键技术研究[D]. 北京: 清华大学, 2006.

[47] 吴黎明. 静电悬浮微机械陀螺/加速度计的关键技术研究[D]. 北京: 清华大学, 2008.

[48] 陈帅. 精确制导炸弹低成本惯导/卫星组合导航方法研究[D]. 南京理工大学博士论文,2008.

[49] 宋丽君. 基于 MEMS 器件的航向姿态测量系统的研究[D]. 西北工业大学硕士论文,2007.

[50] 夏琳琳. 低成本 AHRS/GPS 紧耦合融合滤波技术研究[D]. 哈尔滨工程大学博士论文,2008.

[51] 盛庆轩. MIMU/磁强计航姿参考系统研究[D]. 国防科学技术大学硕士论文,2009.

[52] 郁丰. 微小卫星姿轨自主确定技术研究[D]. 南京航空航天大学博士论文,2008.

[53] 张再勇. 车载 GPS/MIMU/DM 组合导航系统研究[D]. 重庆大学硕士论文,2005.

[54] 刘付强. 船用卫星天线微型姿态测量系统关键技术研究[D]. 哈尔滨工程大学博士论文,2008.

[55] 张强. 船载卫星天线测姿系统初始对准技术研究[D]. 哈尔滨工程大学硕士论文,2008.

[56] [OL] http://www.murata.com.cn/corporate/boy_girl/index.html.

[57] Zhu R, Zhou Z Y. A real – time articulated human motion tracking using tri – axis inertial/magnetic sensors package[J]. IEEE Transactions on Neural Systems and Rehabilitation Engineering[J]. 2004,12 (2): 295 – 302.

[58] 徐国崇,李俐俐. 脑卒中运动功能评价[J]. 中国临床康复, 2002, 6(9): 1233 – 1235.

[59] 贾连顺,袁文,倪斌,等. 脊椎型颈椎病的早期诊断和手术时机[J]. 中华外科杂志, 1998,36(4): 224 – 226.

[60] Cao Zhe, Zhu Rong, Que Rui Yi, Low – cost Portable Respiration Monitor Based on Micro Hot – film Flow Sensor[J]. Proceedings of 2010 IEEE International Conference on Nano/Molecular Medicine and Engineering (IEEE – NANOMED).

[61] 朱荣,曹喆. 基于体域网的呼吸疾病远程诊断监护系统[P]. 中国发明专利,2011031400291030,2011.

内 容 简 介

　　本书汇集了近年来国内微惯性器件与系统技术方面的最新科研成果,共6章,主要介绍微型惯性器件和系统的发展状况,典型器件和系统的基本工作原理、实现方法和测试技术等,其中包括振动式硅微机械陀螺、硅微机械加速度计、微型气流式陀螺仪、微型热对流加速度计和微惯性系统技术。

　　本书可作为相关领域本科生、研究生和教师的教学参考书,并可供相关的科技人员参考。

This book introduces the current technologies related to the micro inertial devices and systems developed in China, mainly focuses on the-state-of-art of development of micro inertial devices and systems, the basic working principle of the typical devices and systems, the fabrication and testing technologies and etc. The book contains six chapters: Introduction, Micromachined silicon vibratory gyroscope, Micromachined silicon accelerometer, Micromachined gas gyroscope, Micromachined convective accelerometer, Micro inertial system technologies.

The book can be used as a textbook for the undergraduate students, graduate students, and teachers, and also as a reference book for the researchers working in related fields.